U0175445

国家社科基金重大项目“中国核心术语国际影响力研究”
(项目号:21&ZD158)

浙江省哲社规划年度课题重点项目（23NDJC031Z）

浙江省软科学研究项目（2022C35072）

教育部人文社会科学研究基金项目（21YJCZH213）

阶段性成果

广电网络融合论

曾静平 刘爽 陈维龙 袁军 著

人民出版社

前　言

20 世纪末至 21 世纪初，世界“三大网络整合”由理论讨论转向实质实践，广播电视台纷纷建设自己的官方网站，迈上广播电视网络化发展之路。2000 年，时代华纳和美国在线合并命名为美国在线—时代华纳，成为全世界新闻传播融合发展的重大事件。自 2001 年 1 月 1 日始，英国电信运营商已经能够在全国各地经营广播和电视服务。2006 年 6 月，中国移动收购 19.9%的凤凰卫视股权，与凤凰卫视结成战略联盟，标志着中国大陆电信公司与中国香港特别行政区传媒集团公司首次联手传播产业启程远航，被业界、学界看作我国“三网融合”的试水之旅。2008 年，国家广播电影电视总局提出电视媒体要尽快完成以传统媒体为主到传统媒体与新兴媒体融合发展的转变。2013 年 3 月，新闻出版总署与国家广电总局合并成立国家新闻出版广电总局，并且到 2014 年末除了上海等个别单位外全国各地均完成了新闻出版局与广播电视局的重组合并。2014 年，党中央、国务院要求传统媒体与新兴媒体在内容、渠道、平台、运营、管理等方面进行深度融合，打造形式多样、手段先进、竞争力强的新型主流媒体，形成一个融合发展的现代传播体系，显示出中国媒体融合已经上升到国家战略高度，成为我国网络文化强国的重要内容，是国家文化软实力建设的重要举措。

2014 年 5 月，AT&T 以 485 亿美元价格收购美国卫星电视服务供应商，美国电信通信巨舰与传统电视服务供应商强强联手，意味着AT&T电视用户达到2600万，用户规模仅次于拥有3000万用户的康卡斯特·时代华纳有线公司，成为全美第二大有线电视运营商。①

2015年，国务院印发了《三网融合推广方案》，全面吹响广播电视、电信通信和互联网络互相融合共享资源泽惠民众的“媒介融合”号角，为传统广播电视媒体融合的升级换代达成“容融熔溶荣”目标指明了方向。2016年11月，AT&T宣布斥资854亿美元收购旗下拥有如CNN、HBO、TNT、TBS以及电影制片公司华纳兄弟等大量知名电视频道的时代华纳公司，标志着AT&T在收购了卫星电视服务商DirectTV之后，开始向在电信通信与广播电视深度融合的纵向行业发力扩张。

2017年8月，工信部、国务院国有资产监督管理委员会发布了《关于促进2017年电信基础设施共建共享的实施意见》。中国广播电视网股份有限公司，原国家广播电视总局（新闻出版广电总局），并入中国电信基础设施共建共享领导小组及其办公室。集团公司、中国移动通信集团公司、中国联合网络通信集团有限公司、中国铁塔股份有限公司等相关企业继续提高电信基础设施共建共享水平，完善“三网融合”组织机制，开辟“最后一公里”电信基础设施的建设，大大增强了电信通信在铸造新主流媒体中的地位，为广播电视实现真正意义上的融合发展提供了技术支撑和融合路径。②

我国广播电视媒介融合，经历了试水破冰的阵痛，现在已经由早期创建广播电视网站、搭建全媒体平台转向实现全媒体传播再到全媒体平台、全媒体传播和全媒体产业联动跃升阶段。IPTV、NGN、NGB、NGI、APP、OTT、IPO、中央厨房等相关新词和相关业务，一个个鲜活出炉，激活了我国广播电视事业和广播电视产业的一潭静水。

多年过去，我国全国省市地县的广播电视与新闻出版部门仍基本处于各管

① 参见曾静平、李炜炜：《国外“三网融合”发展沿革及启示》，《电视研究》2009年第10期。

② 曾静平：《电信传播的未来发展演进趋势畅想》，《人民论坛·学术前沿》2017年12月上半期。

各摊事的阶段。国家高层设计的广播电视局与新闻出版局的合并，希望可以一步到位推动传统媒体之间的融合，为“三网融合”铺平道路，广播电视网站大多数处于“赔本挣吆喝”的状况。很多广播电视台忙于“云平台”构想，要么希望引来“中央厨房”概念达到“媒介融合”一劳永逸的目的，要么就是奢望一夜之间建成的“全媒体”海纳百川、包罗万象。

诚然，我国媒介融合在局部地区不乏亮点。一些广播电视台积极建造全媒体“中央厨房”，推进采编一体化，利用管控后台，一次性完成广播电视、网络广播台、网络电视台、官方网站、微博、微信等多终端的内容生产与分发。一直走在新媒体发展前列的中央电视台现已基本建成了多屏幕、多平台、多终端的全媒体传播体系，同时开设重大新闻“融媒体”演播室，为观众分享更多与电视直播不同的内容，实现小屏与大屏的协同互补。为了切合全媒体平台的生产要求，能够突破传统媒体思维，适应融合媒体岗位要求，掌握多种网络技能的全媒体记者成了必需人才。

湖南广电集团凭借其金牌制作团队和强大的内容资源，创建了“产品+内容+终端+应用”的立体芒果生态圈。2014年，芒果TV推出“独播”战略，将全台的优势内容资源集中配置到自家网站，强势打造互联网电视平台，将强大的品牌影响力从传统媒体扩展到新媒体。几年间，芒果TV由2014年年收入8000万元人民币飙升到2016年的20亿元。

北京电视台网站——北京时间在网站的全媒体人才培养与设施配备上首创了“云记者平台”，该平台是专为专业记者、编辑打造的互联网化新闻生产工具，它集视频直播、云盘和人工智能编辑工具于一体，让传统记者摇身变为云记者。

河南项城广电大力推进新媒体建设，建立了融媒体中心，打造出“政务+超市”服务平台，将广播电视新闻打通融合在一起，整合资源，形成中央厨房式的内容生产机制，统一采编、统一分发、统一管理，确保传统主流媒体与新型主流媒体统一发声、响亮发声。①

① 曾静平:《试论我国电视媒体融合发展的创新思维》,《中国电视》2018年第2期。

不可规避的情况是，“三网融合”实质性推进见不到预期成效，新型主流媒体建设更多服务于有头有脸有名分的庞大财政支出，各种质疑之声不绝于耳。“视频网站能否干掉电视”“互联网广告开支将在2017年超过电视广告开支”“央视之殇：互联网正在干掉电视”“手机直播会是干掉电视的大杀器吗”等争辩预言论断不绝于耳，类似的新闻报道和学术论文频频出现在众人视野。

针对我国广播电视在“三网融合”背景下的发展情况，正视媒介融合“八方点火”而又“釜底抽薪”找准突破口、观念陈旧、管理滞后、四面游击、高端技术人才短缺的乱局，选取我国广播电视网络发展建设作为媒介融合的突围出路，以我国广播电视台喉舌品牌形象，发挥各级广播电视台数十年来积累的广播电视节目内容张力，创建出中国特色广播电视网站，拉动“两微一端全媒体”快速发展，逐渐形成从中国广播电视产业发展的单一“网站”到“网络”的升级换代。

当下，4G技术全面渗透到我国广播电视事业和广播电视产业，我国主导的5G技术开始在包括广播电视在内的全媒体领域聚合发力，宽带时代、移动时代、智能时代日益融入人们日常生活。中国广播电视有责任和使命做“三网融合”的先行者，将发展广播电视网络产业作为传统广播电视与现代互联网络融合互动、资源共享的扬帆远航平台，作为新型网络文化——“绿色网络文化”“把关人网络文化”“音视频网络文化”的窗口形象，作为产业拓张的新起点，开拓进取发展壮大，价值重大，意义深远。

一、中国广播电视产业融合发展的时代机遇

2019年1月25日，习近平总书记在十九届中央政治局第十二次集体学习时指出“深刻认识全媒体时代的挑战和机遇”，明确提出了推动媒体融合向纵深发展的精辟论断，要求统筹处理好传统媒体和新兴媒体、中央媒体和地方媒体、主流媒体和商业平台、大众化媒体和专业性媒体的关系，形成资源集约、

结构合理、差异发展、协同高效的全媒体传播体系。① 习近平总书记关于媒体融合系列讲话精神，是中国广播电视产业融合发展机制创新的纲领性文件，为中国广播电视媒介融合向纵深发展指明了迈向“全员媒体”“全程媒体”“全息媒体”“全效媒体”前行路径。

当前，5G 技术智能科技迭代发展，新时代中国全媒体传播生态建设场域已经形成，其存在着强大的战略要求与时空诉求，中国媒介融合和全媒体传播发展正值大跨越大发展重要历史时期。解读与贯彻习近平总书记关于全媒体传播的“导向为魂、移动为先、内容为王、创新为要”的科学论述，如何树立全媒体传播的中国理念、中国道路和中国方案，如何创立中国广播电视产业融合发展品牌形象，成为当务之急。

中国广播电视产业融合发展机制创新，适逢我国实现“两个一百年”奋斗目标的关键节点，适逢中国致力于构建网络空间命运共同体、媒体融合向纵深发展组构全媒体的国家发展战略机遇，适逢我国人民群众对幸福美好文化需求以及开启中国文化强国建设的伟大征程。整个研究以习近平总书记提出的网络空间命运共同体、网络强国、媒介融合、信息安全、全媒体传播等关键词为核心，抽绎出习近平总书记关于全媒体传播的核心理念，阐释全媒体传播体系在中国软实力建设中的重要战略地位和作用；中国广播电视产业融合发展机制创新的跨时代建设，则是立足于中国主导的 5G 技术以及领先全球的人工智能技术、超级计算机技术、北斗导航技术等的现代传播技术生成、媒介场域嬗变与信息技术迭代，中国广播电视产业融合发展在经历了网站建设、“两微一端”建设的思想储备、人才储备、物资储备之后，为诠释新时代中国广播电视产业融合发展迈向全网络产业、全媒体产业新高度做好了各方面准备。

二、中国广播电视产业融合发展机制创新的实践基础

中国广播电视产业融合发展机制创新具有扎实的实践基础，无论是创新环

① 习近平：《加快推动媒体融合发展　构建全媒体传播格局》，《求是》2019 年第 6 期。

境、创新思维、创新人才、创新技术等基础条件基本具备。

其一，中国乃至全球的广播电视技术融合、内容融合、产业融合、管理融合已经大势所趋、不可逆转，传统广播媒体与新兴电信媒体新兴网络媒体新兴智能媒体的合作协作全面展开，无论是传统广播电视机构的管理决策部门还是奋斗在第一线的新闻采编播成员产业推广成员，都意识到体制创新、机制创新是焕发中国广播电视产业融合发展生机活力的必然选择，这就解决了中国广播电视产业融合发展的未来方向问题。二十多年来中国广播电视产业融合发展的实际运行，为中国广播电视产业融合发展机制创新理论研究提供了大量生动鲜活的实践范例。其二，中国广播电视网站建设长时期“摸着石头过河”，一批又一批原本是“内容为王”的单一型内容人才，逐渐磨砺为“技术人才＋内容人才＋创新型人才”的复合型人才，思维观念精神面貌焕然一新，为现下中国广播电视产业融合发展进入到更高层级、更加立体的全网络产业全媒体产业打下了坚实基础。其三，信息社会作为一种全新的社会生活方式，技术融合媒介融合文化融合产业融合管理融合已成为社会发展进程中一种新的媒介产业生态变量，中国广播电视融合衍生发展的全网络产业全媒体产业形成了一种新型产业势力。其四，横跨疆界打破种族并日益增长的全球网民群体及长期以来稳居世界第一的中国网民，是中国广播电视产业融合发展立足本土、瞄准全球化市场竞争的物质条件。从中国广播电视产业融合发展现实发展需求出发，分析广播电视全网络全媒体传播体系提出的社会基础，从5G通信技术、超级计算机技术、云技术、人工智能和卫星导航等高精尖技术的发展应用，分析研究中国广播电视全网络产业全媒体产业体系发展建设的未来走向时机趋于成熟。

三、中国广播电视产业融合发展机制创新的理论论证

当前，新一轮信息技术革命方兴未艾，人类开始进入万物互联、信息相通的崭新时代。技术变革不仅改变了广播电视传媒产业的生态环境，更使得新闻传播学科知识体系的更新速度滞后于行业的变化，失去了社会科学知识对中国广播电视产业融合发展的前瞻性、引领性、指导性和应用性作用。同时，中国

正在走近世界舞台的中心，制度自信文化自信背景下的文化传播与价值观的输出需求日益突出，但是所使用的理论原理却基本学自西方，难以符合中国当下的具体实践需求。习近平总书记2016年5月在哲学社会科学工作座谈会上的讲话中指出，“要按照立足中国、借鉴国外，挖掘历史、把握当代，关怀人类、面向未来的思路，着力构建中国特色哲学社会科学，在指导思想、学科体系、学术体系、话语体系等方面充分体现中国特色、中国风格、中国气派”①，为中国广播电视产业融合发展机制理论创新明确了总目标。

其一，要以马克思媒介观、新闻传播观等科学思想为出发点，对中国广播电视全网络全媒体传播生态体系建设进行理论溯源，以媒介发展史与传播学学科发展脉络的研究为基础，通过纵向历时研究和横向比较研究，提炼新时代中国广播电视全网络全媒体传播体系建设与创新的理论基调；其二，从中国文化的内生动力出发，探讨中国广播电视产业融合发展全网络全媒体传播体系建设所蕴含的特色传播基因与文化底蕴，尤其是探讨中国特色全媒体传播体系在中国由站起来、富起来到强起来的过程中所体现出来的软实力功能，推动人类社会演进的动力以及人类命运共同体等理论基石；其三，在正确把握中国广播电视产业融合发展全网络全媒体传播的概念、本质、基本特征和基本原则基础上，运用概念分析法、专家咨询法、现场调研法和归纳演绎法，结合当前世界各国广播电视产业融合发展全网络全媒体传播发展比较，厘清中国与世界各国广播电视产业融合发展全网络全媒体传播演进的共同性与差异性，分析中国广播电视网站建设在产业融合发展全网络全媒体实际运营过程中的特殊地位和价值，理顺中国广播电视网站发展建设与“两微一端”发展建设的逻辑关系，是构建中国特色广播电视产业融合发展全网络、全媒体、全产业的原点。

本书是国内第一本中国媒介融合背景下以广播电视全网络全媒体为核心研究内容的专业研究成果，力图通过全面借鉴欧美发达国家广播电视网络的成就经验，深刻剖析我国国内广播电视全网络全媒体发展建设过程中的成败得失，细致挖掘中国广播电视产业融合发展的“墒情”与“商情”，求索中国广播电

① 习近平:《在哲学社会科学工作座谈会上的讲话》，人民出版社2016年版，第15页。

视产业融合发展机制创新，谋求在全球网络空间命运共同体中的中国广播电视网络作为，为中国网络强国作出积极贡献，为中国广播电视产业拓展增添亮点，为中国广播电视在媒介融合领域做好从理论设计到实现路径求证的系列工作。本书立意概览20多年来我国广播电视产业融合从单一性的网站创设到全网络全媒体立体发展进程中存在的监督管理与引导、域名与特色建设、受众人群与传播特点、网络文化构建、网络广告、内容资源使用与流失等问题，对中国广播电视网站及全网络全媒体的未来发展提供一些可资参考的建议。

本书共分为十章。第一章是总体概述，对广播电视网络的范畴、类别、特点和功能进行科学归纳；第二章是融合之旅，概览全球范围内三网融合全景，树立媒介融合前行路径，鞭辟入里找到了中国广播电视产业融合发展的动力源泉；第三章是广播网络，全面立体地阐述我国广播网络的整体状况，包括起源与发展、网络分布、特点与功能等；第四章是电视网络，全程实录各级电视台网站及全网络的频道设置、内容安排特别是名记名编名导主持人等资源使用，对电视网络独有的宽频视频在线亦有特别论述；第五章是综合网络，除了上述常规内容外，重点对传统广播电视共同与不同的信息如何在互联网中串接与展现进行了个别分析；第六章是受众分析，到底是哪些人、什么时间、什么动机选择广播电视网站及广播电视全网络，以及这些受众最关心的内容是什么，这也是本章的重头之一；第七章是网络文化，这是一个鲜少人关注而又意义重大的命题，个中论述到“把关人文化”“绿色文化”“音视频文化”等学界业界亮点；第八章为他山之石，对美国、欧洲、日韩等地的代表性广播电视网站展开分析，进而深入研究其广播电视全网络产业扩展，探寻可资借鉴的经验；第九章是机制创新，指出中国广播电视产业融合发展面临的紧迫问题，深刻意识和反省“危机与转机”的辩证关系，从中国广播电视实际出发创新产业融合发展机制；第十章是实现路径，对品牌问题、域名问题等鞭辟透析，进而从管理制度、人才优化、事件营销等方面进行突破。

本书是我国广播电视从网站起步迈向全网络全媒体融合发展的全面纵览与高度提炼，是对中国广播电视网络发展进程中“危机”的“望闻问切”，是对中国广播电视网络发展转折关头“转机”的明察秋毫，同时也是广播电视网络

“商情”“商机”的实时检索、高度汇聚与高屋建瓴的方向路径，既有融合理论网络理论等的前沿成就，也及时紧扣时代脉搏反映一线的具体实践经验教训，既可以是广播电视行业力图在全媒体领域产业发展的一部重要参考书，也是广大专业研究人员了解中国广播电视产业融合全网络突进、全媒体发展全貌的范本，是新闻传播院系本科生、研究生开拓视野的崭新教材。

目 录

| 第一章 |

网 络 概 述

广播电视走向与新媒体的融合之路，有着多种多样的融合路径和融合模式，既有广播电视台（包括广播电视频率频道广播电视节目）与互联网等新媒体公司的业务协作，也有广播电视台立足自我开展符合广播电视台发展规律的新媒体业务，此类媒体融合首先迈出的第一步就是建设属于自己的官方网站。广播电视台创建的官方网站，以及陆续推演而来的“两微一端”等和广播电视网络新媒体相关的管理制度、技术创新、内容融并、人才汇聚和产业发展等，就是本论的研究目标对象。其中，广播电视网站建设与发展，是中国广播电视网络产业融合发展机制创新与实现路径的原始起点。

全球广播电视网站发展建设，发祥于欧美国家，英国广播公司 BBC 在 20 世纪 80 年代末期就尝试着将传统媒体的内容作为网站发展的信息源泉。进入 20 世纪 90 年代，欧美国家的大牌广播电视机构一个个凭借着美国掌控的互联网按照“美国标准”向全世界次第开放的契机，“近水楼台先得月”注册上线了广播电视网站。中国广播电视网站的国际域名注册，落后于欧美发达国家 10 年左右，“国字号”的中央电视台、中国国际广播电台和中央人民广播电台都是 20 世纪 90 年代末期才注册上线国际域名官方网站。我国广播电视网站的大面积国际域名注册上线工作的突进，以及全国性的围绕广播电视网站建设的专项课题论证研讨，则是新世纪以后的事情了。

2006 年 10 月，为加强全国电视台网站之间的沟通与合作，促进全国电视台网站之间的资源共享，探索以视频合作为切入点的共赢模式，由中央电视台央视国际网络（CCTV.com）主办、云南电视台承办的 2006 全国电视台互联网站发展研讨会在云南省丽江市举行，来自全国 50 多家电视台网站的 80 多名网站负责人齐聚云南丽江官房大酒店，中心议题围绕“CCTV.com 网络视频联盟”方案展开。“网络视频联盟”是为了贯彻落实中央领导同志关于“国家主流媒体要占领网络、手机等新的舆论宣传阵地”的指示精神，应全国省市级电视台网站的积极要求顺势而生的以中央电视台央视国际网络为龙头的合作组织。

“网络视频联盟”的提出，得到了各地方电视台网站的积极响应，而且达成了初步共识。根据“网络视频联盟”宗旨，全国电视台网站以 CCTV.com 为平台，集成全国电视台及其他机构优质视频节目资源，发挥母体优势，采用国际上最先进的内容与广告营销方式，在全方位提升各电视台影响力和各网站访问量，以主流媒体占领新兴传播阵地的同时，借船出海、多方共赢，建立一种新的运营模式。

2007 年 12 月，我国的音视频网站管理权明确归属国家广电总局，原来的社管司也因此“一分为二”——传媒管理司与网络管理司，加强了对网络视频监控。在全球化“三网融合”的影响下，国家广电总局越来越意识到，网络机构司管辖下的广播电视网站，正是“三网融合”的重要标志，是中国广播电视大踏步迈向新媒体融合发展的重要历程。2008 年，国务院出台了关于广播电视网、互联网和电信通信网技术引领、资源共享、内容丰富、资费下降为基调的“三网融合”一号文件，对我国广播电视网站发展建设和广播电视媒介融合发展，都是一个重要的历史节点。

中央电视台在全国各级广播电视机构的网站建设方面，发挥着国家级大台的先锋作用。从最早期的中央电视台央视国际网络到央视网的名称变更，反映着中央电视台网站发展的潜变，标示着从品牌铸造、频道设置、内容编排、产业布局和人才融合等的脱胎换骨，是我国广播电视网络建设当之无愧的佼佼者。2006年，央视网在充分调研的基础上，收回了中央电视台各个频道和栏目与其他网站的合作，“召回”名编、名导、名在外主持的“博客播客”专栏等资源，经过精心改版改造升级，充分整合了中央电视台丰富的视频资源，发挥出名主持名记者名编导的号召力，强化了现代网络技术的互动效果，增强了与受众的零距离沟通，实现了电视台与网站最大程度地珠联璧合。

国际在线（中国国际广播电台网站）是广电网站的一匹黑马，短短10年时间，尤其是2006年再版之后，以“大跃进”的速率发展，其跃进的绝招就是适度适时地开展事件营销。近年来，国际在线充分运用“国际”优势，彰显“语言”魅力，将大型活动进行到底，“中国国际广播电台吉林行、河南行、辽宁行、安徽行、西藏行等”感动华夏大地，台网联动，收到了出其不意的效果。中西文化之旅、中俄友谊之旅跨越国界，将中国元素名扬海外。

在省级电视台中，北京电视台的BTV在线借势“红楼梦中人”“龙的传人”活动一炮打响。“红楼梦中人”选秀活动一启动，BTV在线网上报名人数就以每天一万人的速度激增。“红楼梦中人”全国总决赛期间，BTV在线同步视频直播比赛共计17场，在线收看近31000人次。BTV在线是2006年4月17日对原有网页进行了改版的，新版网站为全台10个频道、112个栏目设计了宣传页面，随时做好日常的更新发布。在首页第一屏的突出位置，为宣传台里的大型文化创意活动开设专区，如“红楼梦中人”“龙的传人”等，电视剧推介在新改版的首页上也占据重要位置。同时，加强了对电视节目的预告和对电视剧的宣传力度，节目预告的宣传力度较原来增加了10倍，每周有70个节目预告发布点。2007年，北京电视台加大了对网络建设的投入，一次就投入180万元，更换了外部服务器。2008年，北京市广播电视局投入1000万，用于BTV在线视频网站的建设，后续资金也开始陆续到位。①

随着北京电视台与北京广播电台合并为北京广播电视台，北京广播电视台网站即BTV在线（北京电视台网站）和北京广播网（北京人民广播电台网站）

① 曾静平:《我国广播电视网站现状分析与发展对策》,《中国广播电视学刊》2008年第8期。

明确合并为“北京网络广播电视台—北京时间”，与奇虎360公司共同出资成立了北京时间股份有限公司，实行公司化运营管理“北京时间”全系新媒体产品。新组建的“北京时间”汇集了北京全市的新闻优质资源，依托北京广播电视台的视频内容和新闻采编优势，打造具有广泛影响力和竞争力的新型主流媒体。“北京时间”以“北京时间，直播中国”为口号，主打具有强烈时间刻度和现场感的直播态新闻，是一款基于用户兴趣度、行为链与网络搜索大数据的视频资讯探测器。

最近几年以来，全国广播电视台陆陆续续完成了从广播网站、电视网站、广播电视网站建设到广播网络台、电视网络台、广播电视网络台建设，如中央电视台网站（央视网）现在为中国网络电视台，湖南人民广播电台网站现在为芒果广播网，陕西广播电视台网站现在为陕西网络广播电视台，反映了中国广播电视网站的发展脉动，印证了中国广播电视产业融合发展资源整合资源共享技术创新技术进步，是中国广播电视传统媒体与新兴媒体融合向纵深发展为广播电视全网络全媒体的具体行动。

国内学者聚焦于传统媒体和新兴媒体、中央媒体和地方媒体、主流媒体和商业平台、大众化媒体和专业媒体的关系研究，围绕技术创新、资源融合、结构优化、差异发展、协同高效的全媒体传播和产业推进相对集中。彭兰(2009)明确提出了“全媒体”概念，指出全媒体是指一种业务运作的整体模式与策略，即运用所有媒体手段和平台来构建大的报道体系。从总体上看，全媒体不再是单落点、单形态、单平台的，而是在多平台上进行多落点、多形态的传播。报纸、广播、电视与网络是这个报道体系的共同组成部分；周洋（2009）认为，全媒体的概念来自传媒界的应用层面，是媒体走向融合后“跨媒介”的产物；在全媒体国家层面创新体系建构上，胡卫（2001）指出在强调知识传播系统主渠道时忽略文化传播体系，不重视网络公司、电视台、广播电台、报纸、杂志、图书馆、博物馆等文化传播机构所组成的传播网络，文化传播体系可使科技知识迅速社会化，对科技知识信息进行选择性、创造性开发，减少公众接收科技信息的盲目性，合理配置科技信息资源，保证科学传播时间上的连续性，达到终身教育的目的。

在全媒体技术创新方面，Parmentier（2014）研究发现，智能技术以迭代填充机制实现文化大数据的识别、挖掘、加工与深度利用，进行文化价值的聚合和文化资源的更新，利用智能算法处理、仿生识别、深度学习等功能重塑文化创意产业的业态与价值链，实现文化创意的精准化、智能化，同时应考虑智能文化创新与人类文化创意、科技与艺术、智能技术应用和人文精神之间的关系，建构基于智能技术的主流价值文化生态，完善主体优化机制、扩散机制、分类跃升机制和制度支撑机制；Liboriussen（2015）指出，技术性硬创新可演变为创意性软创新，催生文化新业态，智能算法、数据挖掘与预测建模等智能安全机制与内容分发机制，不断创新文化产品和动态视觉效果；陈昌凤（2018）分析了大数据和新闻报道的矛盾关系：数据分析只重视相关关系，轻视因果关系，使新闻报道碎片化和浅阅读；大数据强调信息结构化、去故事化，与新闻报道故事化诉求存在矛盾；新闻讲究精确性，而大数据却无法提供精确性；黄典林（2018）指明深度学习技术无法处理预测与合理化问题，无法阐释复杂意向性概念，无法逼近新闻事实真相和深度解读；郑亚南（2019）揭示了智能技术撼动艺术家主体地位、智能作品在社会互动与情感交流方面处于失位状态、审美思维缺失；宣晓晏（2019）认为，智能技术创新有利于突破瓶颈、创新形式、丰富内容、创造需求，是文化创意的诱发源与载体；喻国明（2019）认为大数据源主要掌握在政府及大公司手中，如何开放大数据源的使用，事关社会的发展和人民生活的福祉，要从制度和机制上给予保障。

在全媒体媒介融合上，魏然（2018）界定媒体融合内涵：内容制作、播出和传播上传统媒体与具有互动性的新媒体相结合，媒介融合呈现的“内容+技术+渠道”融合发展模式已成型，用户可享用广域网、城域网、移动通信网、数字地面广播网、无线局域网等全覆盖的广电传播服务，平台可进行智能分析、预测、引导、调度和传输，有支持多种业务传输的 IP 化网络，能承载电视节目、OTT 内容、社交媒体、互动游戏、数字音频、应急广播等，充分融合卫星移动通信与地面移动通信、数字广播与蜂窝通信以及短距离传输系统；方玲珊（2019）指出，全媒体纳入自媒体、深化新闻内容、契合读者习惯和创建新闻 APP 等创新传播模式；陈剑文（2019）论述了抢占内容制高点、推出分众化报道，增强理论传播针对性，多平台同向发力，策划参与式、交流式全媒体传播，畅通理论传播的交流分享渠道，实行差异化传播；辛甜甜（2019）强调，保持开拓思维，提供个性化服务，注重客观性和真实性。雷朋（2019）提出采用大众化路径：内容时代性突出，语言大众化、叙事化，传播主体多层次、多样化，传播对象广泛、有针对性，传播媒介多维度、多形式；胡占凡（2019）指出，打造全球领先的技术体系、建设传输便捷、安全高效的信息系统和管理平台、探索和跟踪与全媒体发展相适配的国际前沿技术，要符合国家媒体定位，突出文化产业的特征。

在全媒体制度创新上，艾莉莎（2006）认为移动技术扩散导致信息泛滥和失实，产生社会伦理问题，手机信息的制作和传播机构利用持盲从接受态度的受众来制造公众对手机媒体的公信度，这种有违媒体道德的传播行为既是对受众的不负责也是对社会道德的漠视；操成（2009）指出，未来媒介竞合是以价值创新为内核、制度设计为保障的内外结合的“动能传播”；邵培仁（2016）主张在危机事件中，媒介和政府的制度创新的结果都会受到新的评估。如果新做法是有利的，一种新制度就会出现。如果新做法是不利的，那么新规会恢复到旧的路径上去。祝军（2016）论证提升媒介传播力促进管理创新的可行性；何钰洁（2016）分析昆腾 StorNext 创新数据管理平台的应用价值；龙小农（2018）认为，大众传播是推动制度创新的推手；李维（2018）认为，注重培养高度的政治敏感性与政治鉴别力，站在党和人民的立场上思考问题，履行自身“耳目喉舌”的职责和使命，致力于媒体品牌形象与公信力的塑造，担当高端新闻出版人才和国际化记者；解学芳（2019）阐明人机伦理、入侵边界、数字殖民政治等问题；胡萱尹（2019）列出了版权保护和责任、个人隐私和数据保护、信息茧房、人机角色分工等问题。

从全媒体素养的源头上对全媒体传播组织、全媒体传播人群、全媒体传播环节、全媒体传播技术和全媒体传播效能等内涵进行厘定，运用大数据深度学习等方法对全媒体传播效能进行测量与画像，再从个体传播生发、运行演化与宏观影响三个层面通过可视化技术对全媒体传播动力情况进行解剖分析。在客观辩证阐释其正负传播致效的基础上，基于模糊集等理论对全媒体传播效能及其媒介素养评价指标体系进行仿真建模研究，从舆论动力学、价值累加、机制设计等理论视角探讨全媒体传播媒介素养信息传播效能评估与引导策略建设，从而实现基础理论、支撑技术和应用研究三个研究层次相统一的目标。

中国广播电视产业融合发展，其制高点就是全网络全媒体产业运作和产业链尽情舒展。全媒体指的是报纸、广播、电视、音像、电影、图书、杂志、网络、电信、卫星通讯、虚拟现实技术、网络直播、抖音短视频等传统媒体、新兴媒体和智能媒体综合化全信息媒介生态系统，以传统大众传播、新兴媒体传播、电信传播和智能传播为主体构建的全媒体传播，是信息技术创新与文化创新融会贯通、累积叠加，是新时期中国特色新闻传播理论论证与实践探索的基本呈现。全媒体传播体系建设的理论论证与实践探索，是中国奔向两个一百年奋斗目标、实现中华民族伟大复兴征程中的动力激发，是构建中国文化强国软实力的具体行动，更是贯彻落实党的十九届四中全会精神、重视运用人工智能、互联网、大数据等 5G 智能信息技术手段提升治理能力和治理现代化水平的舆论先行和素养保障，还有利于激活中国新闻传播理论与实践长期以来唯欧美理论马首是瞻的一池死水，彻底改变中国新闻传播理论几十年一成不变的僵化教条困局。进入到中国主导的 5G 通信时刻，赋予了中国媒体融合向纵深发展更加强劲的技术驱动力，政府管理机构因此有了更多的媒体融合发展选择路径和媒体融合发展模式。以“全程媒体全员媒体全息媒体全效媒体”为国家传播战略的全媒体传播，在 5G 时刻为发出中国声音、传播中国文化全速起锚远征，是在中国实践、中国作为基础上具有中国特色的新闻传播理论的重要内容。

第一节　网络内涵

一般概念中的“网络”，指的是由若干节点以及连接这些节点的链路延伸，表示宇宙世界诸多对象及其相互联系。在计算机领域中，网络是信息传输、接收、存储、共享的虚拟平台，通过互通散布延展的密集网状蛛链，把各个点、线、面、体的信息联系到一起，从而实现这些信息资源的链接、联系、共存、共享。网络既是“有形的”物质存在，可以通过专业仪器查看到全球网络的分布状况与延展趋势，一个个联络节点（如基站等）、一条条串接路径清晰可辨；网络又是“无形的”虚拟想象，在一般人眼中虚无缥缈、无边无垠、牵一发而动全身，有时候自己不经意的一个动作引发万里之外的关注而本人却全然不知。网络是人类发展历史上最重要的发明之一，可借助文字阅读、图片查看、影音播放、下载传输、游戏、聊天等软件工具，从文字、图片、声音、视频等方面给人们带来极其丰富的生活和美好的享受。

广播电视网站是广播电视产业融合发展的产物，是广播电视产业链发展壮大的重要一环。广播电视网站与广播电视网络的关系，是一种你中有我、我中有你的交错替进关系。网络与广播电视的无缝对接，首先就是建立了专属的广播电视网站，进而顺势而为逐渐形成了自成体系、独具特色的广播电视全网络全媒体，主要包括了“两微一端一站”，即广播电视微博、广播电视微信、广播电视新闻客户端和广播电视网站，以及由之产生的其他各种广播电视网络新媒体。广播电视网站是广播电视全网络全媒体的中心原点，是所有广播电视网络新媒体全媒体的“大本营”。研究媒介融合背景下中国广播电视网络产业发展机制创新与实现路径，必然会选择中国广播电视网站产业作为主要研究对象，在此基础上将研究主体放眼到广播电视微博、广播电视微信、广播电视新闻客户端以及由之产生的其他各种广播电视全网络全媒体产业建设与发展。

中国广播电视网络产业融合发展，应该在“互联网+”这一大概念下，侧重点放在广播电视节目+广播电视网站建设。鉴于此，中国广播电视网络必须从国家层次的管理机构（管理人员）到省市级地市级广播电视台领导和从业人员，都要认真研究全球“三网融合”发展趋势，学习借鉴欧美国家媒介融合先进经验，把握媒体整合的发展趋势，充分意识到“互联网思维”“互联网+思维”“智能思维”等创新思想是中国媒体融合生生不息的动能能力，技术创新、技术引领是媒体融合特别是媒体融合向纵深发展的主脉络，充分运用当年毛泽东同志在《论十大关系》中提出的思想原理，适时提出“国际与国内的关系、喉舌与经营的关系、媒体与受众的关系、广播与电视的关系、品牌与渠道的关系、中央与地方的关系、广电与纸媒的关系、都市与农村的关系、融合与科研的关系、线上与线下的关系”等“中国广播电视网络产业融合发展新十大关系”，共享共创广播电视全网络全媒体传播内容与传播产业。唯有这样，才能够确保传统广播电视技术和新媒体技术相互支持，推进“中央厨房”运营平台对接，鼓励传统广播电视人才与广播电视新媒体人才共享，逐步达到广播电视栏目节目向受众尤其是年轻受众转移、广播电视全产业链产品向市场转移、广播电视协同协作向全媒体转移、广播电视服务向数字化移动化智能化转移的总体目标。在此基础上，完善广播电视全媒体传播制度及经营管理制度，理顺与推动中国广播电视全媒体发展进程中中央与地方、广播与电视、线上与线下等的“共享共容共融共赢共荣”的体制机制。

在 2016 年 7 月国家广电总局印发的《关于进一步加快广播电视媒体与新兴媒体融合发展的意见》重点任务中，大致勾画出了中国广播电视网络产业融合发展的总体框架，对中国广播电视网络内涵提出了指导性方案，即“深度融合发展理念”“精心创意节目内容”“优化创新制播体系”和“科学布局传播体系”，将中国特色广播电视网络功能、新媒体功能充分舒展、充分发挥并叠加放能出最大效应。

一、科学布局节目内容

中国广播电视网络产业融合发展，必须立足于网站建设，并在技术创新机制创新加持下过渡升级为广播电视全网络全媒体发展。中国广播电视网络产业融合发展，坚持品牌发展引领下的内容为王，以广播电视节目的内容优势，创造出广播电视网站内容独有特色，再以广播电视网站源源不绝的独家内容为支点，撬动广播电视 APP、广播电视微博、广播电视微信、广播电视公众号等联合融合平台，在“中央厨房”融合航母上创造融合型类节目体系，赢得“满足人民群众日益增长的文化需求”新时期追求，构建中国特色广播电视内容融合资源宝库，将数十年来录制采编而来的节目栏目素材音视频素材，按照各种不同样式新媒体的传播规律“新瓶装旧酒”“新瓶装新酒”，以网络传播形式、以新媒体传播形式重新组装、重新编排、全新组合上网上线，发挥出新媒体传播应有的独特功效。

科学布局广播电视节目内容，就得强化品牌光晕下的全球化节目版权意识，建立与创新内容丰富、版权资源丰富、传播功能强大、传播内容优质的中国广播电视节目资源广播电视栏目资源数据宝库，鼓励并奖赏优秀编采人员创作创新的新剧目、新栏目，紧抓“内容优先”意识，将节目资源栏目资源以及没有能够在广播电视台播放的“原生态”音视频资源牢牢控制在广播电视台手中，在防止已经播放的节目栏目资源外流的同时，尤其要防止存放在广播电视节目栏目资源库存的资源外溢。长期以来，被传统广播电视栏目节目“束之高阁”于库房的音视频素材，在传统概念中俨然就是一堆没有思想性、缺少艺术价值、更没有时效性的废品，却可以在广播电视走向全面融合阶段特别是迈向媒体融合向纵深发展阶段发挥出别样光彩，在不同终端以不同表现形式、不同组合样式尽显全网络产业魅力、全媒体产业魅力。这类“重见天日”的独家音视频资源，与业已在传统广播电视台播放过的广播电视节目栏目资源，即是中国广播电视网络产业融合发展与其他各种新媒体同场竞技的“杀手锏”。

二、优化创新制播体系

中国广播电视网络产业融合发展，需要优化全网络全媒体制播创新体系，在体制创新、机制创新、内容创新、产业创新等各方面全面跃进。在制度创新和内容创新基础上的技术创新，需要按照广播电视全网络全媒体的传播特点和发展规律，建设移动化、数据化、智能化的新时期中国广播电视融合发展制播云平台。

广播电视网络产业融合发展的制播制度创新，是优化创新制播体系的核心环节，也是先决条件。4G 技术全面深入到广播电视采访编辑制作及后期平台管理，无一例外都处在互联网（移动互联网）脉动系列并贯穿着云技术大数据虚拟现实技术以及人工智能技术等的嫁接融汇。这就意味着无论是广播电视融合体系中从创意策划、采访编辑到数据分析处理以及编排重组受众反馈等的任何链环，都必须具备高度技术优先思想精神。5G时代的4K电视8K电视应用、人工智能晚会创意与节目栏目创意、人工智能节目创作与制作、人工智能新闻纠错与人工智能节目编排、人工智能节目播音主持、人工智能广告创作与发布以及智能检校等，成为当下与未来中国广播电视网络产业融合发展、优化创新制播体系的关键元素。

优化创新我国广播电视网络产业融合发展尤其是向纵深发展的制播体系，以我国主导的5G网络为主干，逐渐建设、整合与提升集创意、计算、存储、生产、剪辑、编排、管理、控制、交流、反馈于一体的中国特色广播电视融合发展“中央厨房”，成为安全采编、安全播放、安全调控、安全对内对外交流的新型管理控制体系。实现我国广播电视网络产业融合发展制播体系优化创新，急需高屋建瓴知识结构优化的管理人才，以及既具有云技术、大数据技术、网络新技术又兼具广播电视基础知识的“复合型”应用人才、操作人才和管理人才。

三、科学布局传播体系

我国广播电视网络产业融合发展，不能不面临一个更为广博更为宏大的传播生态环境，科学布局广播电视全网络全媒体传播体系、产业体系时不我待。首先，5G铺展下的传播技术更为先进，不仅继续拥有着原本国内最完善、效果最高清的摄影摄像，以及一般民营影视制作公司只能望其项背的录音棚声像合成设施规模雄伟的演播大厅等传统直播采编设备，更有最新最高端的4K高清电视8K高清电视接收终端、无人高空摄影摄像机、人工智能新闻写稿机器人、智能新闻主播、智能场景模拟及智能广告创作设计发布等一流技术设施；其二，传播通道更为发达通畅，互联网（移动互联网）传播与传统广播电视传播互通互补，智能手机传播、车载传播、高铁传播以及星空传播等泛在设备智能设备构建出新型的广播电视有线网与无线网并举、广播电视传播网与新媒体传播网共享共用共赢、广播电视地面网与各种各类天空网、水面水下网、地下网（地铁广播电视网、矿井广播电视网）共同发展融合的广播电视立体传播体系；第三，虚拟现实技术营造的亦真亦幻的广播电视场景声像与现实摄录的传统概念的广播电视节目栏目以及音视频资源交织交叉，再加上动感十足、震撼力十足、吸摄力十足、魔幻感十足的动漫表现互补互进，交汇成中国广播电视全网络、全媒体、全产业融合发展全新的靓丽风景线。这些全新、全域、全息、全终端、全受众、全系统、全动力组建的全网络全媒体全产业系统，唯有科学布局精准布局，才有可能真正将传统广播电视网、电信通讯网、互联网（移动互联网）、量子通讯网以及各种未来网络有机整合在一起，形成一种迭代叠加传播效应，将广播电视 APP、广播电视微博、广播电视微信等各种播控传播平台，集中集智极智发挥作用，大大增强我国广播电视在新兴媒体领域的国际影响力和国际竞争力，为实现中华民族伟大复兴的中国梦文化传输做出应有贡献。①

第二节　基本分类

我国广播电视网络，长期以来就是各级各类广播电视台的一分子，伴随着国家行政区划政策法规等而“统一行动”，跟随着广播电视台的管理归属、结构名称等变化而变化。广播电视机构的“风吹草动”，就会“牵一发而动全身”，引发广播电视网站及其他广播电视网络新媒体的管辖单位、网站名称、网站定位、资金投入和成员构成等的多重变数，广播电视网络自然也就存在着多种多样的形式，因此也有着各种不同分类类型，包括按照行政级别进行分类（中央级广播电视网络、省市级广播电视网络、地市级和县级广播电视网络）、按照媒体属性分类（广播网络、电视网络和广播电视综合网络）、按照经营管理属性（自办独营广播电视网络、托管型的广播电视网络以及合资性质的广播电视网络）。

① 参见国家新闻出版广电总局发布《关于进一步加快广播电视媒体与新兴媒体融合发展的意见》（新广电发〔2016〕124 号）。

一、按照行政级别

中国是一个职级鲜明的国度，广播电视台无一例外都有行政级别。广播电视网站及各类新媒体网络作为下属机构，也一个个都是按照行政级别来对待的。

按照行政级别分类，中国广播电视网络可以分为中央级广播电视网络，包括了央视网（中央电视台，早期叫央视国际网络，现在叫做中国网络电视台）、国际在线（中国国际广播电台）、中国广播网（中央人民广播电台）和教育网（中国教育电视台，因为中国教育电视台“偏安一隅”的社会地位往往会被忽略），省级广播电视网络包括金鹰网（湖南卫视）、今视网（江西广播电视局）、山西视听网（山西电视台）等和地市级广播电视网等。因为本书更多围绕各级广播电视台所建的媒体网络展开，涉及更多层面的是传统广播电视与现代网络的有机融合，因此，国家广电总局、省市级广播电视厅（局）的政府机构网站较少探讨。

我国的“四级办”体制下广播电视网络的行政等级脉络分明，每一层级的主管领导都有行政级别。中央级广播电视网络一般都是正厅（局）级，省级广播电视网络则一般是处（县）级。以此类推，各级广播电视网络由相应级别的领导担任一把手。中央级广播电视网络（中国教育电视台网站）不仅将网络中心作为二级机构，配备了专职干部，而且还开辟了专门的办公空间。省级广播电视网络很多还由总编室主任或新媒体中心主任兼任网络中心负责人，只有个别单位配备了专门的、与广播电视台二级单位平行的网络中心主任，很多地级市广播电视网站没有专人负责，也谈不上设置二级机构开展此项业务。

中国特色广播电视网络的行政管理状况，决定了各级广播电视网络有所侧重的职责和使命。中央级广播电视网是中国广播电视走出国门迈向世界的崭新脉动，是中国广播电视产业融合拓张的重要举措，是构建中国媒体网络绿色文化、把关人文化、名人文化乃至亲民文化的实际行动。中国广播电视媒体利用互联网络的全球互联互通，将中国广播电视的特色节目栏目、特色主持人传播到世界的各个角落，是全球华人的精神饕餮，是世界上关心中国、关注中国文化的人们了解中国、洞悉中国文化的主要视窗。广播电视媒体网络是名记者、名主持、名编导等名人集散地，名记者、名编导、名主持名解说等都是受众心中的明星人物，他们在生活中、在虚拟的互联网里的一颦一笑、一举一动对网民的影响非同凡响。广播电视的级别越高，名人的知名度越高，影响力越大。这种只有媒体网站中独有的文化，值得挖掘，值得好好应用与放大，使之成为独树一帜的特色文化。①

二、按照媒体属性

中国广播电视事业的发展历程，决定了其网络的高度关联性。按照媒体性质来分，则可以分为广播网络、电视网络和广播电视综合网络。

中国的广播媒体起步早，在 1926 年时中国人就有了自己的广播（新说称刘翰在哈尔滨创建的广播电台为 1922 年）。1946 年，中国共产党创办的新华人民广播电台在延安开播，而中国电视则直到 1958 年 5 月 1 日，才由北京电视台（中央电视台前身）试播。在 1982 年前，中央人民广播电台的新闻地位高不可攀，所有最重要的国际国内重大消息都要首先经由“新闻与报纸摘要”播出。从 1982 年 9 月 1 日起，中央已经明确规定，重大新闻的发布时间，将由二十点提前到十九点，重要新闻首先在《新闻联播》中发布。这标志着中央电视台首次成为独立的新闻发布机构，也标志着电视媒体的地位日益凸显。

1983 年 4 月，第 11 次全国广播电视工作会议在北京召开，会议明确提出“在全国实行中央、省、有条件的地市和县‘四级办广播、四级办电视、四级混合覆盖’”的建设方针。这次会议是我国广播电视事业发展史上一个重要里程碑。此后，全国广播电视系统的宣传面貌和事业建设都发生了巨大变化。1983 到 1992 年的十年间，因为国家“四级办”方针的落实，“广播电台和电

① 参见曾静平、李欲晓:《中国互联网文化强国的理论探讨》,《现代传播》2009 年第 6 期。

视台以年均 122%和 134.7%的增长幅度超常规发展，到 1992 年底，我国的广播电台就已达 812 座，电视台 586 座，广播电视人口覆盖率分别达到了 75.6%和 81.3%”。① 这些“大干快上”应运而生地从中央到省市县广播电视台，是我国广播电视事业的基石，是我国广播网站电视网站广播电视综合型网站以及逐渐发展完善起来的广播电视网络的坚强背景和后发优势。

20 世纪 90 年代中后期开始，以美欧为主的媒体兼并重组浪潮席卷全球，其主要标志就是新世纪之初美国在线与时代华纳的并购方案，引发全球广播电视等传统媒体范围内高度警觉，电信通讯行业渗透沁入传统媒体正式拉开序幕，这也是具有真正意义越过重重壁垒的跨行业融合、跨媒体融合的标志性事件，“赢者通吃”这一市场营销学专业术语在新闻传播界开始叫响。以此为原点的中国媒体变革求新全面推进，以组建报业集团为发端起点的中国媒体融合走向接轨世界的征程，此后的中国广播电视集团化集约化建设发展在华夏大地全面铺展开来。

1999 年 6 月 9 日，中国国内第一家广电集团——无锡广播电视集团正式挂牌成立，中国广播电视集团化产业化融合发展吹响了“集结号”。2002 年 12 月，拥有湖南卫视、湖南经视、湖南都市等 7 家电视频道和湖南人民广播电台新闻频道、交通频道等 4 家广播频道以及湖南广播电视报等媒体的中国第一家省级广播影视媒体集团——湖南广播影视集团成立。2003 年 4 月 19 日，上海文化广播影视集团挂牌。鼎盛时期，我国获得国家广电总局正式批准的广电集团共有 15 家。这些集团化产业化的产物，成就了现下广播电视网络产业融合发展门类齐全的广播电视综合网络。由于中央级“国字号”的中国广播影视集团已经“灰飞烟灭”，我国国内的广播电视综合网站主要是广电集团网络（如湖南电广传媒集团麾下的芒果网）或广电总台网络（江苏广播电视总台旗下的荔枝网）以及一批市级广播电视综合网络。由于我国“四级办”广播电视的历史背景，很多地级市广播电视台都是一块牌子合署办公，其网站及全网络全媒体全产业也是广播电视综合网络。

① 张振华主编:《中国广播电视新论》，中国广播电视出版社 2004 年版，第 28 页。

三、按照经管属性

按照经营管理属性分类，则可以分为自办独营广播电视网络、托管型的广播电视网络以及个别的合资性质的网络。当前，我国中央级和省级（含省会城市）除了部分偏远欠发达省市外，基本上都将广播电视网络作为未来产业发展战略的重要组成部分，资金投入、设备添置、人才安排、办公条件等都在近年来有大动作，属于自办独营性质，管理权和经营权完全属于广播电视台。少部分地级市广播电视台由于观念、资金和专业人才等原因，将网络新媒体的运营托付给某专业公司，广播电视台则将相关内容提供给运营方。合资性质的广播电视网络新媒体，主要出现在少数个别的电视网站的宽频经营。

本书的主要线索以我国广播电视网络的媒体性质分类进行，参照我国特有的行政级别与区划，适度考量个别广播电视网站的经营管理属性特征，进行综合立体探讨媒介融合背景下中国广播电视网络产业发挥机制创新与实现路径。

第三节 主要特点

我国广播电视网络源自传统广播电视媒体，是广播电视媒体的一分子，与我国的传统媒体有着天然的、不可分割的联系，自然就会保留着权威性高、公信力强、影响力大、音视频内容丰富多彩、收视收听人群广泛且品牌忠诚度高等特征。除此之外，我国广播电视网络还有着自身独有的台网的联动性、资源的丰富性、内容的独家性和名人的集中性等特点。

一、台网的联动性

我国广播电视网络的发展背景，决定了其与传统广播电视必然的紧密联系，这是台网联动的“背书”底蕴所在。我国的广播电视网络都是由广播电视台（少数几个网站为广播电视局主办）委派人员建设与管理，是广播电视台的重要组成部分。很多广播电视网络的初创广播电视网站阶段，不仅网站的办公地点与一些科室共谋一隅，打理网站的负责人与工作人员往往也是有着自己主要工作“分身”而来。当这些人“正务”繁忙时，常常分身乏术，网站也就长时间没有更新只得闲置。

无论当下广播电视网络新媒体的社会影响力如何，无论其网民数量、注册会员多少，一旦台里开展什么活动，总会考虑通过自己的网站及各种新媒体网络与受众的互动，或整版整幅的系列报道，或开辟专版专栏让网民直抒胸臆，或网络投票飙升人气，吸引更多的人来参与。广播电视网站开展事件营销，也会让所在的广播电视台相关的频道、栏目节目一起参加，或播发消息，或追踪报道与深度专访，或现场直播整个活动过程，增强活动的社会影响力。

为了配合北京电视台奥运宣传工作，BTV 网站开设了体育网络频道和奥运网络频道。体育网络频道对 22 个电视栏目的播出时间、节目内容、主持人等内容进行网上宣传。网站的奥运频道有迎接奥运、筹办奥运、备战奥运等内容，介绍奥运会场馆、奥运人物等知识。同时还制作了《奥运会倒计时周年特别节目》《一呼百应迎奥运》《相约北京 2007》等十几个网络专题，配合奥运宣传工作。在北京奥运圣火传递期间，北京电视台进行“奥运火炬传递百日大直播”，BTV 网站推出相关专题，设置了圣火传递、体验之旅、BTV 报道、圣火之城、奥运火炬手、媒体聚焦、编导手记、工作感言、工作照片等版块。在网络视频方面，以台里的节目为依托，制作大量有关奥运的网络视频节目，供网民点播。

中国国际广播电台网站——国际在线充分运用“国际”优势，彰显广播电台的声音语言魅力，将大型活动进行到底，“中国国际广播电台吉林行、河南行、辽宁行、安徽行、西藏行”等活动感动华夏大地，台网联动收到了出其不意的效果。此外，中西文化之旅、中俄友谊之旅跨越国界，以及 2009 年的“情动·莫斯科——中国人唱俄语歌大型选拔活动”与“新中国成立 60 周年全球知识竞赛”等，将中国元素名扬海外。

凡此种种，我国广播电视网络的台网联动效应效益可见一斑。应该指出的是，我国当下广播电视发展战略的“台网联动”主次颠倒，“台”通常是处于主动的强势的主导的位置，是占据压倒性优势的主角，而“网”更多时候处于从属配合附属的位置，往往是“可有可无”的配角。关于“台网联动”“网台联动”这一问题，在最后一章还会有专门论述。

二、资源的丰富性

广播电视网络是传统广播电视媒体的品牌延伸，有着传统广播电视几十年来积淀下来的广播电视音视频资源、社会人脉资源、信息采写便捷资源以及媒体特有的公信力与权威性，这些都是商业门户网站、企业网站和政府网站等所不具有的优势条件。

我国广播电视的发展已经历经了数十个年头，积累了丰富多彩的栏目节目资源，新闻、广播剧、电视剧、栏目剧等更是广大受众不可或缺的精神大餐。这些海量的“内容资源”，就是广播电视网站有着取之不尽、用之不竭的丰富资源。与传统广播电视节目播出容量受到限制不同的是，网站有着无限自由的宽广空间，既可以将传统广播电视节目自然延续，下载平移成为网站内容，也可以将一些因为时效性或节目长度限制等原因不便播出的“原生态”广播电视节目素材加工提炼成网络文化精品。

当前，全国四级广播电视台都面临着从模拟转向数字，原本以磁带形式存储的广播电视节目亟须实行数字化转换，节目内容之多、工作量之大可想而知。正因为此，给了广播电视网站因势利导、借船出海的绝好机缘。据知，我国能够播出的广播电视节目一般为节目录制素材的20%左右，80%的广播电视节目素材成了束之高阁的“原生态”库存品，稍加理顺和裁剪，就可变废为宝，成为广播电视网站的独家内容，变成广播电视网络受众的至爱。①

利用广播电视媒体至高无上的影响力聚敛资源，也是拓展广播电视网站内容的重要途径。央视网经常运用其主媒体——中央电视台的公信力与权威性，

① 参见王兰柱、曾静平：《“三网融合”中的广电生力军——中国广播电视网站发展现状解读》，《电视研究》2009年第12期。

将很多全球顶级大亨、政府高官、就连“两会期间”本应出现在政府网站中的“省长论坛”“部长访谈”等政府类话题，也成为央视网等网络新媒体拉近政府高官与普通百姓的距离、吸引全国各地网民高度关注的热门栏目。北京人民广播电台自城市管理广播（后改为城市服务管理广播）开播以来，密切关注首都建设、管理和发展，是一个贴近市民、服务生活的沟通型广播媒体。城市服务管理广播是全国首家以城市管理和服务为主要内容的广播电台，以北京广大市民以及从事城市管理的工作人员为目标听众和服务对象，在市政府各职能部门的支持下，以亲民、便民的节目风格，发布城市管理信息、解读相关政策，为市民解释疑惑。很多市民听完广播节目意犹未尽，纷纷涌入北京广播网，与北京市主管领导一起参政议政共商“国是”，成为北京广播网人气最高的内容之一。

三、内容的独家性

广播电视网络新媒体内容的独家性源自几个方面，一是广播电视媒体审查制度，广播电视媒体采写到大量的独家资源，确保了广播电视节目资源向广播电视网络移植转移的独家性；二是广播电视网络新媒体既具有传统广播电视台的采访渠道、节目购买渠道等独家优势，又兼具广播电视网络新媒体的媒体属性，可以通过网络新媒体独家专访独家采购节目等信息管道，掌控其他网络媒体所不具备的内容资源；三是广播电视网站、广播电视博客微博客、广播电视微信以及新闻公众号等各类网络新媒体在与受众沟通交流中，引导与吸引到来源于网民创造与再创造的节目内容。这三个方面的原因，既保证了广播电视网络有别于其他类型网站的独家与权威，又能够展现现代网络自由开放的特点。

争夺内容资源、争创以节目栏目为原点的独家内容，早已经成为广播电视台生存发展的共识，广播电视传统媒体数十年来本身所拥有的独家内容资源（包括未曾播出的栏目节目），自然就是广播电视网络新媒体品牌建树、节目创新和产业延展及业务推广的独门利器。除了严格把关的广播电视新闻节目和其他独立制作的广播电视节目之外，一些大型体育赛事节目、热门影视剧、受众广泛的广播剧、广接地气的评书相声小品等，也是传统广播电视媒体的独特资源，其要么就是自己创作自身参与制作，要么就是花巨资独家买断，决定了广播电视全网络全媒体的内容和风格特点与一众其他网络新媒体所呈现出的不同风貌。

四、名人的集中性

广播电视台是名人集散地，是政要商贾、帅哥美女、影视明星等名角大腕汇聚的舞台，这些名流在广播电视荧屏昙花一现之后，成为众多受众在相关广播电视网络新媒体追踪的汇点。

我国广播电视全网络全媒体最受欢迎与广受评议最集中的“名人”，无疑是广播电视节目主持人俊男靓女。广播电视全网络全媒体给这些绝大多数时候与普通受众“远隔千山万水”只可隔着屏幕远观或只闻其声未见其人的广播电视明星，提供了与受众无障碍互动的窗口，实现即时“零距离”互动。这些名人资源，不仅是广播电视全网络全媒体的亮丽名片，是广播电视全网络全媒体与受众之间强劲的联系纽带，也是广播电视全网络全媒体产业取之不尽、用之不竭的滚滚财源。

制片人、编导、记者（尤其是出镜记者或现场出声记者）、灯光师和摄像师也是网民追踪的目标。所有这些名人的言谈举止、一颦一笑都是受众茶余饭后的谈资以及现实生活中的模仿靶子。在央视网（原来的央视国际网络）改版前，笔者主持撰写的《央视国际网络竞争力研究报告》中显示，中央电视台大量名记名编名导等名人要么在其他网站开设专栏专版，要么开设名人博客，这些原本是电视台独家宝贵资源大量外流，削弱了电视网站的内容资源，反倒成为了商业门户网站最重要的主打内容。2006 年“两会期间”，王小丫、柴静等跑两会的博客访问量一举超越了“博客王徐静蕾”，广播电视网络名人资源的外溢现象比比皆是。现今更具社交化与大众舆论平台特点的微博大热，使这些名人与观众之间的“零距离”交流更为方便快捷，也更为普及。

第四节 基本功能

中国广播电视全网络全媒体是传统广播电视全球化、广播电视节目数字化、巨量化、云量化的产物，是中国互联网文化强国的示范平台，是我国广播电视产业迈上新高度、接轨世界广播电视前沿的重要窗口。中国广播电视网站以及延伸而来各类新媒体的建设，可以顺利实现品牌延伸，将传统广播电视的品牌资源有效地嫁接平移到互联网，使之成为传统广播电视、现代网络与纸质媒体交相呼应、“海陆空”立体出击的全网络全媒体全产业体系，成为中国文化走向世界、融入世界的重要渠道。中国广播电视网络建设，是4G时代5G时代我国实现“三网融合”的强有力尝试与真切实施，让中国广播电视受众享受到前所未有的网络新媒体的便捷与时尚。中国广播电视网络既有数字时代的网站型广播电视节目指南，又有“两微一端”等功能完备的互联互通全网络全媒体生活服务，对家庭保健卫生、油盐柴米锅碗瓢盆、出行旅游等无不周贴到位，还有普通民众即兴创作、即兴分享、即兴发挥与名人明星同喜同乐的联系纽带与展示窗口。

一、文化强国

文化强国是中国国民生活质量全面提升的重要组成部分，文化强国战略从宏观层面讲是增强国家文化软实力、中华文化国际影响力，通过创新与创造进一步解放文化生产力；从微观层面考察，则是将中国叫得响的文化作品、特点突出的创意产业、中国底蕴的文化理念与价值观，输出海外影响世界。

2011年10月18日，中国共产党第十七届中央委员会第六次全体会议审议通过的《中共中央关于深化文化体制改革 推动社会主义文化大发展大繁荣若干重大问题的决定》，其中最大的亮点就是提出建设“文化强国”长远战略，“加快发展新兴文化业态，大力发展文化创意、移动电视、网络电视、数字出版、动漫游戏等新兴文化产业，催生新的文化业态”等文化强国建设具体内容，列入议事日程。习近平总书记一直十分关心和重视文化强国发展建设，党的十八大以来多次在文艺工作座谈会、中国文联十大、中国作协九大开幕式等场合，发表重要讲话。习近平总书记在党的十九大报告中，提出文化强国建设是推动民族复兴伟业的巨大力量，要坚定文化自信，要推动社会主义文化繁荣兴盛，强调了对理想信念的追寻、对精神力量的张扬，强调了坚守文化立场、担负文化使命、培养时代新人、引领践行中国先进文化等重大概念，为开启中国特色社会主义文化新征程指明了方向、描绘了蓝图、确定了方略。

中国广播电视网络肩负着传承中华文明的使命，有责任为贯彻落实习近平总书记关于文化强国、网络强国的重要指示精神贡献力量。2016 年 4 月 19 日，习近平总书记在网络安全与信息化座谈会上的重要讲话中强调，推动互联网强国建设，促进互联网服务发展，使互联网更好造福国家和人民。习近平总书记在党的十九大报告中多处提到互联网，既指出了过去五年的历史性成就中包括互联网建设管理运用的不断完善，也强调了互联网在未来我国经济建设、文化建设、社会建设等各个方面将要发挥的重要作用。

中国互联网文化强国，旨在建设一个共享全球文明、人人受益于现代科技的信息社会。消除数字鸿沟，符合国际电联（ITU）的新世纪发展方向，是互联网不断发展进步的元动力，也是中国广播电视网络发展建设的努力目标。我国广播电视网络文化建设尤为重要，这不仅有利于“三网融合”的实施，有助于推进信息化与工业化社会的进程，也有助于铸造资源节约型社会、为中华民族的伟大复兴做出应有贡献。

二、品牌延伸

中国广播电视全网络全媒体是传统广播电视品牌的主要组成成员，是广播电视产业实现品牌发展战略的有效延伸。在品牌营销体系中，主品牌与副品牌的资源共享，表现在中国广播电视网络发展建设中，就是充分利用人力物力财力以及最为丰富的音视频资源的台网联动，达到资源效率最大化。

进入 21 世纪以来，中国广播电视媒介开始意识到媒介品牌与产品服务品牌一样的重要，品牌建设全面展开。在栏目品牌建设的基础上，广播电视频道品牌和媒介品牌建设变得同样重要起来，其主要标志就是从中央电视台、中央人民广播电台和中国国际广播电台到省市级广播电视台频道和栏目的大批改版，越来越多开展品牌建设研讨会及专题论坛。与此同时，中国广播电视台网络也开始了“改头换面”行动，不同层级广播电台的品牌建设与推广活动也是此起彼伏，并且收到了明显成效。中央电视台网站的发展与跃进，不仅仅是一次次名称的更改，而是一个个“抓铁有印踏石留痕”的具体行动。中央电视台抓住 2008 北京奥运会新媒体转播机遇，实现了从“央视网”向“中国网络电视台”的飞跃，由单纯单一的电视网站升格建设为“网（中央重点新闻网站）+ 端（移动客户端）+ 新媒体集成播控平台（IPTV、手机电视、互联网电视）+ 市场端口连接”融媒体传播体系，助力中央广播电视总台构建“多屏覆盖、无处不在”的用户入口。2008 年北京奥运会期间，中国老牌商业门户网站纷纷“屈尊”，上门央视网求购北京奥运会新媒体赛事版权，第一次为中国广播电视台的网络品牌在新媒体舞台上扬眉吐气。

甘肃广播电视台抓住中国大力建设“一带一路”的发展机遇，充分发挥了位于“丝绸之路”沿线的区位优势，将甘肃广播电视台网站改名为“甘肃网络广播电视台丝路明珠网”，从此立意更为高远，以往偏僻的西北地区劣势瞬间成了无意取代的前头阵地。甘肃网络广播电视台丝路明珠网的强势推出，是“穷则思变，变则腾飞”的最好印证，为甘肃广播电视助力新媒体瞄准“一带一路”沿线国家和地区的文化渗透和产业延伸，打下了坚实基础，创造了良好条件。

北京广播电视台的北京时间、湖南广播电视台的芒果 TV、广东广播电视台的荔枝网等，在既往的广播电视网站基础上，延展出既有网站又有其他各种新兴媒体业务的新型广播电视网络平台，都是新时期中国广播电视品牌延伸的具体作为。这些广播电视品牌延伸范例，是在集中优势兵力建设好广播电视网站打下了良好基础上实现的。正因为此，我国广播电视网站在数字时代获得了飞速发展，占据了音视频网站的主导位置，为营造绿色文化、为广播电视产业拓张培育人才梯队。

三、产业拓张

中国广播电视产业拓张，离不开国家政策法规的因势利导，离不开现代科学技术的强力支撑，离不开适合国情民情的经营管理体系。改革开放40多年来，我国广播电视产业飞速发展，全国广电系统总收入从1982年的8.8亿元增至2008年的1452亿元，年均增长率超过了20%。2017年，全国广播电视总收入6070.21亿元，比1982年增长了685倍，以广告、有线网络、新媒体业务收入为主的广播电视实际创收收入达4841.76亿元，占总收入的80%。[①]广播电视产业在上下同心、传统媒体和新媒体共同发力的努力下，近年来呈现出增长平稳、结构优化、质量提升、产业升级的良好态势。我国广播电视产业已初步形成了电视剧产业、网络产业和广播电视广告产业蓬勃发展的格局，成为在全球金融危机背景下文化产业逆势上扬的重要力量。

毋庸置疑，我国广播电视产业取得了长足进步，但也面临着复杂严峻的竞争格局。随着"三网融合"的推进和5G时代的到来，我国广播电视产业亟须壮大自身实力，在"三网融合"中谋求主动，突出重围。那么，在全力发展数字广播电视的同时，利用5G技术推广的绝佳机遇，大力发展广播电视全网络全媒体，将成为广播电视产业强势勃兴的突破口。迄今为止，全国广播电视网站总数达400家，基本上地级市以上的广播电视台都以各种不同方式（或以总台、集团、或单独以广播电台和电视台的名义）组建了媒体网站。这是我国广播电视迎接"三网融合"、融入全媒体时代、做大做强的重要举措，为壮大广播电视产业储备了坚实的物质条件，现今，5G时代来临，如何抓住5G普及潮带来的发展良机，成为我国广播电视产业、广播电视全网络全媒体的亟待探索与发现的又一课题。

2007年底，国家广播电影电视总局和中华人民共和国信息产业部联合发布的第56号令《互联网视听节目服务管理规定》，并从此明确了视频网站的管理归位，为视频网站的健康有序发展、实现行业自身的优胜劣汰创造了条件。

---

① 李兰:《中国广播电视产业40年的四次大跨越》，2018年10月27日，看电视。

这也是媒体网站特别是广播电视网站取得突破性、跃进性和集约化发展的绝佳机遇，中国广播电视网站抓住视频网站归属国家广电总局主管的契机，顺势大为大发展大腾飞。央视网自2006年4月底全新改版后得以快速发展，在北京奥运会期间更是名利双收，为我国广播电视网站的建设与发展起到了示范作用。央视网大步跃进的根本就是在充分调研的基础上，收回了全台各个频道和栏目与其他网站的合作，“召回”名记名编名导名主持的“博客播客”专栏等资源，实现了电视台与网站最大程度地珠联璧合。①

2008年，中央电视台麾下的央视网利用北京奥运会的有利时机，首开奥运会新媒体商业运作先河，独家买断北京奥运会网络媒体、手机媒体和车载移动电视媒体等转播权，既获得了巨大的经济收益，又宣扬了我国广播电视网络的品牌形象。据知，单这一项目的成功运作，就为央视国际网络有限公司带来了近10亿元人民币的收入。在国家有关方面的关心和支持下，以央视网为基础的中国网络电视台发展壮大起来。

四、立体跃进

中国广播电视网络产业的建设与发展，是中国广播电视史无前例的大媒体跨越，是营建横跨广播电视、报纸杂志与互联网络的全方位全覆盖的立体传播体系的有力尝试，是广播电视产业航母立体跃升的保证。中国广播电视全网络全媒体既是广播电视产业拓张的重要力量，是拉动传统广播电视、实现台网联动全网络、全媒体、全产业的主要平台，是开展电视购物、广播购物、网络购物和其他新媒体购物的联动终端，是中国广播电视网络产业融合发展的重要势力。以广播电视网站为基石的“两微一端”广播电视全网络、全媒体、全产业大平台，为中国广播电视产业立体跃进创造了条件。

我国的广播电视产业以广播电视网站及各种全网络、全媒体、全产业建设与发展为突破口，协助与配合广播购物、电视购物、网络购物构筑“全媒体购

① 曾静平:《广播电视产业的突围与突破》,《中国广播电视学刊》2009年第4期。

物”平台，有关管理机构能够针对电视购物制度创新（中国广播电视协会正在积极制定与推进的电视购物节目标准，就是很好的尝试），积极引导，科学监控，电视购物频道与购物企业能够品牌创新，改进节目形式，增大产品研发力度，那么，中国的电视购物网络购物全媒体购物将发展到一个新的高度，中国广播电视网络产业将达到一个新的高度，中国广播电视融合发展产业腾飞可期可待。

| 第二章 |

融合之旅

融合的英文意思包括了 fuse（熔化使之成为一体）、mix together（不同物质间的混合掺和，你中有我、我中有你）、coalesce（组织间的接合、胶合、结合与合并，最终成为统一组织）和 merge together（不同溶剂间的相互浸润浸溶溶解，有时候会发生质的变化）等几重含义，汉语的解释既包括了物理概念上的相同材质或不同材质在一定条件下的物质熔化熔接熔合溶解，也意味着不同地域不同性别不同种族等人群通过接触甚至经过厮杀之后，在心理认知态度表达情感倾向方面的彼此认同与协同，在一定时间空间方面达成一致，形成一个新的“命运共同体”。

这可能是源于尼葛洛庞蒂的国际名望，选择了他作为“媒介融合”概念发明人，因为媒介融合在全世界很多国家一直在尝试、在探索，新闻传播学者也从各个不同角度指出媒介融合的可能与未来。当然，这些人在尼葛洛庞蒂的英名面前，只能作为陪衬，媒介融合概念创始人当然非他莫属。《数字化生存》影响了好几代传播学界和业界人士，尼葛洛庞蒂数十年前的“记忆办公室”构想就是很好的指向未来的媒介融合模范。

简单的媒体融合，可以是同一介质媒体或相近介质媒体的横向纵向兼并合并，以应对更加激烈的行业竞争。2013 年，曾经在上海滩报业竞争市场断杀得不可开交的解放日报报业集团和文汇新民联合报业集团，不得不面对新的媒介竞争新格局。历经百余年沧桑巨变的上海报业迈出历史性步伐，由解放日报集团和文汇新民联合报业集团整合重组的上海报业集团成立，上海报业的光荣与梦想在 8000 多名员工脚踏实地中得以传承创新。重组后的上海海报集团拥有 26 家报纸、杂志和出版社。

2016 年 1 月，创刊已有 113 年历史的《ARTnews》将与《Art in America》和报纸大亨及艺术品藏家彼特・布兰特（Peter Brant）旗下的其他艺术类出版物《The Magazine Antiques》《Modern Magazine》合并，时尚艺术行业发出了“纸媒末路？两大百年杂志合刊”的低叹。

更高层级更大规模的媒介融合，当属打破媒介介质、媒介界限的媒体合并兼并重组并购，也包括媒介本身主动拥抱互联网创建媒体网站发展 APP“两微一端”等的跨越式创新发展。美国在线与时代华纳的合并及分分合合，美国广播电视网站的兴旺发达，中国锐意创建新型主流媒体及其广播电视网站兴盛，都是这方面的写照。

2013 年 8 月，亚马逊创始人贝索斯以 2.5 亿美元从格雷厄姆家族手中收购了陷入泥潭的《华盛顿邮报》。在接手后的两年多时间，贝索斯一直在推动《华盛顿邮报》的数字化转型，并且使《华盛顿邮报》的独立网络访问用户超过了《纽约时报》。

美国主流媒体将媒体内容的制作称为“讲故事”，“讲好故事”是美国媒体的共同追求。为了更好地讲故事，最大限度地吸引观众，促进传播观念、手段、技术、平台和运行机制的创新，美国主要媒体将传播新闻内容的手段从单一、扁平化转变为多维、立体、文本、图片，音频、视频等传播手段，报纸、杂志、广播、电视、网站、手机短信、手机客户端等。Facebook、Twitter 等媒体的交叉整合传播，形成了多维、立体、全方位的传播格局。

美联社新闻每天会有 2000 条新闻、50 条视频，一个月会有 100 万张照片在手机移动客户端和社交媒体上发布。有线电视新闻网（CNN）开辟了新的通信形式，如网络视频、移动视频等。它还与社交网站和视频网站等新媒体合作，抢占新的通信阵地。CNN拥有2100万Facebook用户和2400万Twitter用户。美国的所有媒体都非常重视更符合数字时代的呈现方式。例如，通过短信、图片、微视觉、连续报告、补充报告和深入报告，以不同的方式在不同的媒体上介绍内容相同的故事，提高互联网上和受众之间的报道能力和到达率。

随着时代的变化和技术前行，媒介融合概念的内涵和外延亦随之有所变化，打破媒介介质、媒介界限的媒体合并兼并重组并购的更高层级媒体融合成为主旋律，更多表现为传统媒体与新媒体在内容、技术、体制、平台等全方位的融合趋势，既有互联网媒体、电信通信媒体凭借资金、技术、管理制度等的优势，兼并老牌传统媒体，2016年AT&T花巨资兼并时代华纳，就属此例，也有越来越多的报纸杂志广播电视这些历史悠久的传统媒体主动对接新技术创造属于自己的新媒体，即自我融合、自我发展、自我再造。

目前，全球媒体融合发展已由单纯简单的同一介质整合兼并初级整合阶段步入到跨界、跨疆域、跨技术突破的深度融合阶段。洞悉媒体融合发展的历史性转变，找准媒介融合发展进程中的动力逻辑，从全球化、技术、资本、政府、市场等要素组成的多元联动动力系统，探究媒体深度融合强大的动力支撑，具有符合时宜的实践意义。

媒介融合，从宏观层面考察，主要指的是电信通信媒介、广播电视媒介和互联网媒介这三大不同技术风格、不同主管部门、不同内容产业的行业重组，涵盖到管理融合、技术融合、内容融合、产业融合、平台融合、人才融合等方方面面；媒介融合从中观层面考察，则是各国各级广播电视台之间的平台共建活动共创资源共享，包括了内容优化、技术对接、人才互动、节目共创等多个方面；广播电视媒介融合从微观层面考察，最聚焦的就是广播电视网站的建设与发展，由“台网联合”向“网台联合”转换，同时做好围绕广播电视网站所展开推进的“两微一端”建树工作，将媒介融合产业链延展丰富壮大。

有人认为，2000年伊始的美国著名网络公司美国在线（AOL）与传统媒体集团时代华纳合并案，是全球媒介融合放量快速增长的标志性事件。2000年的1月10日，全球最大的互联网服务供应商美国在线（AOL）宣布以1650亿美元收购时代华纳（Time Warner）公司，这个世界营销史上著名的“蛇吞象”

案例，揭开了两位媒体巨人联姻计划的面纱。直到一年之后的2001年1月11日，美国联邦通讯委员会才终于批准该计划，世界最大的传媒帝国横空出世。为了保护其他互联网公司在竞争中的利益，美国联邦通讯委员会为此次合并附加了限制条件。创立于1915年的南非报业集团，起初只是一间出版商，现时业务包括电子商务、电子支付、收费电视以及印刷媒体等，在非洲、印度、巴西有很大影响力。20世纪末到21世纪初，南非报业的子公司南非米拉德国际控股集团公司（MIH）将媒介融合投向了中国市场。MIH除了持股腾讯以外，还与中央电视台英语频道、中国国际广播电台等我国国内多家媒体合作。此后受股权增发等因素影响，MIH股份有所下降，但依然是腾讯的最大股东。在MIH投资腾讯的十多年后，腾讯的业务继续扩张，股价飙升。

中国广播电视网络产业的融合发展，经历了新闻传播学者的理论探究、业界一线工作者的实践总结、政府层面的顶层设计、各个层级的广播电视台慢慢领会并付诸实施等多个阶段，已经跨越了新旧世纪超过了20个年头。透过欧美发达国家传统广播电视与电信通信行业、互联网行业等的共享、共赢、共发展、共奋进，直击这些兼并重组案例背后的是非曲直，结合考察分析中国广播电视媒介融合的发展历程，既是中外广播电视融合发展历史的回溯与总结，也是为未来广播电视网络产业融合发展探索提供可资借鉴参考的融合模式、融合路径。

第一节　美国媒介融合

美国在1934年制订的《电信法案》（Telecommunication Act）基础上，根据新的媒体环境于1996年2月施行的《电信法》（Telecommunication Law），就是美国政府创建信息高速公路的国家级重要决策，为推动美国电信通信、互联网络和广播电视三大行业的全方位业务协作和融合发展清除了部门之间行业之间的无影壁垒。全球化的媒介融合浪潮，是技术进步和产业发展的必由之路。作为全球媒体发达国家，美国广播电视行业的重组并购，以及广播电视网站的设立，都走在世界各国的前列。美国是互联网的发源之地，有着比其他国家更多的技术优势来促使互联网的迅速崛起。美国广播电视网站正是依托了这种技术领先和互联网域名掌控优势，站在世界广播电视行业融合发展之巅。

一、网站先行

美国媒介融合最早期就是通过创建媒体专属网站，将传统媒体资源与网站新媒体融合衔接。20 世纪 90 年代以来，美国广播电视机构纷纷在互联网上设立站点，借助这个新兴的传播平台扩大影响，并且直接在互联网络上传播新闻信息和娱乐节目。从那个时期起，美国广播电视就在加快同互联网络融合的步伐。数十年以来，美国广播电视台充分借助互联网发祥地的地利，近水楼台吸引互联网高端人才加盟其中，助推了全美广播电视网站快速发展。美国不仅是全球最早创设广播电视网站的国家之一，是全世界广播电视网站报纸杂志网站最密集、数量最多的国家，也是互联网优秀人才在传统广播电视报纸杂志安营扎寨最集中的国家。

1993 年，美国有线电视新闻网（cnn.com）、美国彭博财经电视网（bloomberg.com）和哥伦比亚广播公司网（cbs.com）在美国广播电视公司中最先创设官方网站，成为全美最早开展传统广播电视媒体与新兴互联网媒体融合发展的“吃螃蟹者”。此后的 20 多年间，美国广播电视台纷纷“触网”，注册设立专属网站。据雅虎网站指南的最新数据统计，美国现有电视台网站 1982 个，约占全世界电视网站的 50%，广播电台网站有 4304 个，占世界电台网站的 4/7 强。美国密集庞大的广播电视网站，为后来美国的“三网融合”打下了实质性物质基础。

二、三网融合

美国是最早尝试“三网融合”的国家，电信和信息通信业市场开放较早，竞争更为成熟和充分。1996年2月，美国《电信法》颁布，从法律上解除了对“三网融合”的禁令。早在1934年，美国政府颁布了《电信法案》，并授权成立了由6个局和10个办公室组成的联邦通讯委员会（FCC），作为独立的联邦行政机构对商业广播电视和电信通讯行业进行统一管理，负责颁发相关的许可证。联邦通讯委员组成的5位委员，须经参议院同意后由总统任命，可见其位置显赫。

美国“三网融合”的特点是，在政策所规定的竞争环境下，业务的融合主要以公司的兼并和联盟来实现，而网络的融合则以新技术来推广。在实际运行过程中，施行典型的“对称准入”管制政策，拉开了广播电视与电信通讯全面竞争的序幕，特别是有线电视、长话和市话三大市场的竞争，进入到一个新的高度。

1996年新的《电信法》颁布后，美国的接入市场成为竞争焦点。有线电视已连接到千家万户，同时由于其带宽具有能够同时提供话音、数据和视频业务的优越性，首先成为长话和市话公司争夺的重要领域。在美国有线电视与电话的融合当中，政策是决定的因素。美国《电信法》和联邦通信委员会为有线电视公司进入电信市场大开绿灯，不仅规定“有线电视经营商经营电信业务不需要申请营业执照”，同时“在有线电视公司要提供电话业务而介入电信领域时，电话公司要允许与它们相互接通”。不仅如此，《电信法》也为电信公司进入有线电视市场打开了大门。例如，在《电信法》第三篇“有线电视业务”中，就明确规定电话公司可提供视频节目业务。

在美国，新的电信通信技术和新业务加速了“三网融合”进程。由于新的《电信法》明晰了有线电视产业以“开放式视频系统”（OVS）取代“视频拨号系统”（VDT），有线电视公司纷纷从新技术和新业务方面寻找出路，打入电话市场。由于大多数多媒体业务并不能由窄带通信设施支持，大多数高速数据业务也已不能由现有的互联网服务器提供，提供高速电缆调制解调器成了有线电视公司的一大市场机会。同时，VP宽带多媒体网络的实施也由大西洋贝尔抓紧进行，它使用ADSL和其他技术，在互联网上实现全综合话音与视频宽带网络业务。

美国“三网融合”是自觉自愿的“物竞天择”，因此准入门槛相对较低，管制总体上说是宽松的。在政策和市场双重利好的条件下，美国的广播电视网、电信通信网和互联网这原本各行其是的“三网”，在政策引导、技术创新和市场抉择等多重动力推进下，一步步地朝着融合发展迈进。

美国在线（American Online）是美国著名的因特网服务提供商，2000 年，美国在线和时代华纳宣布计划合并，彻底打破了广播电视与电信通讯的藩篱，引起了全球广播电视业、互联网业和电信通讯业的极大兴趣。这一兼并重组，旨在扩展品牌内容服务以及通信服务的大众市场，合并后的公司形成了一个通信和大众媒体紧密汇聚的“大媒体”公司。这个大公司拥有因特网最大的用户群体，并有娱乐、出版和有线电视领域的广泛基础，实现了最大限度的资源共享。此后，世界各地的广播电视等大众传播机构纷纷与电信通讯业巨头结盟，有些甚至是跨国家跨地区的兼并重组。①

三、全面融合

2014 年 5 月，AT&T485 亿美元价格收购美国卫星电视服务供应商。2016 年 11 月，AT&T 宣布斥资 854 亿美元收购时代华纳公司。这是继 490 亿美元收购 DirecTV 后，AT&T 再次在影视娱乐行业进行的大规模并购。AT&T 主席兼首席执行官 Randall Stephenson 表示，“优质内容永远都会取胜，无论在大屏幕、电视屏幕还是移动屏幕上。”AT&T 的这次并购，预示着美国电信业正在从传统的渠道服务商向涵盖媒体内容的集成服务提供商的转型。

近几年，美国互联网科技公司不断整合影视娱乐产业，寻求更多的数字媒体内容。AT&T 等传统的渠道公司，希望通过收购诸如时代华纳等这些手握海量优质内容的传媒公司，而拥有更多优质数字媒体内容，并凭借渠道优势直达终端用户，从而获得广告收入及订阅收入。

---

① 参见曾静平、李炜炜:《国外“三网融合”发展沿革及启示》,《电视研究》2009 年第 10 期。

2017年8月9日，迪士尼公司正式宣布将终止与影音串流媒体Netflix的内容合作，除此之外还将推出与Netflix竞争的串流服务。2017年12月14日，迪士尼公司宣布收购21世纪福克斯包括热门电影版权的娱乐业务，以扩大其影视版图及巩固其全球最大媒体的地位。这两项重大举措预示在未来的两年时间内，迪士尼势必要建立起自己的串流媒体服务平台的决心，并将自己制造的大量具市场号召力的电影和电视剧集，直接送达客户端，以拓展更多的创收渠道。

美国的广播电视网、电信通信网和互联网（移动互联网）的全面融合，首先得益于美国政策法规的持续性、恒定性。1934年美国政府制定了《电信法案》，大众确立了广播公司与电信通讯公司各自利益与竞争环境，直到历经了62年之后的1996年，才在开明开放的克林顿总统和力主创建“信息高速公路”的副总统小戈尔推进下，出台了新的《电信法》；其二是明确了广播电视网、电信通信网和互联网（移动互联网）共同的主管单位——联邦通讯委员会，避免了部门之间的互相掣肘。

第二节　英法日媒介融合

英国法国日本的媒介融合发展之路，就有一定的相似性。第一是都起步较早，而且技术力量雄厚；第二是都有统一的管理机构，如英国的OFCOM、日本的总务省统领着全国的“三网融合”推进部署工作；第三是建立了一整套媒介融合法律制度，英国的《通信法》就统一了无线电业务、电视业务和电信服务的全国管理。

一、英国媒介融合

英国是全球范围内创建广播电视网站最早的国家。1988年3月31日，英国天空新闻频道（Sky News）抓住互联网向英国开放的机遇，在全球第一个创立电视台官方网站（sky.com）。一年之后的 1989 年 7 月 15 日，英国广播公司（BBC）旗下的官网（bbc.com）强势上线。1996 年 7 月 31 日，为顺应英国政府统一规划和管理要求，具有典型英国标志的英国广播公司 BBC 的新域名（bbc.co.uk）注册上线。

英国是紧随美国之后在全球实施“三网融合”较早的国家。1997 年，英国政府作出政策决定，逐步取消对公共电信运营商经营广播电视业务的限制。1999 年，英国的视频网络推出了基于 DSL 的点播视频服务。从 2001 年 1 月 1 日起，电信运营商可以在全国范围内开展广播电视业务。目前，英国已基本实现有线电视和电信服务的双向进入。2003 年，英国政府出台了一项新的《通信法》，统一了无线电、电视和电信服务的管理。根据《通信法》，已经建立了一个综合监管机构，OFCOM（电信管理局、无线电通信管理局、独立电视委员会、无线电管理局和广播标准委员会的整合）。

当前，英国的模拟电视逐渐被数字电视所取代，固定和无线宽带电信服务迅速增长。截至 2008 年底，在英国，超过 50%的家庭已经在使用数字电视，并且正在以每周 3 万个的速度增长。宽带数字用户线路和 Cable Modem 网络已经覆盖了英国 80%的家庭和企业。英国宽带无线服务频谱的划分使农村消费者更容易使用宽带。手机用户为 5450 万，渗透率超过 90%。越来越多的消费者使用图像信息，以 3G 为代表的技术变革为英国信息市场带来了许多新的服务。

2003 年，英国颁布并实施了《通信法》，并依法成立了广播监管机构（OF-COM），领导电信管理局等五大机构，无线电通讯管理局、独立电视委员会、无线电管理局和广播标准委员会。原有信息领域存在的障碍已经完全打破，技术和业务进一步整合。

OFCOM 在组建过程中，高度重视新机构的整体性，它直接对议会专门委员会（该议会专门委员会同时负责英国贸工部和文化、媒体与体育部的有关事务）负责，而不需对内阁大臣或政府部长负责。在财务上，OFCOM 只接受国家审计局的审计和监督。这种方式使得 OFCOM 独立于政治之外，具有高度的透明度和连续性。英国政府无权干预英国通信办公室的监管，只有在与无线电频谱有关的国际事务中，通信办公室需要与英国贸易和工业部合作，处理有关事宜，例如出席有关的无线电国际会议。①

2007 年，美国媒体大亨约翰·马龙就在考虑参与维珍传媒价值 230 亿美元的拍卖，认为维珍传媒有很多令人感兴趣的财务特征，指的是维珍传媒 120 亿英镑的亏损积累，分析师认为这些亏损可用来抵消未来利润所带来的税额。② 维珍传媒官方网站（virginmedia.com）建立于 1999 年 2 月 27 日，全球即时排名为 2738 位，在英国列第 62 位，落后于三家英国本土媒体网站——英国最大的广播电视机构英国广播公司官网（bbc.co.uk，全球排名 101 位，本土排名第 7 位）、英国卫报官网（theguardian.com，全球排名第 145 位，本土排名第 16 位）和英国天空电视台官网（sky.com，全球排名第 1392 位，英国排名第 54 位），位列默多克新闻集团麾下的另一家英国天空体育台官网（skysports.com，全球排名第 980 位，本土排名第 91 位）。英国天空电视台官网和英国天空体育台官网在全球和英国本土排名相左，反映出体育网络更加国际化的特征。网站排名在英国本土第 100 位的网站，是英国广播公司另一个注册更早的官网（bbc.com），远低于（bbc.co.u）的本土排名第 7 位，但全球排名第 108 位与之不相上下。

英国广播公司是英国广播电视媒体融合改革中的杰出代表，其中经过了有所为和有所不为的艰难选择。BBC 时任总裁马克·汤普森提出“马提尼媒体”概念，超越了传统广播电视机构的基本定位。BBC 通过实施网站业务重组战略，打造 iPlayer 内容同步平台以及 BBC news 移动客户端，多方面全通道尝试打开用户互动的渠道。近年来，BBC 记者在一些重大事件的新闻直播中会通过 @BBCBreaking 的推特账号随时更新消息。③

---

① 参见曾静平、李炜炜:《国外“三网融合”发展沿革及启示》,《电视研究》2009 年第 10 期。

② 参见董莉:《美媒体大亨拟竞购维珍传媒》,《北京商报》2007 年 7 月 31 日。

③ 参见朱可迪:《媒介融合背景下 BBC 的立体化新闻报道平台构建》,《今传媒》2015 年第 5 期。

二、法国媒介融合

法国的广播电视网、电信通信网和互联网（移动互联网）的融合化发展相对顺利，电信通讯行业与广播电视行业相互对称、相互开放，以综合发展、全面立体发展为主线。在市场准入方面，法国电信通讯行业的产业规模相对大了很多，法国广播电视行业处于弱小地位，和广播电视业因为竞争关系不是很显著，彼此之间业务关系并不是相互排斥的。究其原因是一段时间之内，法国全境进入电信通讯行业的广播电视公司不多，主要问题在于财政方面捉襟见肘、自顾不暇。法国广播电视运营商一旦要进入电信通信行业和互联网（移动互联网）行业，就需要投入大量资金、大量专业人力资源来建设新的电信通信网络，发展新的陌生业务，无力进入电信领域。

三、日本媒介融合

日本放送电视机构（亦称日本放送电视台）官网（nhk.or.jp）、日本朝日新闻官网（asahi.com）和读卖新闻官网（yomiuri.co.jp）分列日本本土网站排名第58位、第61位（全球947位）和第99位（全球排名第1395位）。中国的百度、腾讯和淘宝等网站，在日本境内很受欢迎。韩国广播电视网仅有韩国国家电视台官网（kbs.co.kr）勉强挤进韩国本土网站排名前100位（第95位，全球排名第4852位），排名靠前的网站都是谷歌、脸书、推特、微软和苹果等官网。

2014年以来，日本广播电视行业机构开始创建一个由“传统电视、智能手机、社交网络”联合组建的可循环式的媒介融合生态系统。在新媒体技术飞速发展的大环境下，日本广电机构充分利用这一趋势，打入新兴媒体和社交平台，注重观众参与度。比如，日本电视台就推出了“Join TV”服务。为了能实时把握观众对电视节目的反馈情况，日本电视业开发了“wiz TV”APP，可以接收到收视率最高、最流行的电视节目并进行线上讨论。一系列增加观众参与度的节目增加了收视的互动性、趣味性，使观众的参与感增强，一定程度上拉动了收视率的提升。此外，日本电视业在全国各地依次推出与电视节目相关联的APP程序“Sync Cast”，在方便观众检索信息的同时，也有利于电视台从市场角度更科学地把握节目制作的方向。①

第三节　中国媒介融合

国际政治全球化和国际经济全球化，是推进媒体融合的外部动因，是媒体融合的外部因素。我国国家层面因势利导顺势而为的“顶层设计”，从符合本国民情民意出发，推进媒体融合发展，既有融入全球化浪潮的考量，也有顺应媒介发展规律的政府作为，是参与全球化产业竞争和促进传媒产业发展壮大的必然行动，也是强化政治思想阵地的重要举措。我国广播电视直面全球传媒巨舰的虎视眈眈，采取了一系列的有力行动，积极应对国际传媒新局势的挑战，从落后纸质媒体融合“摸着石头过河”建设广播电视网站现在已经发展升级为广播电视全网络、全媒体、全产业。

一、纸媒融合开道

我国的报纸媒体网站走在广播电视媒体的前列，最早进行传统媒体电子化网络化的皆是纸质媒体。1993年12月6日，《杭州日报》电子版问世；1995年1月12日《神州学人》杂志开中国出版刊物上网（www.shisa.edu.cn）之先河；1995年4月，中国新闻社香港分社登上了网络快车（www.chinanews.com）；同年12月20日，《中国贸易报》开通了网络版（www.chinatradenews.com.cn）。到1995年底，中国第一批网络媒体的总数达到七八家，其中包括《计算机报》。到2004年底，在全国传统媒体中，有60%以上的纸质媒体开通了自己的网站。到2008年底，这个比例超过了90%，时至今日，在休刊大潮开启，纸媒时代

① 参见楼钟元：《技术、内容、服务多角度出击，日本广电如何挽回流失的观众？》，《媒介》2017年第11期。

走向衰落的大时代背景下，纸质媒体进行电子化、网络化似乎成了生存手段，也经历着大势所趋。

2000年，我国评出的媒体网站10大巨头中——中国互联网新闻中心网站、人民日报网络版、新华网、中国国际广播电台网站、中国日报网站、中国青少年计算机信息服务网、千龙新闻网、东方网和南方网，仅有一个是广播电视网站。而时至今日，央视网、中国广播网、金鹰网、新篮网、齐鲁网、江苏网络电视台、浙江卫视分别占据着十强中的一、三、五、六、七、八、九席位，广播电视网站几乎囊括了媒体网站领域的全部疆土。

由此可见，在中国接入互联网的前期，广播电视媒体网站的建设，在开始阶段无论是数量还是发展规模，既不能和商业门户网站相提并论，也落后于传统纸质媒体网站的建设。随着互联网的普及和发展，广播电视媒体的高普及率和吸纳性，受众的偏爱和侧重以及广播电视媒体与网络媒体两者之间相互借鉴、相互交融，广播电视媒体已经借力互联网成为发展势头最好的媒体之一。

二、广电融合后发

我国广播电视走向媒介融合之路，正是在国家“三网融合”推进的大背景下发展前行，在中共中央提出“推动传统媒体和新兴媒体融合发展”战略指引下谋求突围突破，在新一轮国家机构改革中抓住机遇锐意奋进勃兴，在习近平总书记指出“媒介融合向纵深发展”走全媒体发展之路而探索前行的康庄大道。尽管中国广播电视产业融合发展比纸质媒体“慢行慢试”，但底蕴雄厚、后发优势显著。

中央电视台是我国在互联网建设方面走得很早的国家级广电媒体。1996年12月，cctv.com建立并试运行，中文全称为“中央电视台国际互联网站”，1997年5月21日，网站正式注册上线。2000年，刚任央视副总编辑不久的孙玉胜分管cctv.com，他提议将中文名确定为“央视国际”。鉴于“央视国际”这一网络名称与中央电视台“中文国际频道”的简称很相似，以至于屡屡在各种场合造成误会。2006年，央视国际借大改版之际更名为央视网。获得北京奥运会新媒体转播权的“央视网”易帜为名头响亮的“中国网络电视台”。2009年12月28日，中央电视台重磅打造的中国网络电视台独立新域名cntv.cn横空出世，被称为网络电视台中的国家队。2010年7月1日，央视网并入中国网络电视台，cntv.cn与cctv.com互动联动，合署办公，为迈上下一阶段全网络全媒体的新台阶埋下了伏笔。

迄今为止，依据可以统计的资料，全国共有广播电视网站400家，基本上地级市以上的广播电视台都以各种不同方式（或以总台、集团或单独以广播电台和电视台的名义）组建了媒体网站。其中，广播电台网站132家，电视台网站163家，广播电视综合网站105家。全国各级广播电视网站的建立，是广播电视主动融入互联网发展大潮的有力尝试，是我国广播电视迎接“三网融合”、融入全网络、全媒体、全产业时代、做大做强的重要举措，音视频资源得到了更为有效地多重利用，广播电视融合产业化成就更为显著。

三、网站转升网络

在中央电视台官网由“央视国际”更名“央视网”再到“中国网络电视台”之后，中央电视台“网站”旧貌换新颜成了全网络全媒体。这一名称上的变化，引发全国上下的广播电视网站纷纷效仿，以“网络广播台”“网络电视台”“广播电视网络台”等新名称取代了“网站”老名称。视界网（重庆广播电视台官网）变成了重庆网络广播电视台，贵视网（贵州广播电视台官网）改名为了贵州网络广播电视台，黑龙江、山东、江苏、宁夏、青海、四川、广西、江西等广播电视台官方网站一夜之间全部成了网络广播电视台。由江西省委宣传部主管、江西省广播电视局主办的今视网，在国内网站排名一直显赫，现在改名江西网络广播电视台。新蓝网（cztv.com）由浙江广播电视集团整合旗下18个广播电视频道相关资源组建而成，依托浙江广播电视台雄厚的内容、技术、人才、影响力优势，拥有浙江网络广播电视台（tv.cztv.com）和浙江手机台（m.cztv.com），形成“一网两台，立体传媒”的总体传播格局。2008年，芒果TV（hunantv.com）整合湖南广播电视台和芒果传媒优质资源，打造全新视频娱乐网站。荔枝网是广东广播电视台官方网站，荔枝台则是江苏广电集团全力打造的专业互联网平台，“两朵荔枝”有时候弄得人眼花缭乱。甘肃广播电视台网站现在的名称是甘肃网络广播电视台——丝路明珠网，这是紧随“一带一路”建设的网络行动。不管是广播电视台“网站”更名为“网络台”还是“网”“网络”，都是中国广播电视产业融合发展瞄向更高目标的实质性具体行动，是中国广播电视全网络、全媒体、全产业建设的重新布局。

尽管中国广播影视集团因为种种原因仅过了几年就分拆复原最终离析，但至少在国家级媒介融合领域做出了大动作，是敢于作为、敢于担当的政府决策。随着互联网（移动互联网）的普及化程度提高，网络传播对于巩固党在意识形态领域的领导权具有十分重要的意义。习近平总书记多次强调，“过不了互联网这一关，就过不了长期执政这一关”。① 在这样的背景下，推进互联网与传统报纸杂志广播电视的深度融合，创建中国特色新型主流媒体，显得越来越重要。

2018 年 4 月 19 日，最具中国媒体气魄的、全新组建的中央广播电视总台正式于光华路办公区、复兴门办公区和鲁谷办公区分别揭牌亮相。中央广播电视总台整合了中央电视台（中国国际电视台）、中央人民广播电台、中国国际广播电台三台资源，作为国务院直属事业单位，归口中宣部领导。自中央广播电视总台正式成立后，业务整合动作频频：《新闻和报纸摘要》播音员献声《新闻联播》、三台联合推出《清明诗会》特别节目、三台主持人在博鳌亚洲论坛首次合作直播、央广、国广主播强势加入央视音乐频道《全球中文音乐榜上榜》……许多日常报道也越来越多尝试融合制作，媒介融合的整合优势尽情展现。

第四节　媒介融合动因

纵观中外广播电视媒介融合的发展进程，可以看出政治全球化、经济全球

① 《习近平关于网络强国论述摘编》，中央文献出版社 2021 年版，第 59 页。

化直接触发了广播电视网络产业融合发展的全球化，中国文化“走出去”战略促进了中国广播电视媒介融合向纵深发展、向海外发展的势头，而技术进步、技术创新则是中外媒介融合中国广播电视融合发展的内生动力。

一、全球化势不可挡

媒介融合全球化趋势势不可挡，这是媒介融合第一也是最重要的动因，已经在很多方面可以找到注脚。美国不少主流媒体通过建立自己的网站，实施网络内容收费，开发APP应用程序等多种与新媒体融合的方式来实现转型。伴随着经济全球化的大趋势，传媒产品的国际市场逐步形成，世界十大传媒集团无一例外都有着全球化印记。长时期排名第一的美国在线与时代华纳公司旗下云集着AOL（美国在线）、CNN、Netscape、HBO、《时代》杂志、时代华纳电缆公司和华纳兄弟公司等互联网公司、电视电影公司和纸质媒体。迪士尼公司旗下则有皮克斯动画工作室（PIXAR）、惊奇漫画公司（Marvel Entertainment Inc）、试金石电影公司、米拉麦克斯电影公司、博伟影视公司、好莱坞电影公司、ESPN和ABC（美国广播公司）等，公司业务不仅纵贯了电视电影、互联网和迪士尼主题公园，业务范围渗透到了全世界各个国家和地区。总部所在地法国的维旺迪集团旗下，麇集着Canal+、百代电影公司、环球影业、Activision Blizzard等。新闻集团是世界传媒大王默多克的传媒帝国，公司旗下遍布“大传媒”业务，既有严肃正统的经济证券类的《华尔街日报》，也有以八卦猎奇著称的市井小报《太阳报》，还有政论新闻类报纸《泰晤士报》，以及在全球范围具有一定影响力的SKY天空电视台、FOX福克斯电视台、STAR TV星空传媒、20世纪福克斯制片公司和道琼斯等。以印刷出版发家的贝塔斯曼集团，早已不再局限于德国市场，集团旗下RTL集团、兰登书屋、古纳雅尔、BMG、欧唯特和直接集团等，越过了欧洲边界，在世界各国开展业务。维亚康姆（Viacom）公司一度占据着世界第一媒体王国地位，MTV曾经作为王牌项目计划在中国大陆大展宏图，旗下的CBS（哥伦比亚广播公司）、MTV、尼克隆顿（Nickelodeon）、VHI、BET、派拉蒙电影电视公司（Paramount）、无线广播、国家广播公司（TNN）、乡村音乐电视（CMT）、娱乐时间（Showtime）、布洛克巴斯特（Blockbuster）等，一个个如雷贯耳所在地美国。另据消息，CBS 从维亚康姆分拆组建 CBS 环球公司。其他几家排在世界前列的传媒集团公司包括美国康卡斯特公司（Comcast，美国最大的有线电视公司）、美国 NBC 环球公司（包括 NBC 美国全国广播公司、维旺迪环球）、美国清晰频道通信公司（Clear Channel Communications，Inc.，全球著名的多元化媒体公司，主要经营广播、娱乐事业和户外广告三大业务范畴，Channel 也是全球第一大的户外广告公司）和日本索尼公司（Walkman、CBS 哥伦比亚三星制片公司、米高梅电影公司和任天堂游戏等）。

二、走出去时不我待

随着中国国力的增强，“中国文化走出去战略”逐年推进，中国广播中国电视的国际影响力逐渐增强，中国广播电视产业融合发展“走出去”节奏日益提速加快。通过连续多届世界互联网大会在中国浙江乌镇的成功举办，中国互联网（移动互联网）的国际地位日益显现。习近平总书记高度重视互联网时代通信手段的建设和创新，强调以社会主义核心价值观和人类文明优秀成果培育人民心灵和社会。中国正日益迈向世界互联网舞台中央，中国建设网络强国、网络文化强国，通过互联网向全世界传播中国文明中国智慧，传达中国声音，表明中国在世界互联网领域的自觉担当和高尚承诺，创立平等协调平衡协作和谐的世界互联网文化传播新秩序。①

“融合肯定是必然的趋势”，澳大利亚天空新闻台运营和数字化总监凯莉·梅里特认为，任何一个媒体集团都不可能只做一件事，他们都需要了解自己的受众，做自己最擅长的事情，也要更加融入其他的行业了解其他的业务。

在全球化浪潮冲击下，广播电视行业、电信通信行业和互联网（移动互联

① 曾静平：《网络文化强国生态建设的中国路径与中国范式》，2017 年 10 月 24 日，人民论坛网。

网）行业的媒介融合如火如荼，大数据技术、物联网技术、云计算技术、人工智能技术等高新精技术，为媒介融合推进如虎添翼，并且茁壮与延展了媒介融合产业链，丰富了产业生态，而全球化趋势、走出去战略和技术创新以及市场化推动与投资性拉动，则是媒介融合这艘巨轮劈波斩浪前行奋进的助燃剂。

三、技术创新正引领

技术创新技术引领是媒介融合又一动因。随着网络技术的发明与发达，网站传播、电子邮件传播等不断兴盛，“地球村”得以真正实现，报纸杂志网站、广播电视网站及其他传统媒体与互联网融合生长的新兴媒体如雨后春笋般破土而出。

“现在已经到了提升客户体验和增加客户满意度的时候，媒体应当更多地为消费者考虑”。南非时代传媒集团新闻业务执行总裁安德鲁·吉尔强调指出，新媒体技术是媒体行业当中的驱动因素，能够让国家实现跨越式的发展。人民网舆情监测室秘书长祝华新主张，从基础平台建设、内容生产、渠道发布、传播分析、用户数据五大关键环节入手，协助传统媒体打造一系列本地化的、涵盖中长期需求的专有大数据媒体融合解决方案。

人民日报媒体技术股份有限公司总经理叶蓁蓁认为，大数据技术是重构媒体版图的一个重要方面，它将重新构建媒体的决策、采访、编辑、分发和评价的工作体系，使生产流程从过去基于工作经验升级为基于数据。精准、高效、低成本将成为新体系的主要特征，大量数据会成为生产内容的重要素材。

当美联社、《华盛顿邮报》和新华社等机构开始允许机器人撰写新闻时，引发了媒体行业的一波动荡。人工智能会将新闻传播这一古老的行业带向何方？人工智能将给媒介融合什么样的新精彩、新亮色？在2016年腾讯网媒体高峰论坛上，中外专家讨论了人与机器、人与媒体、人与信息的关系。有人畅想，人工智能可以让机器把《射雕英雄传》和《笑傲江湖》这两本小说合为一本，写出一本小说叫《笑傲英雄传》。目前，一些媒体组织已经开始了机器人的新闻写作，而这只是人工智能在新闻领域应用的一个场景。在信源捕获方面，传感器可以用来采集各种数据以获取信息，观察消息在信源或社交网络中的传播路径、传播方式和传播人群。第三个方向是视频和文本的转换，当机器将视频内容转换为文本时，人们可以方便地检索视频内容，快速找到所需的内容，并进行更高质量的分析。此外，智能分发已经成为成熟应用的方向，包括使用推荐系统进行基于内容的推荐。最后一个方向是信息服务，包括人机对话系统。一旦记者要围绕新闻素材做很多研究，比如报道美国大选，选民的态度、选后的反应。这些调查可以通过大量的民意分析和大规模的数据挖掘，对社会网络进行机器学习，然后给出一个非常全面和准确的总结。智能机器人可以把数据库里某些更新的信息，用自然语言的形式写成报道，还可以自由实现视频和文字的互相转换。①

人工智能技术催生的智能机器人，可以完全根据新闻原始素材，按照不同媒体形态(报纸杂志广播电视及不同栏目节目不同板块）要求，发出不同指令，创作出不同的新闻稿件，即通讯社的新闻通稿、报纸类报道稿、广播电视类节目稿及网络现场报道稿等。

四、市场化无形操控

传媒市场永远是一双无形的手，调控着报纸杂志的关开并转，管理着广播电视的频道节目播放时段和播放时间，影响着传媒从业人员的竞争上岗，左右着政府机构和政策法规的导向性倾斜。有人认为，媒体深度融合发展的市场推动力，主要来自行业内部自身竞争、新媒体参与竞争和媒体受众分化三个方面。

媒介融合的市场化内部动因，第一是传统媒体市场竞争日趋激烈，希望通过媒体融合壮大自身实力，迎接惨烈市场竞争。中央电视台的地位受到挑战，万众瞩目的“春节联欢晚会”节目收视率一落千丈，一度炙手可热的“焦点访

① 参见王玄璇:《关于媒体未来的三个对话—人工智能将如何颠覆新闻业？》，2016 年 11 月 17 日，凤凰科技。

谈”今非昔比，辉煌炫酷的体育王牌节目“足球之夜”几近偃旗息鼓，“星光大道”“百家讲坛”等许多以前收视强势节目风光不再。全国各大电视媒体之间的竞争加剧，在地方卫视之间的竞争上，湖南卫视长期占据地方卫视收视率榜首的格局已被打破，浙江卫视、江苏卫视、上海东方卫视和北京卫视等地方卫视开始与湖南卫视轮值榜首，掀起我国卫视频道收视竞争热潮。除了湖南卫视、江苏卫视、浙江卫视、北京卫视、上海东方卫视、广东卫视等少数几家省级卫视，大多数省市级卫视处于赔本亏损播出状态，广播电台市场只有省级交通广播和发达城市的地市级交通频率一枝独秀。省级电视地面频道和地市级电视频道，近几年硬性广告收益连年下滑，全台上下都在思考怎么样避免“赔本播出”，打着“信息服务频道”“生活服务频道”等变相的“电视购物”“广播购物”一哄而起，一时间成了不少广播电视台的“救命稻草”。浙江省某地级市电视台台长，在 2017 年一次广播电视产业年会上希望以每天一万元的价格，打包出租一个 24 小时播出的电视频道，以让电视购物机构与之全面合作。相反，新浪视频、腾讯视频、搜狐视频、网易视频等网络视媒近几年的受众数增长迅速，“电视剧反哺”广播电视台，已经让曾经高高在上的广播电视机构“无地自容”。在日趋激烈的市场竞争环境中，传统广播电视媒体纷纷“思变”，在看到新媒体强势崛起的情形下，与新媒体的深度融合成为必然的发展战略选择。

媒介融合的市场化内部动因，二是新媒体品牌快速成长，新媒体市场份额急剧膨胀。截至 2019 年 12 月，全球网民总规模超过 43.9 亿，中国网民规模达到 9.04 亿，中国手机网民规模达 8.97 亿。除了突发奇想的投资公司纷纷注资成立网络直播公司，花高价捧红一个个各种门类的网红，老牌商业门户网站腾讯、搜狐、网易和原本循规蹈矩的广播电视网站报纸杂志网站以及浙报传媒等也不甘人后，利用既有的人气指数和技术优势，发力建设网络直播平台，就连新华社麾下的新华通公司，一度也“押宝”网络直播，集中多方力量不遗余力组织“网络直播与网红经济年会”。这些迹象表明，新媒体直播市场用户市场潜力巨大，是媒体深度融合的强引擎。

媒介融合的市场化内部动因，三是媒体用户需求的多元化、个性化、互动化发展。曾几何时，直上而下的传统媒体传播样式，让受众只有一种选择——接受或者拒绝（有时候还要被动接受无法拒绝）。随着新媒体产品不断丰富，民众可供选择的“大媒体”花样翻新，传播渠道多样化、传播内容多元化、传播形式自主化等，促进了新时期媒介融合走向必然。美国社交媒体脸书和推特等兴起，促使传统报纸杂志广播电视唯有主动对接与之融为一体，才符合受众胃口，才能够继续保持与受众的紧密黏合。就连一向高高在上的中国中央电视台春节联欢晚会节目，也低下了高昂的头颅，从 2015 年开始了与 YouTube、脸书、推特、图享等的全面合作，以满足全球分众化碎片化的市场需求。

在中国特色社会主义文化体系不断完善的背景下，媒介消费已成为一种积极的文化消费。它的实现取决于消费者的认知和选择，并呈现个性化、互动化的特点。在我国社会转型和发展的背景下，社会分层趋势明显，不同的社会阶层在文化价值上会有一定的差异，这决定了媒体使用者的媒体消费需求将是多元化的。

媒体用户需求的多样化、个性化和交互性对传统的媒体编辑和传播模式提出了挑战。过去，统一安排、强制推送的媒体编播模式已不能满足媒体用户的消费需求。因此，促进传统媒体与新媒体的深度融合，有利于解决传统媒体因“旧”编辑传播模式而造成大量用户流失的问题。

资本每每逐利而行，各种风险投资在媒介融合风起云涌之时闻风而动，成为媒介融合搏击风浪的助燃动力。2015 年，中国在线计划通过非公开发行股票，为基于 IP 的泛娱乐数字内容生态系统建设项目、在线教育平台、资源建设项目和补充流动性筹集 20 亿元资金。同年，浙江报业传媒公布了为互联网数据中心和云计算等项目筹集 20 亿元资金的计划。虽然资本对媒介整合的动力主要是提供必要的资金，但正因为如此，资本的动力也是推动传媒企业管理体制和分配制度改革的动力。例如，为了赢得外商投资的“青睐”，传媒企业必须建立市场化、专业化的财务会计制度和企业决策机制。①

我国网红经济的兴起，其背后就是庞大的资本利益集团强力支撑，随处可

---

① 参见郑自立：《我国媒体深度融合的动力逻辑与推进路径》，《现代传播》2017 年第 6 期。

见资本市场的身影。国际传媒巨头微软、IBM、亚马逊等以及新科网络贵族脸书、推特纷纷将资金、人才、技术转移到中国大陆市场，在网络直播一显身手，中国的百度、阿里巴巴、腾讯、小米、乐视和奇虎 360 等互联网公司，恨不得将中国网络直播市场捧红成赤色（见表 2—1）。

表 2—1　中国网络直播公司及背后资本一览表

公司	直播平台	直播类型	产品简介	布局特点
百度	百度百秀	秀场 + 游戏		门户为主，聚合直播
	百度云直播	摄像头直播		
	奇秀（爱奇艺）	美女秀场		
	支付宝现场	泛娱乐		
	陌陌现场	泛娱乐		
	哈你直播（陌陌）	泛娱乐	2016 年 4 月上线	
阿里巴巴	秒拍直播（新浪）	泛娱乐		泛娱乐、秀场、游戏
	一直播（新浪）	泛娱乐	2016 年 4 月上线	
	来疯（优土）	美女秀场		
	火猫 TV（优土）	游戏直播		
	天猫直播	垂直领域		
腾讯	腾讯直播	垂直领域		游戏为主，垂直领域 + 秀场直播
	斗鱼 TV	游戏直播	DAU：600PC，500 移动	
	龙珠直播	游戏直播	DAU：800PC，200 移动	
	呱呱视频	美女秀场		
网易	网易 BoBo	美女秀场		传统秀场 + 游戏直播
	网易 CC	游戏直播		
奇虎 360	花椒直播	泛娱乐	主打网红、现场	泛娱乐
搜狐	千帆直播	美女秀场		传统秀场 + 游戏直播
	游戏八爪	游戏直播		
乐视	章鱼 TV	垂直领域		垂直领域 + 泛娱乐类直播
	乐海直播	泛娱乐		
	乐视甜心宝贝	美女秀场		

续表

公司	直播平台	直播类型	产品简介	布局特点
小米	小米直播	泛娱乐	美颜、探索、私密	泛娱乐
浙报传媒	战旗 TV	游戏直播	DAU：200PC，60 移动	游戏
万达集团	熊猫 TV	游戏直播	DAU：450PC，200 移动	游戏

这些表面上风光一时的网络直播平台，看起来更像是传统电视节目电视栏目一种简单克隆，各类平台上播放的内容几乎全是中央电视台各个频道栏目节目的重播再现。央视财经评论员章弘说，“但你不能否认央视确实在努力尝试踏入新媒体这块全新的领域”。中国网络电视台时任总经理汪文斌在公开场合多次强调要台网融合，建立央视的新媒体品牌，打造全媒体，“王由三横一竖组成，其中的三横分别是内容、平台和终端，而一竖代表用户，只有把这三横和用户结合起来，才有可能说是王。”尽管如此，员工还是不断抱怨，“网络端的审核，比电视台卡得还严”“这样的环境能创造出什么？”①

① 参见吴丽、康夏：《央视之殇——互联网正在干掉电视》，《商业周刊》2017 年 7 月 12 日。

| 第三章 |

广播网络

广播网络的发展建设意义重大，不仅仅是时代前行驱使广播电台必须接轨互联网等新媒体，也不仅仅是广播电台的产业扩张需要新媒体助力，更是因为传统广播媒体与互联网等新媒体的有机结合，可以让长期潜居幕后的“广播人”“广播名人”走上前台，发达加持发挥出“广播人”“广播名人”的人际效应。长期以来传统广播电台“只闻其声不闻其名不见其人”的媒体地位，就会随着广播网络的“音频节目 + 文字图片 + 视频节目 +FLASH+ 动漫”等多种多类传播形式的立体传播而发生根本性变化。广播网络传播在全媒体全网络传播体系中不再是可有可无的传播地位，广播网络全产业链极大程度茁壮延展，完全可以与曾经高高在上的电视传播机构一争高下。传统广播电台一经“触网”，广播电台主持人就会活跃于电脑屏幕、手机屏幕、户外屏幕、车载（高铁）屏幕、星空（飞机飞船）屏幕等全媒体全网络终端，从此变成鲜动活亮的“前台主角”，大牌节目主持人一蜂窝涌向电视台做主持人而懈怠广播电台的怪状就迎刃而解了。

为了获取更多的受众资源，我国的广播媒体在全网络全媒体早期就开始利用自身的优势——开通广播网站参与竞争。中国最早开通广播电台网站是来自改革开放前沿的“广东人民广播电台网站”，国家级中央广播媒体随即紧跟而上，中国广播网（中央人民广播电台网站，现已更名为央广网）和国际在线（中国国际广播电台网站，现名为中国国际广播电视网络台，CRI Online）先后建设成立。随后，我国的省市级广播媒体陆续开通网络平台。据统计，包括国家省级以及地区性的广播媒体，目前我国共有 132 家广播媒体开辟了独立的广播网站（广播电视综合网站除外）。

中国国际广播电台的国际在线是中国广播走向世界的重要平台，是展示中华文明与中国广播文化的窗口。1998 年 12 月 26 日，中国国际广播电台网站正式开通，上网语种包括汉语（普通话、广州话）、英语、德语和西班牙语。1999 年 3 月 5 日，中国国际广播电台网站对第九届全国人民代表大会第二次会议开幕进行直播，这是中国国际广播电台第一次通过互联网进行声音、图片和文字直播。1999 年 12 月，先后开通了法语网、葡萄牙语网、朝鲜语网、俄语网和日语网。1999 年 12 月 19 日至 20 日，中国国际广播电台的汉语普通话、广州话及英语、葡萄牙语网站现场直播报道了“澳门回归”盛况。2000 年 6 月 15 日，中国国际广播电台网站完成第一次改版，正式推出了由中文新闻网、环球华人网、电视网以及英语网、德语网、西班牙语网、法语网、葡萄牙语网、朝鲜语网、俄语网、日语网等 9 种语言、11 个站点组成的多语种、多媒体、多元化的信息集群网站。2004 年 12 月 1 日，国际在线与新疆人民广播电台联手，在国际在线平台正式推出了维吾尔、哈萨克和柯尔克孜三种文字网页和以上三种语言的在线广播节目，改变了原来对中亚国家和地区的外宣仅靠俄语的状况。增加这三种文字和语言上网后，国际在线网站所使用的文种数量上升为 42 种，上网音频语种数达到 46 种。

2005 年 4 月，国际在线开始对日语、法语、阿拉伯语、意大利语、越南语、西班牙语、德语、俄语、马来语、波兰语共 10 个语言网站进行逐一改版，历时八个月完成。改版从网站内容建设和栏目设置入手，实现了各语种网站内容的频道化；改版还充分考虑了对象国网民的特点和喜好，加强了节目的针对性，增加了互动功能和服务项目，以方便网民了解有关中国的信息。

2005 年 12 月 20 日，国际在线与西藏人民广播电台合作开通了拉萨语和康巴语两种藏语广播网站。藏语广播网的推出也使国际在线所使用的文种达到了 43 种，音频上网语种达到了 48 种，进一步巩固了国际在线在所使用文种和语种数量方面的国际领先地位。

2005 年 7 月 13 日，国际在线正式推出了国内首家多语种网络电台 Inet Radio（inetradio.cn）。电台使用英语、德语、日语和汉语普通话四种语言播出。网络电台以青少年作为主要受众对象，在栏目内容设置上由资讯、谈话、音乐和外语教学四大类节目构成，每天更新节目 11.5 小时。

国际在线的中文网站集娱乐、互动、外语教学为一体，秉持“服务国家传播世界”的宗旨，中文网站现设有新闻、娱乐、体育、时尚、汽车、科技、文化、论坛等频道，共开设栏目近 600 个。依靠中国国际广播电台自身的品牌优势和资源优势，中文网培育了高学历、高层次的受众群体。国际在线受众以大学学历网民为主，其中研究生及以上学历占 8.1%，本科生占 50.4%，大专生占 30%，初中及以下学历仅占 1.3%。目前，国际在线中文网日均发稿 1200 篇左右，图片 1500 多张，日均页面访问量已突破 800 万人次。

现在的国际在线已经是由中央广播电视总台主办的中央重点新闻网站，通过 44 种语言（不含广客闽潮 4 种方言）对全球进行传播，是中国使用语种最多、传播地域最广、影响人群最大的多应用、多终端网站集群。国际在线依托中央广播电视总台广泛的资讯渠道和媒体资源，在全球拥有 40 多个驻外记者站，与许多国家的驻华机构建立了良好的合作关系，已发展成为拥有强大的信息采集网络、多形态传播渠道的国际化新媒体平台。升级改版的国际在线面目一新，单一型的“网站”“在线”更名为了“中国国际广播电视网络台”，并依托独有的全球资源，重点打造新闻、城市、企业、旅游等业务线，面向具有跨地域、跨语言、跨文化需求的海内外用户，提供国际化资讯和营销服务，产业链辐射到了无线广播（radio）、TV 端业务（TV）、PC 端业务（PC）、移动端业务（mobile）、出版发行（publication），将国际在线、特色网站（华影在线、中土旅游网、中国名城网、穆斯林中国指南）、网络视频、环球网络电台、WMC 视频尽揽其中。

我国广播网站中，国家级中央广播媒体两家，直辖市广播网站 4 个，北京开辟了两个广播网络平台（上海和重庆的广播网隶属广播电视综合网站旗下）。据统计，除海南省、贵州省、甘肃省外，全国各省级广播电台都设有广播网，各省的大部分广播电台都开辟了广播网。福建、江西、河南、河北、广西、山东的地区广播网站相对较多，每个省都在 5 个左右（其中不乏死链接、无法打开的情况）。最多的是河南省，多达 10 个。但很多地方广播网严重缺失，如山西省、贵州省除了建立了省级广播网站外，市级地区没有建立任何广播网站。

第一节　网络品牌

品牌是产品形象的标志，广播网络品牌与其他产品服务品牌一样，需要品牌铸造方面有所作为。广播网络品牌是全部广播全网络、全媒体、全产业子品牌的集合，除包括广播网站及其他广播新媒体的名称、相关标识、广告语词等之外，还涉及广播互联网特有的域名、频道设计、网络内容、更新速率等品牌元素，以及围绕广播网络的品牌发展建设所开展的一系列事件营销活动。

一、网站名称

广播网络的网站中文名称，是整个广播网络的基点和原点，是所有广播网络新媒体研究的出发点。广播网站名称能不能反映广播新媒体的特征特性，能不能抓住广播新媒体受众，某种程度也就决定着广播网络新媒体的发展走向。广播网站的名称首先要具有广播味道，不可轻易隔断与传统广播媒体数十年来的密切联系，它可以是传统广播媒体名称的延展，又要有自己的独特性。广播网站名称讲求简洁明快，一目了然，从词义就可以看彻该网站所属单位，网中的基本诉求是什么，未来发展目标在哪里等。热爱中国广播的网民，可以很清晰地从广播电台网站名称出发，查找到想要知晓的广播节目最新信息，广播电台节目主持人的最新动态，广播电台网络最近的事件营销活动等。通过坚持不断的网络沟通，传统广播电台受众与广播电台新媒体就可以建立全新的联络通道，进一步增进广播电台（广播电台网络）的品牌黏度。

中国国际广播电台的官网国际在线，一目了然就知晓归属单位是中国国际广播电台，也能够了解到这是一个向全世界各民族发出中国声音的“国际化”多语种广播网络；中央人民广播电台所属的中国广播网，强调独一无二的“中国气派”；北部湾在线名称很难望文生义，稍微有点“归属”模糊（既可能是北部湾所在政府网站，也可能是一些所在地的公司网站），好在其广告词可以感受到这是“广西人民广播电台新的声音”。研究显示，当下大量的中国广播网站中文域名，还难以达到广播网站应有的品牌影响效果。

二、国际域名

中国广播网站的英文国际域名，既是广播网络受众登录网址的第一目的地，也是中国广播网络形象的国际化展示，需要精心选择、精心布局，尽可能做到能够体现中国广播网络新媒体的国际新形象，让创设的域名简洁明快，便于轻松记忆，网络搜寻简单便捷，并且能够贯通传统广播电台的血脉联系与呼应，有助于方便网民与网站之间、网民与网民之间的沟通联系，增强广播网站及广播网络新媒体的宣传力、竞争力。

由于种种原因，中国广播网站的英文国际域名相对散乱，太过混杂，英文域名的前后缀千姿百态。网站的英文国际域名前缀，有传统广播电台汉语拼音全拼的，有传统广播电台汉语拼音取第一个字母的，也有英语单词 radio 随意放置的，五花八门，应有尽有，没有明晰的规律可循。如洛阳广播网（radio-luoyang.com），一大长串的英文国际域名，输入起来很麻烦。也有的是地区中文名称的缩写与 radio 的组合，如黑龙江广播电台官方网站龙广听友网（hljradio.com），除了当地的广播电台节目铁杆，一般人估计会“云里雾里”。广播网站英文域名各种形式的后缀也是“八仙过海，各显神通”，所以能够想象到的都能在此找到踪迹。目前，中国广播网站域名后缀主要有 5 种类型，分别是以“.com”“.cn”“.com.cn”“.net”“.org”和“.cc”结尾等，真乃是五花八门，叫人眼花缭乱。喜欢广播节目并且希望在广播网站找到乐趣的网民常常会因域名普遍难以记忆，进而放弃登录广播电台网站，影响到广播电台网络的整体运作与发展。比如说，一些广播媒体本身很有名气，但域名不容易记忆，如大名鼎鼎的中央人民广播电台官方网站中国广播网（cnr.cn）和中国国际广播电台官方网站国际在线（cri.cn）等，网民往往会记不住。据统计，随机抽样调查1000名北京市民，能够准确回答中国广播网和国际在线国际域名的，只有不到10%。

三、广告语词

中国广播网站的广告语词是中国广播网络新媒体的品牌主张或承诺，是以最短小简明的词汇描述网络诉求的传播名片。一条有穿透力、有深度、有内涵的广告语词，其传播力量是无穷的，甚至会成为时尚流行语言乃至目标消费者的生活信条、生活方式和生活目标。目前，全国79家广播网站中，共有31家广播网站设立了广告语词，仅占到总数的40%不到，反映出中国广播在网络建设过程中对品牌的忽略。在这些有广告语的网站中，他们的广告语词大多特色鲜明、言简意赅、朗朗上口、引人入胜，将广播网站的个性特征尽情展示了出来（见表3—1）。①

表3—1 全国广播网站广告语词一览表

名称	广告语
央广网——中央人民广播电台	全球最大中文音频网络门户
国际在线——中国国际广播电台	向世界报道中国，向中国报道世界
北京交通广播	北京交通传媒
河北广播网	覆盖京津冀 听众超两亿
Q网——秦皇岛广播电台	演绎广播新精彩
廊坊人民广播电台	声声传情 心心相印

① 参见何地:《中国广播网站文化研究》，北京邮电大学2013年硕士论文。

续表

名称	广告语
大同广播在线	忠诚　求实　创新
内蒙古广播网	中国草原之声
长春广播网	广天下　播长春
南京广播网	我的广播　我的网
无锡广播网	无锡广播精彩无限
浙江之声——新蓝网	影响有影响力的人
杭州电台中波 954	老朋友广播
阜阳广播网	传播阜阳声音　提供真诚服务
福建新闻广播网	听新闻就听 FM103.6
江西广播网	有声世界　无限精彩
济南音乐广播	24 小时听音乐的电台
潍坊人民广播电台	节目立台　经营强台　人才兴台　文化聚台
洛阳广播网	河洛之声　新闻广播
许昌人民广播电台	守正　负重　创新　卓越
新乡广播网	追求声音的魅力
商丘广播	商丘好声音
荆州人民广播电台	打造荆州广播全新时代
怀化广播网	网聚怀化精彩
佛山电台	听佛山的声音
北部湾在线——广西人民广播电台	广西人民广播电台新的声音
玉林广播网	品质声音　品格广播
贺州电台	权威媒体　贺州门户
成都人民广播电台	无限成都
新疆新闻在线	零距离

我国广播网站的广告语词创作与选择方面，发展建设水平良莠不齐。有些广播网站的广告语词言简意赅、朗朗上口、情真意切，如“长春广播网，广天下　播长春”“南京广播网，我的广播　我的网”等网站的广告语词，一下子就拉近了广播受众的距离；有的广播网站广告语词则是问题多多，有些网站存在的问题甚至很显著，例如“潍坊人民广播电台，节目立台，经营强台，人才兴台，文化聚台”广告语词无所不包，毫无特色，估计放在任何一家广播网站也貌似可以，泉州广播网的广告语词“坚持与时俱进，勇于开拓创新，新闻立台，服务强台，以优质节目，创广告辉煌”也是一样的问题。这种广告语字数太多，受众几乎不会记住这条广告语。还有一些广播电台网站的广告语层次不清，如漳州人民广播电台（漳州广播网）的“漳州新闻—记者关注—闽南语广播—综合文艺广播—962 新闻工作室—闽南交通线—影音点播”，广告语逻辑混乱，一般受众难以接受。一些广播网站本身建设得不错，并且有些还很受广大受众拥戴的广播网站，居然还没有意识到网站广告语词的特殊价值，没有安排设计广告语词与之配套。

第二节　网络内容

广播网站的内容建设和音视频资源储备，是中国广播网站及相应的各种广播网络外延新媒体（两微一端等）等同样坚守的传播阵地，也是广播网络发展壮大的核心竞争力所在。由于频道设置与在线收听是广播网站吸引受众的重要内容，丰富多彩的音视频资料的素材来源，是广播网站区别于其他商业门户网站、企业网站和政府网站的一个方面，因此单辟一节展开阐述。

一、文图素材

广播网站及其全部新媒体网络，既有广播电台节目编演而来的新闻报道文字描述，也有五彩缤纷的图表画面。在新闻报道中，文字报道需要搭配相关的图片，给受众以现场感和真切感。在宣传主持人或者名编辑、名导播时，嵌入相关图片更具吸引力和真实性。但是，大部分广播网站并没有充分利用图片资源，只是纯粹罗列大量文字信息，没有视觉冲击力，也没有一丝新意，当然也不会激起受众阅读的兴趣。广播网站做好页面的图片安排，尽量地用图片说话，建立自己的图片数据库，对加强广播网络的核心竞争力有着很大的作用。

目前，视频资料转化成图片技术也已经成熟，很多网站在视频节目资源上有着较强的优势，如果广播网站将大量的视频转化成图片，这些一手的图片就是一个不可忽视的图片资料库。在广播网站的图片库建设尚未实施的背景下，有意识做好广播网站（网络）图片数据转换与存储工作，是当下与未来广播网络发挥自身优势的当务之急。

二、广告运营

到现在为止，我国广播网络的广告业务的开展不是很顺利。一部分广播媒体不愁运转资金，不重视广播网站广告业务的发展。一大部分广播网站靠着传统广播媒体的经营运作支撑，压根不开展网络广告业务。还有一部分广播网站本身的广告运作较差，被关注度很少，因此鲜有广告主光顾。

现行的广播网站中，只有国家级广播网络即国际在线和央广网广告运作相对较好。这两家广播网站影响力大，受众范围广，网络广告运作起来也相对容易。另外，有一部分的广播网站依靠传统广播电台的附着影响力，陆续有了部分的网络广告收入，如安徽人民广播电台、梧州电台（广西省）、北京交通网、北京人民广播电台等。值得注意的是，由于广播网站建设观念较弱和广播网站广告运作理念缺失等原因，绝大多数广播网站完全没有网络广告收入。

发展中国广播网站的网络广告，是广播网站及其他广播新媒体能够独立自主发展建设的关键。近年来，我国部分广播网站开始设有广告业务的说明，但绝大部分广播网站对于广告业务的说明仅限于对传统广播媒体广告资源的售卖，网络广告源没有被考虑进去。在广播网中，有网络广告业务诸如广告版位、广告形式、广告页面位置等详细介绍的仅有 3 家，他们是中国广播网、国际在线和梧州广播电台网站。

当下我国广播网站的网络广告售卖有多种方式，如广告打包平移，就是将传统广播媒体上的广告免费平移到广播网站上来，而打包赠送广播网络广告，则是在广播媒体上广告主可免费获得广播网站的广告位。如果广告主在广播网上发布广告，可以优惠价格购买传统广播媒体上的广告时间；此外还有低价拍卖，即对某些网络广告版面从低价开始进行竞价销售，如从广告价位 10 元 / 月起，一方面激起广告主的兴趣，另一方面可以增加口碑传播力度。

目前，中国广播网站的网络广告还处于尚未开发的阶段，这是一个大有发展潜力的资源空间。广播网络广告既是网络内容的一分子，也是广播网络创新发展的前行动力，这在后面将有详细的章节对中国广播电视网络广告进行具体说明。

三、名人文化

广播媒体具有声音传播的优势，著名广播主持人、知名广播评论员、知名编导、知名记者在以往的广播节目中，通常只闻声音而不知其貌，引起广播受众无限的遐想和好奇心。通过广播网站及其他各种广播网络新媒体，这些“广播名人”的图片照片声音视频立体展现出来，成为广播全网络全媒体的重要传播内容。广播网络“主持人画框”“名记者视线”“名编导语录”等，足可以吸引到大批广播网络拥趸。这些广播名人的台前幕后故事及家长里短，组构出广播网络独有的“名人文化”风情，不仅能够增强这些主持人的吸引力，也大大增强了广播网络的内容活力。

名人文化的形成，在我国广播网站中也存在这样那样的问题。很多媒体对名人进行宣传，使受众产生了视觉疲劳甚至是心理疲劳。良好的名人文化的形成不仅要靠外在的宣传，更需要主持人自身散发出来的人格魅力，更需要每一个广播名人德才兼备，时刻注意自身修炼修为。如 2008 年 10 月 14 日，北京交通广播电台主持人在捷克和警察发生冲突，并出言不逊，造成了不良国际影响，受到众多人的严厉批评。事件发生之后，北京广播网通过安排当事人与受众有效联系与沟通，逐渐消除了不利影响。

四、网页更新

及时更新网站信息，尤其是新闻信息的及时更换，满足受众第一时间对突发新闻事件的知情权，是媒体网站公信力的重要体现，自然也是中国广播网络内容发展的重要元素。我国很多地区广播网站及新媒体网络信息做不到及时更新，更新速度很慢，成了“僵尸网站”“僵尸网络”，严重妨碍了广播网络的公信力。

调查研究发现，全国新闻资讯更新速度较慢的部分广播网站，包括河北秦皇岛广播网、辽宁盘锦人民广播电台网站、辽宁葫芦岛广播网、江苏无锡人民广播电台官网、江苏南通人民广播电台官网、浙江丽水人民广播电台官网以及四川广安人民广播电台、云南玉溪人民广播电台、陕西渭南人民广播电台、甘肃金昌人民广播电台和白银人民广播电台、新疆克拉玛依人民广播电台、河南开封人民广播电台和南阳广播电台、江西抚州人民广播电台、福建漳州人民广播电台的官方网站等。这些广播网站及其广播网络新媒体，有的几个月半年不进行信息更新，更新新闻信息太过延缓，远远满足不了互联网快速高效的传播节奏需求。此外，我国部分广播网站在内容更新上还存在仅限于对国内(当地)重大新闻的更新，忽略广播网络各个信息板块的即时报道，也是广播网民时时诟病的话题。

五、外语配置

在中国推动构建“人类命运共同体”进程中，中国广播电视产业融合发展务必具有国际化视野，广播网络全媒体全产业建设首先要考虑到内容建设的“外语配置”。调研发现，我国大部分广播网站及其广播网络新媒体局限于地域思维、本土思维，没有将视角投向全球，没有形成开通外语配置的意识，即没有广播网站全球互联互通的意识。同时，我国大多数广播网络现有的人力物力财力，也并不具备开辟、开通外语频道的财力物力人力。

事实上，在中国逐渐走近世界舞台中央的时代，在中国文化走出去传播中国智慧、发出中国声音的大背景下，中国广播网络必须也应该在“文化强国”

方面有所作为、有所担当。因此，一些省级或地区广播网站也需要开通外语频道，尤其是与其他国家或地区毗邻的地区，可以开通临近地区的语言频道，以增加交流，扩大广播网站的传播范围。如东北地区的广播网站可以开通俄语、朝鲜语、韩语、日语和英语频道等。广西、云南等广播网站在开通英语频道的同时，可以考虑设置越南语、泰国语、柬埔寨语等东南亚语言。

第三节　频道设置

广播网站的频道设置，是广播网站建设的基本架构中的基本单位，反映体现了网站的功能设置、主要特色和主要内容。当下，中国广播网站的首页频道设置各有千秋，而简单易记、个性突出的各层级频道设置，是激发受众浏览兴趣的强力支点。本处选取国家级、省级以及地方广播网站各一例，分别对其频道设置的特色和调整前后的差异进行分析。

一、简洁首页

我国广播网站的频道设置，第一应该考虑到的是简洁明快的首页设置，这是关乎广播网站及广播全网络、全媒体、全产业建设的“面子工程”，是广播网络的亮点显示，也是广播网络当下和未来发展建设的基本昭示。央广网（中央人民广播电台网站）、北京广播网（北京人民广播电台网站）和龙广听友网（黑龙江人民广播电台网站）等的首页改造，就可以看出一些中国广播网络简洁首页的端倪。

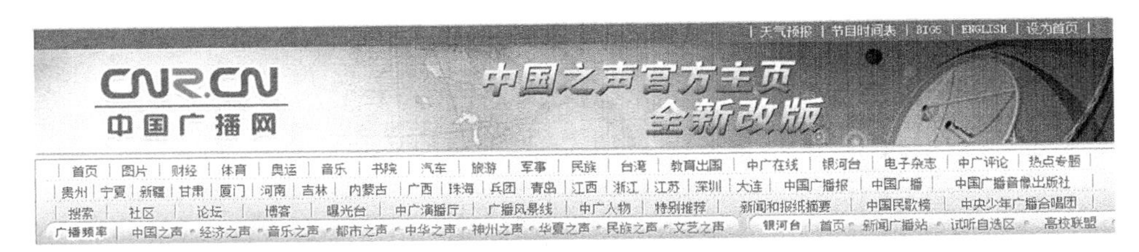

2008 年 12 月截图

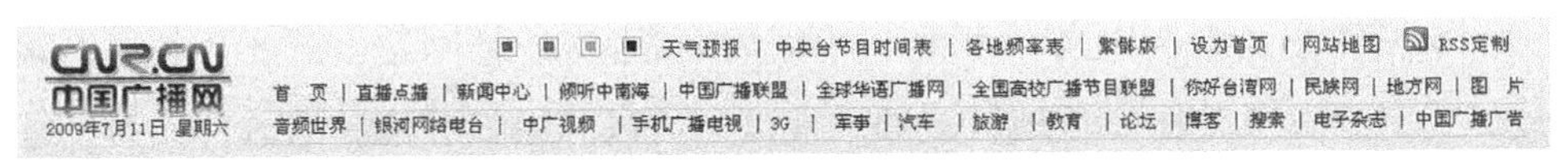

2009 年 7 月截图

2016 年 1 月截图

图 3—1 改版前后中国广播网首页频道设置对比

图 3—1 截取了中国广播网改版前后的首页设置，这可以清楚地看出中国广播网的首页频道设置调整前后的不同。2009 年调整前的中国广播网在频道设计上，貌似全面丰富，实则有些零散混乱。中国广播网首页共有 20 多个频道，"全球华语广播网""中国广播联盟""银河网络电台""手机广播电视""全国高校广播节目联盟"等逐个长蛇阵般一字排开，没有广播网络重点频道，缺少广播网络亮点精品。"中国广播网中国之声官方首页"将其散布在全国各地的中央人民广播电台新闻频道（江苏、浙江、江西、深圳等 16 个地方），在官方网站首页上一一列出，给人一种臃肿、凌乱的感觉。广播网民放眼望去，密密麻麻的小号字体，需要睁大眼睛（带上老花眼镜）才看得清楚，怎么可能爱上这样的网站呢？

从 2016 年 1 月截图看出，2016 年经过调整后的中央人民广播电台官方网站中文域名由"中国广播网"变成了"央广网"，央广网的首页频道，设置了"新闻""财经""军事""汽车"和"体育"等 14 个主打频道，形式上更加简洁流畅，条理性更强。央广网的内容安排，也是重点突出，侧重于新闻报道，同时兼顾生活和娱乐信息，力求对外宣传与对内报道并举。对此，网站专门设置了新闻中心、倾听中南海、全国华语广播网等频道。

二、突出特色

2009 年版的北京广播网，在原版上做了一些调整，面貌焕然一新。首先，北京广播网及时更新了网站域名，英文国际域名由繁杂难以记忆的“bjradio.com.cn”变成了简单易记的“rbc.cn”，方便了北京广播网民；其次，新版北京广播网的频道设置小幅调整，增加了旅游、图片、宠物频道。尤其是宠物频道的设置，使网站在内容上更具特色。北京地区人们的生活水平较高，且晚婚晚育、计划生育政策搞得较好，在满足了衣食住行无忧之余，养宠物成了许多家庭的业余爱好。通过养宠物，空巢老人可以获得安全感，重新体会到被爱和被需要的价值感，年轻白领可以缓解孤独感，释放压力，家庭成员可以变得更加亲密，并且儿童可以学到更多的责任意识。值得一提的是，养宠物在经济上需要很多的花费，宠物饲养、宠物医疗、宠物服务等形成了巨大的消费市场，宠物经济大行其道。总之，改版之后的北京广播网在频道设置上力求走在时尚前沿，追求个性（见图 3—2）。

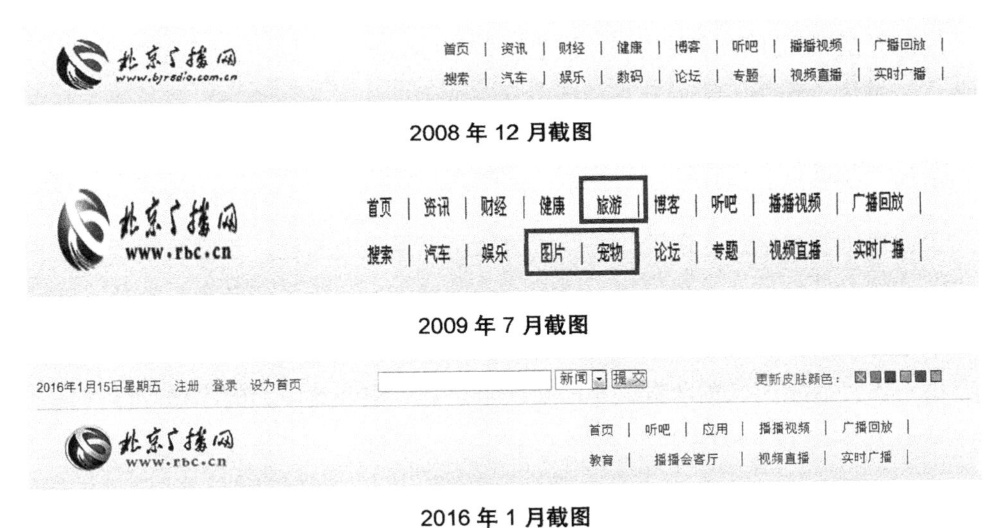

2008 年 12 月截图

2009 年 7 月截图

2016 年 1 月截图

图 3—2　改版前后北京广播网首页频道设置对比

2016 年最新版的北京广播网，首页频道设置相对于中国广播网和既往的北京广播网更加简单明快而且特色鲜明。首页、教育、应用等 9 个首页主频道一目了然，将听吧、播播视频、广播回放、视频直播、实时广播等频道置入其中，这与北京广播网的发展规划和目标相匹配，也是广播网络向图文并茂、音视频立体发展的突出表现，展示出北京广播网络“突出音频，保证视频，拓展图文”的办网方针。利用电台品牌优势和资源特色，走个性化道路，形成“集音视频、网络互动于一体独特的网络宣传平台”，是北京广播网追求的目标，而“听吧”及“播播视频”，正是北京广播网的音视频收听强势品牌。

三、浑然一体

龙广听友网（龙广在线）是由黑龙江人民广播电台发起组建的大型综合媒体网站，集合了黑龙江人民广播电台卫星广播、交通广播、生活文艺广播、妇女儿童广播、朝语广播、金融广播等六家系列广播的精华为一体，广播全网络、全媒体、全产业框架清晰可辨。

龙广听友网的频道设置调整前的内容主要是多家系列广播频道的汇编，调整后的频道设置更能体现其“办民生台”的办台理念，同时开拓跨区域、跨行业、跨媒体合作，不断提升其传播力和影响力。如《天涯之声》就是黑龙江人民广播电台与三亚广播电视台联合打造的一档全新的广播节目。为了“保经济促发展，推动龙江经济又好又快发展”，龙广听友网还开通了龙江购物网频道，为企业提供供销信息，解读国家政策方针，弘扬企业文化，这既有利于网站和黑龙江的对外宣传，又很好地充当了为地方经济发展服务的角色。此外，网站还将台标中的“龙”字由传统的繁体换成草体，与整个黑龙江对外形象宣传标志相一致。从频道设置来看，龙广在线也是具有很强竞争力的广播媒体网站之一（见图 3—3）。

2008 年 12 月截图

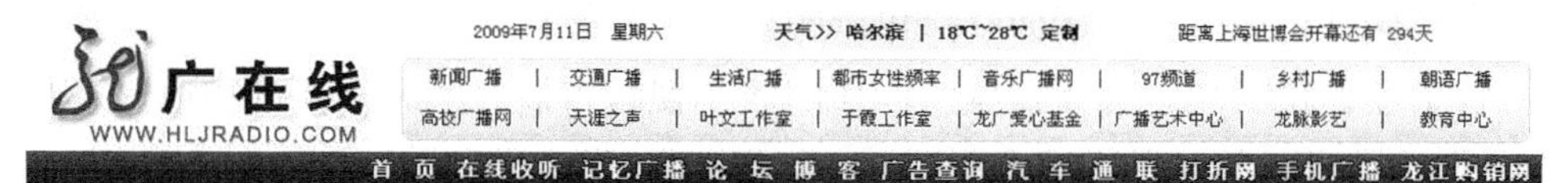

2009 年 7 月截图

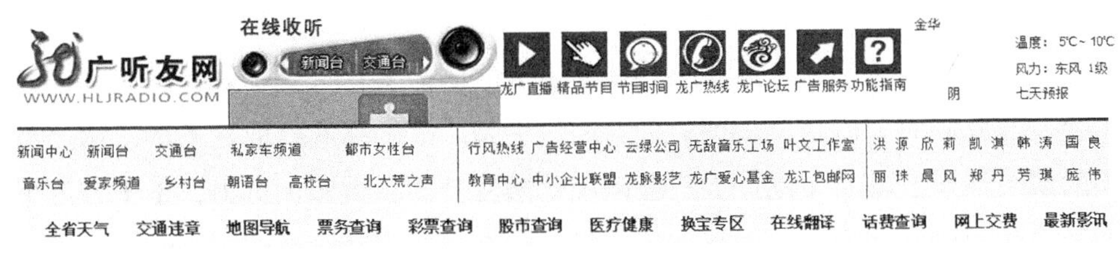

2016 年 1 月截图

图 3—3　龙广听友网（龙广在线）的首页频道设置

四、资料来源

国际新闻和国家层面的新闻摘要，一般是来自人民日报网、央视网、国际在线、新华网等网站，保持与权威媒体的高度一致性。如泸州广播网新闻内容的最新快报，就是与新华网做的即时链接，而关于生活娱乐资讯方面的内容主要摘自搜索引擎或者门户网站信息。河北省的沧州电台——沧州广播在线，网站中关于生活信息咨询就是来源于百度。

应该看到的是，我国相当一部分广播网站摘自他处的新闻以及其他内容，并不标明出处和来源，源自其他新闻媒体或其他网站的信息资源，就这样“强取豪夺”占为己用。这样不择手段的“摘抄”“摘录”，是典型的信息侵权行为。另一方面，很多来源不明没有经过准确核对的信息资料，可能会造成错误报道以讹传讹，对广播网站的媒体公信力、形象有严重影响。

首先，要充分运用广播电台的媒体优势，利用网络即时传播全球传播特性，发布有声有图有视频的独家新闻。为此，既要做好现场新闻报道的全方位信息整合，又要挖掘整理数十年来库存节目素材，“变废为宝”“新瓶装旧酒”，将其转换成适合广播网络新媒体特点的信息资源；其次，瞄索多向新闻由头，拓宽信息渠道源头，整合新闻素材，加强深度报道。广播网站可以借鉴传统报纸媒体的成功经验，可以以事态的发展为线索，按照时间顺序将事件完整地报道出来，形成连续报道和专题报道，也可以将不同媒体对同一主题新闻事件的不同方面的报道汇编起来，形成集中报道、重点报道。

原创新闻的辑取，独家新闻的获得，既是每一个新时代广播人的使命担当，也是每一个广播网民的应尽义务。因此，我国各级广播网站今后应当建立一支独立的采编队伍，这既是多媒体报道新闻的需要，又是增强新闻原创性的需要。与此同时，广播网民的原创新闻，更是广播网络素材取之不尽、用之不竭的源头活水。唯有发动广大广播网民，激发其想象力和创造力，千千万万个性各异的原创新闻素材、文化产品素材，就会源源不断输送到广播网络。

在线收听包括在线直播和在线点播，在全国各大广播网站中，不少网站有在线直播业务。一种在线直播的形式是强制性接收，一打开网页就能收到，如广西的贺州广播网。贺州广播网的主页上设有地区新闻视频节目的在线直播，但是这个节目并不是无限时的，地区新闻播送完毕视频节目也会自然终止。这种在线直播，有助于受众较快地了解贺州最新发展状况，树立媒体自身的形象，提高其在受众心中的公信力，其缺陷是受众没有自我选择的权限，有时网络速度不稳定，声音时断时续，易让人产生厌恶感。

还有一种在线直播形式是在页面上设置一个能够随着鼠标上下浮动的播放器。受众如果愿意收听，就可以点击播放器，然后就会听到在线直播的节目。相对前一种在线直播，这种形式更具有自主性和能动性，受众可以自我选择进行收听。由于互联网的多媒体性，不仅可以实现声音的即时传播，也可以实现图像的即时传播。广播媒体在将自己传统优势搬到网络上的同时，也可以发展视频栏目，北京人民广播电台麾下北京广播网的 DAB（Digital Audio Broadcasting）就是一个很好的尝试。

第四节　体育广播

体育广播节目正成为当下和未来中国广播网络全媒体全产业的突破口，成为移动终端无可限量的音频产业。将体育广播网络作为中国广播电视产业融合发展的一个研究方向，主要出于几个方面的考量。一是中国正从体育大国迈向体育强国，国际体育形象和体育地位不断攀升，包括体育广播网络在内体育媒体网络急需与国际接轨向全球延伸；二是中国承办的国际大型体育赛事不断增加，中国国内的各种联赛风起云涌，为体育广播网络提供了大量优质的体育信息资源；三是各种传统体育类媒体等在互联网络中的文字、图片、动漫和音视频等各种方式的呈现，包括体育电视网站、体育广播网站、体育报纸杂志网站、体育专业网站、商业门户网站的体育频道以及新兴而起的脸书、推特等其他网站的统称，也包括相关的体育媒体 APP、体育媒体微博、体育微信和体育新闻客户端等。不同类型和不同层级的体育媒体网络，有着完全不同的传输模式和呈现方式，有着风格迥异的传播诉求、传播特点与传播规律。

一、国外体育媒体网络

体育媒体网站是体育网络发展的生力军，是最早一批成长起来的全球互联网站，世界上最著名的体育杂志美国《体育画报》凭借着互联网发展近水楼台，在全球互联网全面链接互通之前的 1990 年 7 月 6 日，就创立开通了世界上最早的体育媒体网站（si.com），为世界媒体互联网发展进步开启了崭新一页。自此，国内外商业门户网站与电视媒体网站等争先恐后专门开辟了体育频道，专业性很强的体育纸媒的官网也纷纷创建起来，初步显示出传统媒体渗透体育互联网的基本意愿和抢占互联网产业制高点的决心。

随着全球互联网在 1994 年全面接入到世界上各个国家和地区，ESPN 这一在世界上体育娱乐传播领域的旗舰巨头闻风而动、率性而为，于 1994 年 10 月 4 日上线触网，espn.com 通过互联网点击将体育娱乐资讯传遍全世界。在随后的几年间，国际知名的传统体育广播电视和传统体育报纸等纷纷建立官方网站。在 21 世纪到来之前，欧美主要体育媒体无论是美国哥伦比亚广播公司体育频道、全国广播公司体育频道、福克斯体育频道还是西班牙赛尔电台、《马卡报》、《每日体育报》、意大利《米兰体育报》、法国《队报》、德国的《踢球者》杂志以及亚洲的《日刊体育》、《首尔体育报》和《朝鲜体育报》等的官方网站大量建设发展到位，成为体育网民喜闻乐见的阅读窗口和交流新天地（见表 3—2）。

表 3—2　全球体育媒体网站名称及建设情况一览表

网站名称	英文域名	创立时间
ESPN	espn.com	1994—10—04
雅虎体育	Yahoosports.com	2001—08—21
CBSSports	cbssports.com	1996—05—08
FOXSports	foxsports.com	1998—08—10
体育画报	si.com	1990—07—06
NBCSports	nbcsports.com	1996—03—04
体育新闻网	sportingnews.com	1995—11—22
美国网球杂志	tennis.com	1996—06—20
美国跑步者世界杂志	runnersworld.com	1995—04—15
BBCsport	bbcsport.com	1999—03—19
英国天空体育	skysports.com	1998—06—10
进球网	goal.com	2004
马卡报	marca.com	1997—03—12
阿斯报	as.com	1997—12—04
世界体育报	mundodeportivo.com	1996—12—05
赛尔电台	cadenaser.com	1997—07—17
米兰体育报	gazzetta.it	1996—01—29
队报	lequipe.fr	1997—11—03
日刊体育	nikkansports.com	1996—08—26
首尔体育报	sportsseoul.com	1999—01—01
朝鲜体育报	sports.chosun.com	1995—10—10
看台报道	bleacherreport.com	2005—07—20
SB Nation	sbnation.com	2005—03—31
RantSports	rantsports.com	2008—06—04

续表

网站名称	英文域名	创立时间
DeadSports	deadspin.com	2001—10—21
The Post Game	thepostgame.com	2007—05—25
Scout	scout.com	1998—10—22
FanSided	fansided.com	2007—06—28
YardBarker	yardbarker.com	2005—10—15

二、中国体育媒体网络

中国的体育媒体网络基本上落后于世界一大步，中国四大商业门户网站在 20 世纪 90 年代末 21 世纪初才真正建立体育频道，TOM 网站的体育报道也在那时候做得风生水起。1999 年 5 月 20 日，在中国体育舞台上一直扮演重要角色的上海，以上海五星体育频道的名义，注册了中国第一个体育电视网站 wa5.com。同年 9 月 3 日，中国第一个专业体育互联网站“鲨威体坛”网站正式开业，不到一年即被 TOM 网站收购。2000 年 1 月 12 日，中国又一个体育专业网站虎扑体育浮出水面。2000 年 4 月 22 日，爱奇艺网络成立。2012 年 8 月，乐视体育创立上线。

中国知名体育纸质媒体的网络建设与发展起步较晚，在 21 世纪才断断续续建立起官方网站。国内顶级体育纸质媒体如《中国体育报》《体坛周报》《足球》和《球迷报》等都先后建立了官方网站，但真正意义的中国体育纸质媒体只有《体坛周报》的官网体坛网（titan24.com）做得像模像样。

中国体育电视网站起步较晚，发展步调参差不齐。尽管中央电视台体育频道、北上广电视台体育频道等都建立起了体育电视网站，但真正自立门户独立注册上线的中国体育电视网站只有 20 世纪末注册成立的上海五星体育频道的 wa5.com，其他各体育电视网站（包括中国网络电视台体育台）都依附挂靠在广播电视台母体官网的统一域名下（见表 3—3）。

表 3—3 中国体育媒体网站名称及建设情况一览表

网站名称	英文域名	创立时间
新浪体育	sports.sina.com.cn	1998.11.20
搜狐体育	sports.sohu.com	1998.6.5
腾讯体育	sports.qq.com	1995.5.4
网易体育	sports.163.com	1997.9.15
虎扑体育	hupu.com	2000.1.12
乐视体育	lesports.com	2012.8.17
直播吧	zhibo8.cc	2009.12.12
5U 体育	5usport.com	2014.8.15
体坛网	titan24.com	2006.8.31
爱奇艺体育	iqiyi.com	2010.4.22
中央电视台体育频道	sports.cctv.com	1997.5.21
北京电视台体育频道	btime.com/sports	2001.10.3
上海五星体育频道	wa5.com	1999.5.20
广东电视台体育频道	gdtv.cn/sports	2003.3.10
天津电视台体育频道	sports.wisetv.com.cn	2002.10.31
山东电视台体育频道	sports.iqilu.com	2007.2.27
江苏电视台体育休闲频道	tv.jstv.com/sport	1998.6.6
辽宁电视台体育频道	lntv.cn/lntv_4	1998.12.3
四川电视台体育频道	sctv.com/v/ty	1997.6.28
广州电视台竞技频道	theatre.gztv.com	1997.3.28

三、体育全网络全媒体

体育媒体网络经过起步、发展和壮大，跨越了“体育网站”向“体育网络”

过渡，逐步向着更高目标体育全网络全媒体奋力前行。2008 年北京奥运会开始，国际奥委会第一次将互联网等新媒体版权进行商业售卖，刺激了专业体育视频网站含商业门户网站体育频道视频直播业务的兴起，并开始与传统电视直播分享受众市场和产业市场。随着传统媒体大鳄将注意力集中到体育互联网市场，推动了体育全媒体、全网络、全产业的多元化竞争。

进入 21 世纪以来，越来越多的国际国内体育管理机构和赛事组织在一如既往重视电视媒体的特殊价值外，纷纷开始重视互联网的独特作用，除了建立起一个个自己专属的“官网”展示自身形象与品牌，还专门设立以互联网为标签的“新媒体部”，以密切和各类新媒体间的沟通联系。国际足联除了加强网络建设和管理外，还专设了 TWITTER 专区，拉近与社会各界的距离。国际奥委会、FIBA 等国际体育组织与网球四大满贯、F1、美国四大联赛与欧洲五大联赛以及 NBA 球队、知名足球俱乐部等知名赛事组织都在充分利用网络平台，进行信息发布、市场开发与回馈、宣传推广、文化传播、票务服务及特许商品销售，充分发挥了的网络全方位多项功能动能。2014 年巴西世界杯决赛期间，观众有了 PC、手机和 Pad 等的多屏视频体验和享受。

现在，越来越多的体育赛事转播与 5G 技术全面对接，人工智能技术与 5G 网络的借力借势，智能体育媒体网络的兴盛更上了一个新台阶。当下，有关 5G 体育赛事直播的民众关注度直线上升，5G 体育赛事直播新闻报道风起云涌，时不时抢占版面头条、热搜头条。围绕“5G 体育”“5G 体育传播”“5G 体育赛事直播”为主题的学术研究势头火爆，成为体育学术期刊体育传播期刊等的重要选题。根据世界各国的各种新闻媒体的报道，在韩国平昌冬奥会和俄罗斯世界杯上都有 5G 的身影。在 2018 年 11 月份的温布利杯足球赛上，5G 直播开始“大显身手”。体育直播巨头 BT Sport 将 5G 直播服务带入了温布利球场，这是其首次为现场 4K 直播和用户提供 5G 接入服务。在 2018 年中国大陆举行的温州、绍兴、郑州等多项国际马拉松赛事上，当地的移动公司都纷纷与赛事合作进行了 5G 直播尝试。2019 年 1 月 18 日晚，北京移动与咪咕公司联手在 5G 网络环境下用真 4K 全程直播了 CBA 常规赛第 32 轮北京首钢主场对阵浙江广厦控股比赛，打造了全球首场 5G+ 真 4K 体育赛事直播。

四、体育广播网络未来

21世纪初，在广播媒体分众化传播的趋势下，在广播专业频率中出现了一支体育专业队伍。2002年1月1日，北京人民广播电台体育广播正式开播，中国体育广播专业频率再添新军。在北京奥运会之前，全国开设了北京体育广播、上海体育广播、南京体育台、广东电台文体广播、楚天交通体育广播FM92.7、大连文化体育广播、青岛音乐体育广播、沈阳体育健康广播等专业化不等的8家体育电台。中国体育广播专业频率的出现，是人们生活方式多样化的体现，是广播专业化发展和体育事业进步的产物。但是在此阶段，它的发展还处于初级阶段，面临着很大的挑战，比如上海体育广播和北京体育广播的收听率在本地区分别列第12位和第10位。北京奥运会对中国媒体特别是对于体育广播而言是一个难得的发展契机，而事实也证明，在之后对北京奥运会的报道中，体育广播抓住机遇、直面挑战，使北京奥运会成为其发展的加速器和推动力。通过研究分析国内外体育媒体网络成长进程，明确了体育媒体网络的最大资源优势是背靠“媒体”，具有公信权威的媒体品牌、媒体综合立体的采编播发网络和“联合采购”的内容版权，这也是其核心竞争力所在。①

纵观国内外体育媒体网络发展动态，可谓是“东边日出西边雨，亚非拉美各不同”。一方面，国外体育媒体网络大鳄凭借信息优势、渠道优势、技术优势、资金优势和经营多年的人脉优势等品牌资源，鲸吞世界一流赛事版权，拥有着一批专业化水平超高的国际化复合型人才梯队，占据着体育网络制高点，在全世界体育网络空间呼风唤雨纵横捭阖；另一方面，中国体育媒体网络面临着极好的发展机遇，也曾有新浪、腾讯、搜狐、网易、中国网络电视台和体坛传媒等在体育网络领域有过某一两个赛事版权引进（或开发）的偶然成功，但更多的情况是不熟悉国际体育赛事版权运营管理的法律条文和中国国情的对接融合，没有精心计算赛事版权实际价值的投入产出比值，没有充分意识到引进、吸收、消化购买顶级赛事版权的风险，盲目攀比，贪大求全，交了一笔笔

① 参见张矛矛:《新中国体育广播发展分析》,《体育文化导刊》2010年第2期。

不应该（有些也是交不起）的“学费”，或者被“游戏规则所戏弄”，苦心孤诣垫付资金培育了市场，等到中国市场成型有利可图时，熟谙规则“未雨绸缪”的外国体育公司往往会哄抬物价、另择高枝。

如果说2013年人工智能技术在体育新闻写作编辑等传播领域的尝试运用，是5G技术前夜体育传播的“小试牛刀”，那么，从2018年开始的全球范围的5G技术导入的体育赛事直播，则是全面拉开了5G体育赛事传播大剧的帷幕。诸如平昌冬奥会上5G直播技术首次出现在奥运会上，让现场观众在5G体验区可以从同步视角、全景视角、时间切片三个视角，使用区内提供的5G终端设备进行体验。中国的系列马拉松赛事5G直播和CBA常规赛5G+真4K全程直播等，都是5G时刻体育赛事直播的精彩亮色。

2014年5月，NBC花120亿美元的天价，拿下了到2032年为止的奥运会美国所有电视和数字平台的独家转播权，被业界视为“豪赌签下超长奥运会转播合同”，NBC一共转播23届奥运会。这项史无前例的长期协议，展示了国际奥委会对NBC的信任，包括其专业技术和这么多年来优秀的转播历史。对于已经到来的5G超大型体育赛事传播，NBC多年前就未雨绸缪，决意在2020年东京奥运会上大展身手，不仅会提供360°视角的8K视频流，让现场观众在奥运场馆的沉浸式设备上体验，还会有人脸识别、增强现实、虚拟现实模拟等大量的5G高精科技演示，还有智慧城市传感器和车联网等应用到5G、奥运传播延展到5G奥运赛事产业赋能等一系列精彩亮相。

中国体育广播网络如何避免一哄而上疯抢赛事版权或得不偿失或后续资金不足或消化不良的怪状、惨状，依据中国体育国情民情“夹缝中求生存”，求索一条中国体育文化中国体育产业迈向世界、走强世界的中国特色体育广播网络发展的康庄大道，需要选择几个符合自身发展的特色体育项目，作为赛事版权竞争的突破口。在充分做好媒体“品牌延伸”的基础上，以媒体力量撬动与开发体育赛事资源，将体育IP产业链进行到底。同时，中国体育媒体网络还得在社交联动方面做文章，“积沙成塔、集腋成裘”，积小胜为大胜，将体育媒体网络产业做大做强，为中国体育产业在2025年实现5万亿元目标贡献力量。

| 第四章 |

电视网络

我国电视网络的发展变迁与广播网络如出一辙，基本上是沿着从网站到全网络、全媒体、全产业的前进轨迹。我国电视网站始建于1996年，国家级电视媒体最早开始在网络传播方面有所作为。1996年12月10日，中央电视台网站——央视国际试运行，吹响了我国电视媒体上网的号角。1998年，是中国电视媒体的上网年，上海的四家电视台（上海电视台、上海东方电视台、上海有线电视台、上海卫星电视制作中心）都在这一年建立了自己的网站。目前，中央电视台、中国教育电视台以及包括青海、新疆在内的全部省级电视台基本都拥有自己的网站或网页（湖南电视台是以频道为单位建立网站），绝大多数省会电视台和地级市电视台也都建立了自己的网站。据统计，截至2009年，我国电视台主办的电视网站共有163家，其中国家级电视网站2家，直辖市地区电视网站5家，其他省级电视网站33家，地市级电视网站123家。如今，我国电视台主办的电视网站发展势头更盛，截至2015年，我国电视台主办的电视网站已达到279家。其中，国家级电视台分别是中央电视台的央视网（CCTV.com）和中国教育电视台的中国教育网（cetv.edu.cn），直辖市地区电视网站有北京电视台（btv.org）、东方卫视（dragontv.cn）、上海文广的纪实频道

(dc.smg.cn)、上海教育电视台（setv.sh.cn/web）以及天津电视台的天视网（tjtv.com.cn）。目前，我国电视网站发展初具规模但地区发展不平衡，其分布情况与我国各地区经济、文化及网络发展的整体状况相一致。

我国的电视网站分布极其不均衡。就省级电视台来说，在33家省级电视台网站中，华东和华南以及华中地区就占了18家，占总量的54.5%。这些地区经济发达，开放和竞争意识较强，网站的建立也走在全国的前列，并且可以提供较为全面的服务，如新闻信息、互动空间、视频直播和点播，以及电视节目时间、主持人等相关信息（节目时间、主持人等）。其中，作为新娱乐经济的积极探索者，湖南电视台充分利用其独特资源，先后开设了湖南教育电视台网站、金鹰网、湖南娱乐频道网站和女性频道网站共4家网站，形成了一个具有很大影响力的电视网站集群。广东电视台凭借其雄厚的经济实力和对电视网站的高度重视，先后开设广东电视台网站、广东电视台移动频道和广东电视台数字频道3家网站，并开始将其作为产业拓张的重要形式与投资或融资公司广泛合作。湖南电视台和广东电视台注重网络建设，不论从网站的数量上还是质量上，在华中地区、华南地区甚至在全国电视网站中堪称表率。这2个省级电视台开通了7家电视网站，使得华南华中地区的省级电视台网站达10家之多，占全国省级电视台网站的1/3。而西部地区的电视台由于经济实力和观念意识等方面的原因，网站建设比较落后，特别是青海、西藏、云南、贵州、甘肃、宁夏等省区电视网站较少，能提供直播、点播等视频服务的电视网站就更少了。

研究数据显示，国家级和省级电视媒体无一例外建立了自己的网站，并且有一定的规模，显示出较高层级电视媒体对数字产业以及相关互联网络建设的敏感和重视。国家级、省级电视台捕捉到现代网络的优势，并且投入一定的人力、物力和财力去建设自己的站点，出现了以央视网（中国网络电视台）、芒果TV和荔枝网等为代表的一系列优秀的电视网站。

我国电视网络经历了20多年的发展，电视网站数量已非常之多，电视“两微一端”全网络基本成型，电视网络功能逐步完善。我国现在的电视网络，从简单节目介绍到融入新闻、广告、节目互动、短信、彩信增值业务、电视购物、网络购物等多种服务，表现形式从单纯文字到文字、图片、音频、视频手段齐全，经营状态从单纯的机构宣传介绍到影视剧下载、品牌栏目节目追踪、电视名人交流、广告经营、电视购物与网络购物的协作、节目经营等多种经营态势。

第一节　网络品牌

我国电视网站及其电视网络新媒体要想得到长足发展，首先要考虑的便是品牌建设，势必在包括网站名称、网站域名、网站 Logo 以及广告语词等品牌基本构建上大做文章。随着电视台的网站建设越来越成熟，我国电视网站及为之推展开来的电视网络新媒体，开始摆脱其作为电视媒介附属品的束缚，越来越超离于传统电视台的经营管理范式，开始初步具有独立品牌建设和独立运营的能力。

经过 2006 年 4 月全面改版的央视网（2008 年 4 月之前为央视国际网络）是当下国内广播电视网中品牌建设的佼佼者，中文名称的嬗变反映出中央电视台上上下下对电视网站的期待和追求。从最早期“央视国际网络”名称遭遇到误会曲解以及边缘化等各种尴尬，到“央视网”的全新亮相，既是从单纯的电视网站向电视网站 + 手机电视 + 公交移动电视 + 新闻客户端等全网络全媒体的奋进，更是为下一阶段的规模升格创造了条件，为最终华丽转身为“中国网络电视台”这一响亮电视网络名称打下了基础，为真正的电视网络融合发展闯出了一条特色路径。如果说央视网的名称还更多在电视节目网络化方面有所体现，那么中国网络电视台则依托其母体中央电视台全面进军全网络、全媒体、全产业的响亮名号，是以母品牌为基础又超脱母体战略的一种战略作为。一个电视网站电视全网络的成功，关键还是要看其网站特点、“两微一端”特点，而不是它简简单单依托了谁、依赖了谁。新华社的网站以其提供资讯的全面、快速而获得生存空间，人民网的强国论坛积攒了强大的网络人气，凤凰网的独特解读视角，在中文媒体网站中一直位居前列。中国的电视网站及其全网络全媒体全产业只有凸显自己的特色、建立起自己的特色品牌，才能充分利用其跨越地域、跨越终端、跨越形式、跨越行业的传播优势，在全国甚至全球范围内赢得受众、赢得市场。

一、网站名称

我国的电视网站大多数以电视台（电视频道）母体为依托，名称为“××电视台网站”。这类电视网站中文名称，在网站建设初期可以让网民更容易按图索骥找到网站位置，为其初创阶段积攒人气有着迁移作用。2009 年调研统计时，我国具有独立的中文名称的电视网站不算太多，在电视台开办的 163 家电视网站中，仅有 23 家有独有的名称，占总数的 14.1%，而其余电视网站全部采用其电视台的名称。

随着中国“电视网站”逐渐向“电视网络”“网络电视台”发展，电视网络的独立品牌价值逐渐显现，超离母体的电视网络名称往往会具有更大的发展空间，越来越多的电视台网站中文名称选择了符合自身特色发展的“性格化”“独立化”或者“地域化”“区域化”中文名称，大象网、虎鱼网、芒果网、蓝天下、荔枝网、荔枝台和新蓝网等省级电视台官方网站，都是“电视网站”逐渐向“电视网络”“网络电视台”向电视全网络、全媒体、全产业发展的产物。(见表 4—1)。

表 4—1　中国具有独立中文名称的电视网站表

名称	中文名称
央视网——中国中央电视台	cctv.com
蓝天下——浙江卫视官网	zjstv.com
天视网——天津电视台	tjtv.com.cn
荔枝网——广东电视台	gdtv.cn
荔枝台——江苏卫视	jstv.com

续表

名称	中文名称
云视网——云南网络电视台	yntv.cn
贵视网——贵州网络广播电视台	gzstv.com
河南大象网——河南电视网	hntv.tv
虎鱼网——中国新疆电视台	xjtvs.com.cn
蓝网——海南广播电视总台门户	bluehn.com
长视网——中国长春电视台	chinactv.com
辽北门户——铁岭电视台	tielingtv.com
金色传媒网——江西电视台都市频道	goldia.cn
时空赣州——赣州电视台	jxgztv.com
临沂广视网——临沂电视台	lytv.tv
广视网——广州电视台	gztv.com
桂视国际——桂林电视台	gltvs.com
南都在线——南阳电视台	nytv.com.cn
新乡新闻网——新乡电视台	tv373.com
商视网络——商丘电视台	sqtv.ha.cn
荆州视线——荆州电视台	jztv.com.cn
随视网——随州电视台	hbsztv.com
芒果 TV——湖南卫视	hunantv.com/mgtv.com
白视社区——白银电视台	bygd.com.cn
陕视网——陕西电视台	sxtvs.com
白鸽网——西安电视台	xatvs.com
盐都播报——自贡电视台	ydbb.zg163.net
宜宾视频网——宜宾电视台	ybtv.cc
遵视传媒网——遵义电视台	cnzytv.com

由表 4—1 可以看出，电视网站及电视全网络全媒体在品牌建设方面还远远不够，对其母体电视台有强烈的依附性，这种依附性带来其品牌延伸优势、

受众追随优势、广告追随优势的同时，也会带来一些诸如传统电视媒体与电视新媒体收视时间习惯冲突、收视终端冲突、播音主持风格冲突等无法回避的问题。有的电视媒体网站定位模糊，没有认清自身的特点，没有认识到独立名称的重要性，在其母体电视台的庇护下，容易在无边际的互联网世界中迷失自己。对于受众而言，它们也许只是作为一个地方电视媒体的网络平台，或者至少在名称上给受众以这样的印象，不会有足够的吸引力抓住受众的眼球。

电视媒体网站在发展初期可以在母体品牌背景下，充分利用母体的媒体内容和受众资源，发挥其先天性的优势。然而，电视网站要想取得足够进展，与传统电视媒体并驾齐驱甚至超越传统电视媒介，就需要做到电视媒体品牌延伸，建立电视网站及电视全网络全媒体的自有品牌。首先，从属于电视台的媒体网站要有一个独立而响亮的网站名称，如央视网、金鹰网、天视网等。央视网原名叫央视国际网络，参加各种活动时，经常遭遇到合作伙伴询问“你们是央视四套（中文国际频道）还是九套（外语频道）”的尴尬。随着央视网的强势推出，以及借力 2008 年北京奥运会新媒体转播机遇，中国网络电视台这一国字号电视网络标签有了前所未有的电视网络地位。

虎鱼网是 2004 年 8 月上线开通的新疆电视台官方网站的更新换代，新疆电视台网站经过多年的发展，于 2011 年 8 月 28 日虎鱼网（测试版）上线。2012 年 11 月 28 日起，虎鱼网实现新疆电视台 XJTV-1、XJTV-2、XJTV-3、XJTV-4、XJTV-5、XJTV-7、XJTV-8、XJTV-9、XJTV-10、XJTV-11、XJTV-12 等 11 个频道的电视节目网络在线直播。

新疆电视台网站起名虎鱼网，源于新疆电视台的台标，新疆电视台台标像一条鱼，而新疆出产的新疆大头鱼又叫虎鱼，全世界只有新疆拜城有这种鱼，被称为“水中大熊猫”，取名虎鱼网既代表新疆的地域性，又代表网站的风格独特及唯一性。同时新疆电视台的台标又像一条虎头虎脑的鱼，起名虎鱼网，代表网站既有虎的朝气与冲劲，又有鱼的飘逸与灵动。

一个好的网站名称，可以让受众直接而清晰地了解网站本身的定位，比如临沂广视网、新乡新闻网等，前者让受众明白网站将自己定位在视听门户网站的高度，强有力地利用了互联网特色树立自我形象，而后者，受众一目了然就清楚这是一个新闻资讯网，特色明了。西安电视台网站取名为白鸽网，原本希望凸显其浓郁的地域特色，因为网站与电视台关联度相去甚远，除了在当地有所影响外，让其他地方的网民不知所云。要知道，互联网是一个全球信息平台，电视网络当然不仅仅是一个地域、一个地方政府、一个电视台的自留地。

二、国际域名

一个简明扼要、名正言顺和易于宣传推广的国际英文域名，是电视网站为全世界网民所熟识、所接受进而走向成功的第一步。bbc.com、nbc.com、cctv.com、cntv.cn 等国际知名电视媒体网站的国际英文域名，早已为电视观众所熟悉，一看就知源自哪家电视机构。然而，由于缺乏市场意识，导致中国电视网站合适的域名被抢注，造成了我国的电视网站域名形形色色、千奇百怪的情状，网民选择电视网站域名无规律可循。由于国际英文域名混乱无序，让网民难以熟知，加上一些电视网站的域名注册没有在国家层面统一规划，选择起来具有一定的随意性，或者是某一行政官员临时拍脑袋所决定的长官意志，这就导致我国电视网站的域名缺少同一性，让受众无所适从。

统计发现，我国广播电视网站的域名后缀五花八门，有 .com、.cn、.net 和 .com.cn 等，国际域名本身既有直接拼音、英文缩写也有拼音加英文缩写，取名十分混杂。调研统计可以看出，在全国各大电视网站域名后缀中，以 .com 为后缀的域名仍然最多，增加至 115 个，约占总数的 42%，其次是以 .cn 和 .com.cn 为后缀的域名，分别为 62 个和 43 个。以 .net 为后缀的域名有 15 个，以 .tv 为后缀的有 19 个，以 .cc 为后缀的有 6 个，以 net.cn 为后缀的有 10 个，而以 .org 为域名后缀的网站已经不复存在，即北京电视台网站 www.btv.org 已完成对域名的更改。

我国的省级以上电视网站严谨大气，各大省会电视网站的域名相对比较规范和统一，基本都是以 .com、.cn 或者 .com.cn 结尾的，反映出省级及以上电视机构具有前瞻意识，早早注册了电视网站英文域名，为下一步电视网站向电视全网络、全媒体、全产业融合发展埋下了伏笔（见表 4—2）。

表 4—2 全国省级电视网站域名列表

网站名称	域名
蓝天下——浙江卫视官网	zjstv.com
天视网——天津电视台	tjtv.com.cn
荔枝网——广东电视台	gdtv.cn
荔枝台——江苏卫视	jstv.com
河北广电网	hbgd.net
内蒙古电视台	nmtv.cn
黑龙江网络广播电视台	hljtv.com
吉林电视网	jilintv.cn
辽宁网络广播电视台	lntv.cn
辽宁教育电视台	letv.tv
四川电视台	sctv.com
云视网——云南网络电视台	yntv.cn
贵视网——贵州网络广播电视台	gzstv.com
西藏之声	vtibet.com
陕西网络广播电视台	sxtvs.com
青海电视台	qhstv.com
虎鱼网——中国新疆电视台	xjtvs.com.cn
江苏卫视	jstv.com
江苏教育电视台	jetv.net
中国安徽电视网	ahtv.com.cn
福建教育电视台	fetv.cn
福建东南卫视	setv.com.cn
金色传媒网——江西电视台都市频道	goldia.cn
山东网络广播电视台	sdtv.com.cn

续表

网站名称	域名
山东教育电视台	sdetv.com.cn
河南大象网——河南电视网	hntv.tv
湖北电视台	hbtv.com.cn
芒果 TV——湖南卫视	hunantv.com/ mgtv.com
湖南教育电视台	tv.hnedu.cn
湖南娱乐频道	chnec.com
广东电视台	gdtv.com.cn
广东电视台移动频道	gdmdtv.net
广东电视台数字频道	gdsmd.cn
广西电视网	gxtv.com.cn
蓝网——海南广播电视总台门户	bluehn.com

相对于地级市而言，省级电视台对于其网站域名的选择一般还比较慎重，然而从表中我们依然可以看出各省电视网站域名规则各有不同。大部分省级电视网站采取省名首字母加 tv 或 tvs（Television Station）的形式，如辽宁电视台网站域名为 lntv.cn，云南电视台网站云视网域名为 yntv.cn 等，还有很多网站采取省的全拼加 tv 的形式，如吉林电视网 jilintv.cn，湖南电视台芒果网 hunantv.com。但也有很多例外，如河北电视台网站域名为 hebtv.com，既不是首字母加 tv 也不是拼音加 tv，而青海电视台 www.qhstv.com 则是青海省汉语拼音的首个字母加 tv，河南大象网（河南电视台官网）英文域名 hntv.tv，后缀是 tv.tv。凡此种种，由于我国电视网站域名的毫无规律，受众很难记得其域名，这样对网站的品牌铸造和市场推广极其不利。

三、广告语词

我国大多数电视网站，没有充分重视到广告语词对网站品牌的重要性。截至 2009 年，在 163 家电视网站中，仅有 55 家电视网站专门设计了广告语词，占总数的 34%。到了 2015 年，在 279 家电视网站中，约有 89 家电视网站专门设计了广告语词，占总数的 32%，广告语词的创设占比与 2009 年数据基本持平（见表 4—3）。这不仅是网站广告语词的设计布局，更反映出中国电视网站向电视网络升级的品牌追求。

表 4—3　全国采用了广告语词的部分电视网站列表

网站名称	广告语词
央视网（中国网络电视台）	世界就在眼前
长视网（长春电视台）	自强不息　厚德载物　拥有今天　共创未来
临沂广视网	山东临沂——第一视听门户网站
濮阳电视台 / 濮阳电视新闻网	PYTV　感受魅力濮阳　展示龙乡新貌　关注社会热点　服务百姓生活
随视网	随州地区第一视听综合门户网
芒果 TV	看见好时光
金鹰网	湖南卫视新媒体
北京电视台	北京电视台欢迎您 -Welcome to BTV Online
东方卫视网站	风从东方来 / 梦想的力量　你我同在
网上廊坊——廊坊广播电视台官网	我们和您在一起
白鸽网（西安电视台）	网络无限白鸽传情
荔枝台（江苏网络电视台）	错过时间　不错过精彩
徐州电视台	传媒徐州第四媒体
连云港电视台	连云港第一视听综合门户网
金色传媒网（江西电视台都市频道）	聆听都市心声
日照网	日照权威新闻门户网站——日照视听第一网
泰山网——泰安广播电视台	主流媒体泰安门户
济南网络广播电视台	济南第一新闻视频门户
鲁南传媒网	新视听、新传媒
河南电视网	新卫视　新形象　河南电视网　精彩与快乐同在

续表

网站名称	广告语词
永州新闻网	让世界倾听永州的声音
岳阳新闻网	中国地市级门户旗舰
荆门网络广播电视	新形象新看点　加强影视信息服务
韶关民声网	网络时代需要不断创新
东江传媒网——惠州广电	与您有关，大有可观（惠州第一视频网站）
茂名视听网	真诚创未来 \ 互助传温暖 \ 交流新理念 \ 分享新生活
声屏网——黄石市广播电视局	鄂东南第一音、视频、新闻门户
荆州视线	荆州电视台资讯网站
荆州新闻网	荆州电视台资讯网站
三峡广电传媒网——宜昌三峡广播电视总台	好听好看，我们不懈的追求；听好看好，我们信守的承诺
老友网——南宁电视台	我的视听家园
山东电视网	24 小时陪伴您
宜春传媒网	宜春第一视听门户网站
天山云 TV	新疆最大最全的在线视频媒体平台　海量高清视频在线免费看
青海网络广播电视台	点击之间，打开世界
贺州新闻网	这里有新闻、有态度；有生活，有服务
黄鹤 TV——武汉广播电视台	江城第一视频门户
楚北网——随州广播电视台	视听随州，传播全球
蓝网——海南广播电视总台门户	向世界传递海南声音，海南网上生活家
赤峰广播电视网	无限精彩，尽在赤峰广播电视网
白城电视网	全民发展　争创一流
辽东网	抚顺权威门户
通化网络广播电视	因改变而精彩

如表 4—3 所示，在这些电视网站中，有一部分广告语词真正结合了网站的特点，起到了张扬品牌个性的作用。央视网（中国网络电视台）的广告语词权威大气，“世界就在眼前”宣示出网络内容定位。芒果 TV 的广告语词“看见好时光”，一看就知湖南芒果 TV 新媒体的娱乐特性，与同属湖南电广传媒的金鹰网广告语词“湖南卫视新媒体”相对局限的卫视内容，形成鲜明比照。荔枝台（江苏网络电视台）广告语词，“错过时间，不错过精彩”，一语道破江苏网络电视台与传统电视台与其他电视网络的不同凡响之处——不会因为生活工作影响到节目收看，荔枝台全网络全媒体全部精彩全程呈现、全网呈现、全天候呈现。漯河电视台电视网络诉求的“开创新视野，传播新文化”，将网站的目标及其定位可以从它的广告语中一览无余。内蒙古乌海电视台的“扬真理之光，传人民心声”，则凸显了它的政府喉舌作用。然而，也有很多网站的广告语词是空喊口号，不知所云。比如陕西省汉中电视台的“求实、敬业、创新”，让人感觉不痛不痒，没有发挥汉中地域特质，没有发挥网络广告语词应有的作用。广告语词本应该简短、朗朗上口、容易记忆，像安顺电视台网站广告语词为“倾听黔中声音　感受黔中脉搏　共创黔中佳话”“安顺电视台关注安顺每一天”“与时代同步　与群众同心　安顺电视台日夜陪伴你的朋友”“安顺人安顺事安顺电视台”，共有 4 个层次，字数多达 70 字，不仅贵州安顺地区受众记不住这一网站的网络发展方向，就连当地新闻单位及管理部门也记不全广告语词整个内容。还有很多网站以“× × 电视台欢迎你”作为广告语，如北京电视台、辽宁电视台、河北保定电视台和开封电视台，完全就是没有定位、没有未来目标的表现，这样的广告语毫无特色、被人诟病。

另外，除了上述的电视网站名称、域名、广告语词等基本要素，网站的 Logo 也是品牌建立的关键因素。与其他商业网站相比，目前我国电视网站及电视网络全网络全媒体的一个很大特点在于网络主题形象的依附性，主要体现在电视网络 Logo 依赖于母体电视媒体，所有电视网络的 Logo 都是沿用电视母体的标志。从长远品牌构建着想，设计一个独特的 Logo，对中国电视网络树立特有的品牌形象意义重大。

第二节　网络内容

很长时间以来，“内容为王”一直被列为媒体发展壮大的天条，但真正做到“内容为王”不是件简单的事情。在媒介融合向纵深发展的全媒体时代，“内容为王”与“品牌为王”正趋为一体。我国电视网站及全网络全媒体的内容对电视网络本身的发展往往起着决定性的作用，要想对电视网站及全网络全媒体有一个深入的了解，对其内容的分析就显得尤为重要。鉴于电视网站及全网络全媒体的内容中的名人效应、视频应用、节目设置这三项具有独特价值和意义，特将其单独成节加以阐述。

广告业务不仅是电视网站及网络全媒体商务运营的重要内容，也是电视网络产业融合发展收益的主要来源。与传统电视媒体广告受时间限制和报纸媒体广告受版面限制不同，电视网络广告能运用综合信息，帮助广告主进行宣传，同时，网络广告可以长期在网上保存、覆盖面广、发布方便。

值得一提的是，中国网络广告发展如此之迅速，商业门户网站的广告收入占据着网络广告总额的绝大部分，而电视网站广告的开发几乎为零。在 163 家电视网站中，能够进行广告营销的电视网站寥寥无几，仅存在于央视网、金鹰网（芒果网）、北京电视台网站、天津电视台网站、江苏卫视网站等省级卫视网站网络中，并主要以静态或动态的旗帜广告、按钮式、赞助式广告的广告形式出现。与其他网站不同的是，电视网站可以将传统电视上广告主的品牌标识做成走马灯的形式，在网站上一一展现，富有动感，受众点击这些有趣的标识就会看到一个全面的广告主的介绍。这种广告形式有一些网站利用了，如央视网、云南电视网、广西电视台网等。另外，视频广告是近几年较为流行的网络广告形式之一，但在电视网站中却不太常见。在当下中国网络广告市场的开拓上，电视网络广告运营状态较为滞后。很多电视网络对网络广告资源的利用意识较弱，电视网络的运营主要依靠传统电视媒体的广告收入。网络空间资源是无限的，广告资源也是无限的，好好利用网络广告资源，势必有利于网站的整体发展。从整体上来说，电视网络广告的运营，要注意两方面的内容。

一、频道设置

在电视网站运营中，频道作为网站建制的基本单位，最直接地反映了网站的功能和宗旨。在电视网站的日常运作中，频道规划和设置占了绝大多数的权重。分析一个电视网站，首先要做的是分析其频道设置，这是最直接也是最有效的方法。

央视网的频道设置内容丰富，新闻资讯类、电视信息类、互动类应有尽有，“复兴论坛”尤为引人注目，这充分体现出央视网的全面综合立体发展道路以及作为国家级电视台网站网络文化强国的使命。该网站的特点是依托传统电视媒体，但其内容又不局限于对电视媒体的栏目节目，其网站频道划分与综合类门户网站有很多相似之处，按照奥运、天气、娱乐、体育、房产、财经、基金等详细频道划分，一共分为36个频道。央视网“是一个集新闻、信息、娱乐、服务为一体的具有视听、互动特色的综合性网络媒体”，从它的频道设置分析，央视网网站综合实力可见一斑。

由央视网升格的中国网络电视台（英文简称CNTV），于2009年12月28日正式开播。CNTV已经全面部署了多终端业务框架，并通过部署全球镜像站点，建立了网络电视、IP电视、移动电视和互联网电视五个综合广播控制平台。已覆盖全球190多个国家和地区的互联网用户，有英语、西班牙语、法语、阿拉伯语、俄语、韩语等6个外语频道，以及蒙古语、藏语、维吾尔语、哈萨克语和朝鲜语等少数民族语言频道，建立了全媒体网络、全覆盖网络视听公共服务系统平台。

作为“湖南卫视新媒体”的金鹰网（hunantv.com）始建于2004年，是电视湘军核心网络平台，亦为湖南省重点新闻网站和主流商业网站。金鹰网作为湖南卫视的新媒体，不仅承担着湖南卫视乃至湖南广播电视台高质量电视内容的网络传播责任，更多的是综合娱乐信息、视听体验、线下互动、电子商务等在线拓展业务，为世界各地的用户提供从基本图文报告到功能性三维应用的一站式娱乐服务。在频道设置上，金鹰网不拘一格改变了国内电视网站常规套路，主打娱乐热点、明星八卦、号外等吸引眼球，配置以综艺、电视剧、音乐等常规娱乐频道，在提供新闻资讯类信息的同时，偏重于对湖南卫视整个电视频道的节目服务、市场推广与产业延伸。

芒果 TV 是升级版的金鹰网，基本上是顺应广大湖南卫视网民意见觉得台标外观很像芒果而改名，由湖南快乐阳光互动娱乐传媒有限公司负责具体运营，系湖南广播电视台全力发展网络视频业务的唯一新媒体机构。芒果 TV 集中了湖南电广传媒的信息资源精粹，频道设置中规中矩，网站首页的主要频道为首页、综艺、电视剧、电影、动漫、少儿、新闻、音乐、爱豆、直播、原创、乐活、教育、纪录片、游戏、体育、玩游戏和 VIP 会员。

北京电视台网站特别按频道设置链接，让各频道的主打栏目节目与观众亲密接触，另外还设置了相应专题和热点节目（如红楼选秀和龙的传人选秀），满足电视观众进一步了解、参与电视节目以及与电视台的大型活动互动的需求，充分凸显了其以电视节目为主题、以服务电视观众为主旨的特色。

作为一家地市级电视台，湖北荆州电视台网站即荆州视线网，它的频道设置则充满了地域特色。荆州新闻、荆周刊、文化荆州、有么子说么子等都体现了比较多的地方新闻信息、机构信息和文化底蕴，这有助于增强网民的亲切感，提高网民的忠诚度。特别是以地方方言为名称的“有么子说么子”的频道设置，骤然让地方网民亲切轻松。另外，荆州视线网还包含着大量便民信息，如荆州搜房，这就为当地老百姓带来很大的便利，其网站的点击量和影响力也会大大增加。从以上四家电视台网站首页的频道设置，我们可以清晰地看出它们各自的特色以及网站本身的定位。正是这种鲜明的个性，树立了媒体的品牌形象，是网站成功经营的必要前提。

二、新闻图片

随着人们生活节奏的加快，冗长的文字已经不能满足读者高效阅读的需求，在互联网世界里，图片大行其道。英国现代美术史学家贡布里希说过，我们的时代是一个视觉的时代，我们从早到晚都受到图片的侵袭。可见图片在信息大爆炸时代视觉表现力上无可争议的强大作用。

作为以抓住网民视觉为主旨的电视网站，图片的大量运用也应成为其提升视觉冲击力的一大法宝。我国电视网站的内容大致上可分为两类——新闻资讯类和电视信息类，而这两类的有效传播都离不开图片的运用。现代科技为视频影像转换为鲜活生动网络图片提供了极大的便利。电视媒体本身拥有极大的视频资源优势，很多视频是独家享有的，通过简单的技术应用处理，就可以直接将独家视频转化为独家图片资料，将这些独家图片放在电视网站及电视全媒体全媒体之中，自然也是一大亮点。

在汶川大地震新闻报道中，发生了无数让人或震惊或同情或感动或深思的事件。电视记者在前方传回了大量第一手的鲜活音视频素材及文字图片，感人至深、催人泪下。正是这些事件的最好的倾诉者便是前方记者传回来的大量图片，受众从音视频图片中知道了可乐男孩，知道了敬礼少年，知道了中国最坚强的女警察等，这些图片一次次地给受众带来了心灵上的震撼。

新闻图片超越文字的界限，使国际传播更为便捷。电视台栏目和各种活动的宣传、热播电视剧的介绍、主持人介绍和各类广告等都离不开图片。它们不仅能给广大网友带来视觉冲击，而且能激发网友的阅读兴趣和相关的情感，在很大程度上体现了电视网站的特色。对于那些网站带宽不充裕的地方电视网站来说，用图片来代替视频也不失为一种有效的传播方式。比如在电视网站及电视全网络全媒体上镶嵌一些图片，镶嵌的图片可设定 15 秒自动更新，在不影响传输速度的情况下，可以最大可能地营造视听效果，尽量减少与一些商业门户网站的雷同性。

三、外语配置

在全球化信息传播的语境下，网络传播使全球信息一体化成为现实，任何国内新闻都可以成为国际新闻。同时，全球化信息传播提供了一种宏观全景式的视角，当今世界社会生活的所有领域都无法摆脱全球化进程的影响。信息传播全球化，使信息来源渠道多样化和信息接收、信息选择多元化。因此，中国的电视网站及电视全网络全媒体要真正走向世界，必须坚持节目内容本土化和传播全球化的策略，促进全球信息资源的互通、共享，打造一个全球平等沟通交流的平台。鉴于此，在电视网站及电视全网络全媒体配置外语，在不同地域配置不同外国语言，就越来越显得重要。中国的对外交流越发广泛，除了英语作为国际语言外，法语、西班牙语、日语、韩语等国外语言也需要被考虑。另外中国边境线较长，邻国相对较多，靠近边界的地区与境外交流较多，因此也要将邻国的语言考虑进来。如广西、云南与越南相邻，这些地区的电视网站及电视全网络全媒体可以将越南语作为外语配置之一。

外语配置是对外宣传的一大平台，从目前的状况来看，国家级和部分省级电视网站对一方面比较重视，一般地区的电视网站尚未引起足够注意，或者根本未意识到这一问题。

作为国家级的电视网站，央视网是中国了解世界、世界了解中国的重要窗口，目前拥有简体中文、繁体中文、英语、西班牙语和法语五种语言网站。由于网站采用了多种语言，结果使得央视网的海外受众达到了 7.4%，这是一个令人可喜的数据，也是中国的电视网站走向世界，打造世界影响力的开始。而在省级电视网站中，只有部分网站比较重视，如广东电视台网站有简体中文、繁体中文和英语三种语言站点，充分考虑了本地域的具体情况，满足了潜在受众的语言需求，扩大了传播范围。

广东电视台网站的海外受众居于省级电视台网站之首，海外受众为 5%。这表明采取多语传播的方式，广东电视台网站又拓展了 5%的受众群，进一步扩大了影响力，尤其是海外影响力。而其他省级或地市级电视网站由于将受众定位为国内、省内或地区的中国受众，因此只采用中文简体的语言形式。但随着互联网全球化传播的不断发展、我国开放程度的不断加深和我国电视网站影响力的不断扩大，我国电视网站的受众也将发生变化，语种的突破将会为电视台网站注入新的活力。

四、资料来源

作为一个电视网站及电视全网络全媒体，在新闻资讯类信息传播上，它的职责就是迅速及时地报道新闻，满足受众第一时间里对突发新闻事件的知情权，新鲜的新闻内容可以吸引网民的眼球，有助于扩大网站的影响力。在传播有关传统电视台的信息上，电视网站的职责就是第一时间进行准确地节目预告，以及对电视台重大活动的跟踪报道等，从而完成对母体电视台信息传播的有效延伸，及时更新便是电视网站的一大特色。我国国家级和部分省市级电视网站在抢抓“第一播报”上确实下了很大工夫，最明显的特点就是许多网站在首页上开设滚动新闻、最新动态、即时播放等，如央视网、金鹰网、北京卫视、荆州视线等。

然而，我国大多数电视网站及电视全网络全媒体在内容更新上节奏较慢。由于本地特色的新闻太少，加之地方机构的不重视或地方经济条件较差等，许多新闻就变成了“旧闻”，导致其新闻时效性差，可视性低。一些电视台网站及电视全网络全媒体内容日常更新不及时，网站也就日渐失去了存在的意义。如西藏电视台（tibet.cn/tibetzt/xztv）网站主页内容很久没有更新，目前甚至无法打开网页。在电视节目预告方面，更新不及时也是个较大的问题，在张掖电视台网站和乌兰察布电视台网站中，甚至没有收视指南相关内容，或者只是一个无效链接。

有的国内电视网站比较重视第一时间的新闻报道，新闻资讯信息在网站上占较大比例，电视媒体自身具有采访权，拥有庞大的独家原创新闻，电视网站善于利用传统电视媒体的资源优势，使其内容与其他商业网站相比更加丰富、更具亮点。例如，2009年新疆乌鲁木齐发生“7·5”事件，各媒体网站纷纷进行了报道。新浪网7月6日发表新闻标题《社会各界强烈谴责乌鲁木齐打砸抢烧犯罪事件》，其采用的视频来自cctv新闻频道。中央电视台对该事件陆续制作了许多新闻稿和视频，由于电视时间的限制，不能一一播放，这时央视网新闻频道便发挥了强大的“回收站”功能。从新闻发布会，到首批确认身份遇难人员家属开始接受善后处理，再到新疆在“7·5”事件后成立儿童心理辅导俱乐部等，央视网凭借中央电视媒体强大的新闻采访能力，第一时间发布了一系列独家报道。

我国大部分电视网站及电视全网络全媒体往往只独家撰写本地区（省或

市）内的新闻，对国际重大新闻以及国家重要新闻几乎都是转载。例如，2008年12月2日，在央视网上位于首要位置的几条新闻依次为《社科院预测中国2009年GDP增长为9%左右》《明年房价进一步下调成定局》《泰执政党遭解散颂猜5年内禁参政》《英报：希拉里任国务卿是克林顿的胜利》和《欧洲担心为萨科齐冒犯中国付高昂代价》。其新闻来源依次为中国新闻网、大河网、中国新闻网、中国网和环球时报。而在新浪网上均能找到与之对应的新闻内容，其标题依次为《社科院预测明年GDP增长率为9%左右》《房价将不会明显上涨》《泰国宪法法院解散执政党禁止总理颂猜从政5年》《媒体称是克林顿的胜利》和《欧洲担心为萨科齐冒犯中国付高昂代价》。与新浪新闻相比，央视网的新闻除了题目稍有变化外，内容与其完全一致。

我国电视网站及电视全网络全媒体要承担社会责任、发挥舆论导向功能，在独家新闻上做足功课，在电视网络资料来源方面多开动脑筋。如果仅仅靠这种纯粹的信息传播，是远远不够满足网络受众需求的，通过独家资料、独家声音表达自己的态度和立场是我国电视网站及电视全网络全媒体的职责。对受众而言，了解新闻信息，与其浏览各个电视媒体网站相似的新闻，不如到各大商业门户网站去“一网打尽”。

五、名人文化

电视媒体的主持人和一些记者编辑、编导们深受受众欢迎，他们的知名度往往成了电视媒体品牌影响力的一大组成部分。目前，很多电视台网站都在充分挖掘“名人”潜力，利用明星效应增加电视网站及电视全网络全媒体的访问量。如央视网和北京电视台网站首页上设置了主持人频道，里面有很多主播和主持人的图片，每张图片都有主持人个人主页的网络链接，在个人主页中有该主持人的经典视频、博客、自我介绍、人生感悟、个人档案、图片等，能使受众进一步了解自己喜爱的主持人和其他频道主播的风采。央视网的电视频道对于主持人的介绍也可谓详细透彻，其中包括各种关于知名主持人的新闻，主持人的经典节目视频，主持人写真以及网友留言等，这些频道内容设置利用了名人效应，增加点击率，扩大影响力。

央视网始终将名人资源挖掘放在重要位置，在主页面安排了名记、名编、名导、名主持等专栏，受众可以在此一览央视帅哥靓女的风采。在主持人介绍里面，主持人的各种各样的信息一览无余——籍贯、出生年月、身高、就职经历和兴趣爱好等。这里，既可以看到主持人等博客、相册、视频和圈子，欣赏自己心仪对象的背景故事、内心倾诉、交际范围、陈年旧照和星路历程，可以在“留言”栏尽情宣泄情感，或在此查看来自世界各地的“星迷群”留下的箴言实感，分享酸甜苦辣，还可以纵览“人气排行榜”。当电视观众能够在互联网与高高在上的名人“零距离”秉烛夜话，不能不让人激动不已。张小琴是中央电视台的心理访谈主持人，这位毕业于中国传媒大学的博士主持有着深厚的文化底蕴，深受受众信任。一位网友留言道：“我是你的一位忠实的观众，从山东台的道德与法制栏目，到央视台的心理访谈节目，我有时间就要观看，很受启发，如今我遇到了心理问题，已经到了崩溃的边缘，我不能自拔，请求您的帮助，希望您能在百忙之中给我指点，我万分地感激您。”受众与名人在此结下长长的情感纽带。

名人博客是吸引电视网民的主要内容，为此央视网在2006年4月28日改版前，专门邀请央视索福瑞媒介研究和北京邮电大学中国电信传播研究中心做了近半年的调研，发现中央电视台名记、名编、名导、名主持等的博客资源大量外流，这些名人资源成为商业门户网站等的“招牌”。此后，央视网在中央电视台各级领导的支持下陆续召回了这些弥足珍贵的名人博客，设置了700多个知名主持人、编辑、记者的博客，受到广泛关注。在央视网的名人博客排行榜上，柴静、刘芳菲、路一鸣、严艺、朱华、李咏、董卿和王小丫等高居日排行榜前列，排名第一的柴静访问量达到1283473人次。在总排行榜上，刘芳菲以49821569的高人气位居榜首，紧随其后的分别是柴静（34234127）、段暄（14935199）、路一鸣（11738854）、朱华（11552629）、严艺（11481852）、董卿（11471966）、李咏（7203013）、刘纯燕（5387831）和撒贝宁（3985651）。

有些网站甚至还提供了可与主持人直接交流的聊天室或电子邮件等，这都增加了观众与主持人的交流机会。通过这些方式可以增强主持人在受众心目中的实在感，培养受众对节目的认同感和忠诚度。此外，电视媒体网站及电视全网络全媒体还应该突破主持人、主播的局限，将一些知名记者、编辑和制片人也纳入圈中，并组织技术人员定期为他们更新主页内容。文字记者的激扬文字和摄影记者记录的精彩瞬间都可以赢得较高的点击率，比如设立媒体优秀记者的专栏，精选他们的作品并将其上传至网上。另外开辟名制片人的主页，通过网页内容，网民可以了解他们的经历，欣赏他们的生活照，品味他们的感悟，原来似乎遥不可及的镜头人物成了似曾相识的邻家朋友。浏览我国所有的电视网站，几乎没有一家推出类似的专栏服务。

第三节　视频音频

视频资源极大丰富是传统电视媒体的一大优势，也是电视网站及电视全网络、全媒体、全产业融合发展并进的宝贵财富。因此，利用电视媒体的天然资源，将视频节目上传于电视网站及电视全网络全媒体，不仅在网络中传播电视节目，而且可以提升电视全网络全媒体的人气和知名度，增加电视全网络全媒体品牌忠诚度。电视全网络全媒体的母体电视台大量的音频视频素材库，是一个取之不尽、用之不竭的天然内容提供平台，是其他任何内容提供商不可能具有的独家资源。这些丰富而又宝贵的音视频资源，既可以照搬过来直接使用，如影视剧和部分栏目，也可以将其分门别类处理再加工后与受众见面，传播效果也会更佳。网民之所以登录电视网站及电视全网络全媒体，很大一部分原因也正是因为这是传统电视台的丰富内容，并且希望电视网站及电视全网络全媒体中看到电视媒体上播出的视频节目。

一、传输不畅

当前，我国电视网站及电视全网络全媒体在视音频方面的表现并不尽如人意。首先，作为声像并重的媒体，传统电视对声音和图像传输的质量历来要求很高，在网上播放视音频已经成为现实，但在一定时候在一些传输终端的音视频传播技术上仍有一定的制约。由于带宽网络管制等的限制，一个网站一个新媒体传播终端在同一时间内让观众浏览节目的人数是受限制的，更别说是整个电视全网络全媒体同时运行、同时开放、同时天量点击点播。网络技术的不成熟和因特网带宽不够，这都限制了音频和视频信号的传输，远远不能满足观众对时效性和现场感的需求，使用户上网的兴趣大大降低。

视音频播放质量不高在我国地方台电视网站中普遍出现，这与当地电视台网站服务器带宽不够，业务人员技术水平达不到要求有很大关系，需要当地电视台或其他机构加大网站建设的投资力度，认识到并充分利用好电视网站传播及电视全网络全媒体传播优势，优化音视频传播，确保电视全网络全媒体产业融合顺畅实现（见表 4—4）。

表 4—4　部分电视网站视音频质量统计

电视网站	音频流畅度	视频流畅度	点播连接率	缓冲时间	清晰度	音视频同步
央视网	流畅	流畅	好	<10 秒	清晰	同步
山东电视网	一般	一般	一般	>1 分钟	较好	同步
泉州电视台	不流畅	不流畅	低	>1 分钟	一般	同步
信阳电视台	不流畅	不流畅	低	>1 分钟	较差	不同步

二、粗放经营

在内容建设上，我国电视网站及电视全网络全媒体普遍存在音视频内容缺乏和音视频内容粗放整合的问题。在音视频内容种类数量上，由于种种原因，我国大多数的电视网站及电视全网络全媒体的音视频信息都很少，大部分还都是文字形式的信息，不能满足网络音频视频用户的需要，没能突出电视媒体网站的特色。在传输质量上，由于电视网站及电视全网络全媒体与母体之间有着密切的联系，所以电视网站及电视全网络全媒体通常的做法是把电视台播出的节目直接搬到网络上。但电视传播环境不同于网络传播环境，在传播时间、传播空间、传播方式、媒介私密性等电视媒体和网络媒体均不同，特别是传统电视媒体的受众与网络媒体的受众范围不同，网络媒体受众更年轻、更偏爱音乐、手机、游戏、时尚、旅游、汽车、体育等时尚元素，传统电视媒体的视频材料往往不适合他们的口味和习惯。

我国电视网站及电视全网络全媒体中，音视频开发和合理利用方面做得比较好的当数央视网。央视网极其重视音视频资源的自主开发，在丰富音视频内容资源上做了相当大的努力。一是它提出做国内“第一的视频搜索引擎”和“国内最强大的视频网站”的明确目标，并进行了一部分原创视频的开发；二是依托中央电视台庞大的电视节目资源，借助新媒体技术(包括视频搜索引擎、p2p 流媒体通信、即时通讯、视频会议等)，实现了中央电视台视频搜索零的突破，并逐渐建立了强大的视频搜索中心。

三、节目延伸

电视网络的栏目节目是受众浏览电视网站时最为关键的因素，对节目栏目进行合理编排应作为电视媒体网站及电视全网络全媒体的核心任务。目前，大部分电视网站及电视全网络全媒体都已经起到了传统电视台的延伸功能，即对电视台的热播剧和热点栏目进行宣传，并进行经典片段的点播，基本实现了电视网站的优势。它不但能反映现在的节目传输样态，还能帮助你了解电视节目的过去和将来。传统电视台已播出的节目和将来即将播出的节目，都可作为网站及电视全网络全媒体的内容资讯，满足各方面受众的需求。比如，湖南卫视的芒果 TV 网在首页上就对其热播剧《活佛济公》和娱乐节目《偶像来了》进行了图片及精彩片段剪辑宣传，并提供其经典节目的链接，如爸爸去哪儿、快乐大本营、天天向上、一年级等，网络受众尽可以即时赏鉴。在芒果 TV 电视剧频道里，有详尽的电视剧信息，包括大量精彩剧照、分集介绍等，这样就充分满足了受众及时快捷地掌握节目信息的需求。

然而，仅仅做电视台的延伸并不能构成自己的核心竞争力，电视网站及电视全网络全媒体要做出自己的特色，必须整合电视台和网络的双重资源和优势。电视节目预告是栏目节目的联系枢纽，可望成为电视网站及电视全网络全媒体聚敛人气、提升品牌、增加受众忠诚度的重要手段。按照传统电视节目预告显然不能够满足网民的需求，必须精耕细作做深做透，将时刻变化着的节目内容在第一时间提供给受众，成为未来电视网站紧紧地吸纳到自己身边的重要纽带。对于电视品牌栏目的精确预告、体育赛事节目的精确预告、大型文艺演出节目预告等，尤为需要在掌握着第一手信息的电视网站尽可能详尽地告知网民。例如，新闻联播（包括中央与地方）能否在新闻基本定稿情况下，在央视网中打出当天的要闻条目，并根据情况及时调整新，体育赛事节目除了明确的赛事项目，更应该将即时的对阵对手修正公布，大型文艺晚会也可以据此即时向网民发布可能的出场演员、主持人等“不可预测”的变数，进而满足忠诚度很高的网民精度需求精准需求，也为增大电视网站网民数量和网民质量创造了条件打好了铺垫。

第四节　宽频频道

所谓宽频视频在线，简单地说就是将电视台品牌栏目的视频内容通过互联网进行数据传输，以电脑作为接收终端的在线收看形式，是我国电视网络的重要传播手段和产业支柱。当前，我国越来越多的电视网站已经开始提供在线音视频服务，而宽频视频在线网站从电视网站中分离出来，可以看作是传统音视频服务的一种延伸，体现了当下电视台对于网络音视频服务的重视。

电视宽屏频道是传统电视台在网络上独立出来的视频网站，国内很多广播电视集团都开辟了自身的官方视频网站。截至 2009 年，国内宽频网站主要有重庆广电集团的视界网、北京电视台的视频频道、上海文广的东方宽频、无锡广电集团明珠宽频等 9 个宽频网站（见表 4—5）。

表 4—5　国内宽屏频道网站一览表

名称	域名
视界网视界宽频	v.cbg.cn
BTV 在线	tv.btv.com.cn
SMG 东方宽频	smgbb.cn
明珠宽频	V2.thmz.com
五洲宽频电视——VOD	cnitv.com/mayavod
经视宽频	etvnet.net
神韵宽频——四川电视台	v.sctv.com
白鸽宽频——西安电视台	vod.xatvs.com
西部宽频	v.cnwest.com

随着近些年来我国广播电视台的合并，广播电视网站的视频频道陆续开通，原有的独立宽屏频道要么有了新的名称和发展新路径，要么归附到了具有宽带视频的新型广播电视网站。现在，千龙视频（北京市委宣传部）、北方视频（天津市委宣传部）、红网视听（湖南省委宣传部）、大河网视（河南省委宣传部）、福建视频（福建网络广播电视台）、广西网视（广西日报传媒集团）、黄河宽频（山西广播电视台）、中安网视（安徽省委宣传部）等归属为省市宣传部广播电视台报刊社等新型视频（宽屏）陆续崛起，华龙视频、浙江网视、江苏宽频、视界宽频、云网视频、江西视听、荆楚网视、四川网视、北国视频等成为新一代宽屏频道网站的代表。

宽屏频道网站的开通，一般需要更可靠的技术力量、更高的技术要求和相应更丰足的运转资金，我国国内现在只有一些省、直辖市的广播电视集团单独经营视频网站。与其他电视网站相比，宽屏网站人气更高，它以视频为特色，紧抓即时动感事件，通过互联网传播，现场感更强。与一般性的文字和图片相比，视频内容更能吸引受众的眼球。为此，大部分宽屏网站也能有为数不少的广告收入，上海东方宽频在这方面取得了一定成效。在电视台主办的宽频视频在线网站以外，当前国内还有着数量众多的视频网站。这些网站在内容上存在着严重的同质化现象，粗制滥造成分过多，有的还含有色情、暴力等不健康内容，是网络低俗文化的集散地。因此，宽频在线网站应当充分利用电视台的优质内容资源，为用户提供丰富的形式，并加强后台运营的技术保障，为我国的网络文化建设做出表率。

一、在线形式

目前电视台网站的宽频视频在线，主要有直播与点播两种形式，基本上能够满足受众的个性化需求。

（一）直播。网站提供直播服务是把自己定义为传播渠道，即更多的是作为电视台的补充，为传统电视增加一种播放平台，无法看到电视的用户也可以通过网络来实时观看节目。一般来说，突发国内外新闻、重大体育赛事、大型文艺演出等是宽频直播大展身手的最佳时机。

（二）点播。点播是宽频视频在线所应重点发展的节目形式，它充分体现了网络媒体不同于电视媒体的优势，是电视媒体的一大发展，不再仅仅是补充，而是以人为本、受众至上的具体体现。网上点播对用户而言，意味着可以在任何时候找到自己感兴趣的节目内容，用户可以对点播的节目进行任意检索或暂停，不同于直播节目的被动收看，点播形式赋予了受众看自己想看节目的自由。

二、网站内容

通过对国内现有的电视台宽频网站进行分析，其内容大多是新闻播报、文艺娱乐、体育竞技、时尚潮流与生活健康等。值得注意的是，在网站当下提供的大部分视频内容之中，无论是新闻的直播，还是精品影视剧或金牌栏目的回放与点播，往往是电视台节目内容在网络上的平移，不是根据网络媒体的特点，进行再加工再创作，效果还有待进一步提升。虽然这些平移来的内容资源已经具有相当的吸引力，但宽频视频在线网站若要进一步发展，首要解决的问题之一就是内容的丰富性与原创性。

在这一方面，各个网站也都纷纷做出了一定的积极尝试。有些地方电视台宽频网站就推出了具有地方区域特色的视频内容，比如能够反映地方人文、地理、历史特色的内容。重庆宽频门户——视界宽频，就是比较突出的代表。视界宽频推出了“麻辣方言”板块，节目风情与“麻辣烫”重庆市民性格相映成趣，“社会纪实”板块更是包括了人文天下、自然地理、重庆掌故等内容，体现了浓郁的地方气息，有助于树立网站的特色品牌。大型活动也是很好的节目内容。在2008年9月29日至10月1日，在重庆的旅游景点龙水湖举办了龙水湖国际露营音乐节，大部分重要活动的视频均出现在了视界宽频上，极大提高了网站的知名度。除了重庆电视台，北京电视台的BTV在线也有许多特色节目，如“见证新北京”节目从各方面反映北京的最新变化，此外还有“奥运火炬传递”则对北京市民参与奥运会见证奥运会做了全程传播全息传播，达成了全效传播。

实际上，宽频视频网站不断提高原创性，就是突出了与其他网站的差异性，就是节目版权具有保障性。在此基础上，网站应当努力谋求更大的发展空间，譬如时下炒得非常火热的在线高清视频，由于非电视台视频网站往往具有版权上的争议，所以做高清视频显得并不那么名正言顺，而没有版权之忧的电视台宽频网站就应当充分利用自己的内容资源，为用户提供优质的高清节目，必然能够在一定程度上提高网站的竞争力，树立良好的电视网站及电视全网络全媒体品牌。

三、后台技术

宽频网站的运营，需要建立起一套成熟稳定的流媒体音视频发布平台。网络直播实现完全的同步性，点播节目非常流畅。在技术实现上，P2P技术有很好的发展前景，它类似BT下载，越多人观看越流畅，这也有助于从根本上解决网络拥堵问题。

电视网站的宽频视频在线有着自己独立的受众人群，应着重提升自己的网站品牌，比如网站的“门脸”——首页的页面设置，起到向导、咨询的作用，方便受众使用。同时，自我宣传、服务受众的设计理念也需要不断地加强。在内容上，我国宽频网站应为自身确立清晰的定位，如新闻、电影和体育等。宽频网站定位可以与电视台一致，也可以在此基础上做出宽频在线网站独特的品牌。为此，有必要加大宣传推广力度，如采取本地化策略，与当地的宽带接入服务提供商进行合作，加速推广本台宽频网站的影响力。此外，以前的思路是在网络上为传统媒体做宣传，现在可以逆向思维，用传统的宣传方式来提高宽频网络媒体的知名度，比如在街上派发资料、在路边及楼宇建造业务宣传架等。

版权问题一直是互联网的法律盲点，网络盗播行为严重损害了电视台宽频网站的利益，影响了宽频视频在线市场的健康发展。针对这一情况，国家相关业务主管部门已经着手出台相关规章，保护音视频版权，推进网络直播业务健康有序发展。

| 第五章 |

综合网络

广播电视综合网络指的是广播电台和电视台联合在一起组建的网络全媒体，也就是既拥有广播电台节目资源同时拥有电视节目资源的广播电视综合性全网络全媒体运营机构。我国一般认为始建于1997年，这一年，广东省的广东广播影视网、深圳广电集团网踏上了网络发展的征程。随后，上海文广集团官网（smg.cn）和重庆广播电视台官网视界网（cbg.cn）等有较大影响力的广播电视集团或广播电视总台等纷纷上马网络建设，我国广播电视综合网站发展驶入了快车道。随着一批地市级网站的纷纷创立，我国广播电视综合网站更是进入了全方位立体化发展的新时期。

经过20多年的建设发展，截至2018年3月，我国广播电视综合网站已经达到106家，其中直辖市广播电视综合网站5家，省级广播电视综合网站12家，省会广播电视综合网站10家，地市级广播电视综合网站79家。

我国直辖市广播电视综合网站有5家，分别是北京市委宣传部、北京广播电视台与360合办的官网北京时间（btime.com）、北京广播电视台官网（bmn.net.cn）、上海文广集团官网（smg.cn）、天津网络广播电视台（wisetv.com.cn）和重庆广播电视台官网视界网（cbg.cn）。上海广播电视（SMG）媒体中心由东方卫星电视新闻团队、上海电视新闻团队、外语中心团队、新闻电视网络团队共同组建打造的互联网世界独一无二的原创视频新闻品牌。其原创新闻内容将在东方卫视、百视通互联网电视（OTT）、IPTV 和看看新闻客户端等渠道，以及海内外多个社交网络平台上广泛呈现。视界网（重庆网络广播电视台）是经国家新闻出版广电总局批准的网络视听平台，是以互联网、移动通信网等新兴信息网络为节目传播载体的新形态广播电视播出机构，是重庆市委、市政府在新媒体领域的喉舌。视界网由重庆广播电视台主办（占 46%的股份），2009 年 5 月整合重庆市委宣传部和社会力量改版推出。省级广播电视综合网站共 12 家，除东北地区外，全国各个地区都有分布。省会广播电视综合网站 9 家，地市级广播电视综合网站数量较多，拥有 82 家，其中华东地区占到接近一半。

与广播网站和电视网站的分布状况相似，广播电视综合网站在全国的分布状况与经济、文化和网络发展状况趋于一致。经济、文化和网络发展较好的地区有实力、有能力、有意识地建设发展广播电视综合网站，其网站数量较多，华东、华南地区的广播电视综合网站占到全国近三分之二，而西北、西南、东北地区的广播电视综合网站则数量寥寥，仅有 4 家。由此可以看出，我国广播电视综合网站发展不平衡，经济、文化和网络发达地区广播电视综合网站数目较多，发展状况较好，其网站访问量也较大，直辖市地区的两家网站上海文广集团（smg.cn）和视界网（cbg.cn）日均访问量分别为 8000 和 30000，远远高于西部地区的广播电视综合网站。经济、文化欠发达地区的广播电视综合网站数量较少，西南、西北、东北地区共有 16 家广播电视综合网站，不足全国综合网站的两成，仅相当于华南一个地区的水平，更是远远落后于经济、文化发达的华东地区。

我国广播电视综合网站经过 20 多年的发展，不仅仅在数量上达到了 105 家，其访问量也有较大进步，太湖明珠网（btv.thmz.com）这样的地市级广播电视综合网站也有逾万的日均 IP 访问量。从 2015 年开始，江西鹰潭广播电视台在传统的电视媒体植入现代新媒体概念，与腾讯公司合力打造“鹰视天下”手机 APP 客户端，推出鹰潭广播电视公众号，注重品牌栏目打造等，让广播电视媒体成为立体式融合传播。广播电视综合网站提供的服务也由早期简单的节目介绍，增加了音频与视频节目服务、新闻资讯服务、品牌栏目追踪、广电名人交流、购物栏目等，呈现了综合服务、横向经营的发展态势。

第一节　网络品牌

进入21世纪，媒介竞争愈来愈激烈，广播电视产业融合发展既表现在传统广播电台与传统电视台的直接合作或合署办公，也表现在传统广播电视台与互联网的协作与电信通讯行业的协作，前者为广播电视综合网络成长壮大打下直接物质基础条件，后者则是广播电视网站向广播电视综合网络全业务、全传播、全网络全产业升级。中国广播电视综合网络要想杀出重围，特色品牌成为竞争中最强大、最持久的制胜法宝，广播电视综合网络只有树立了自身的品牌才能在媒介竞争中立于不败之地。我国广播电视综合网络要树立品牌首先要有一个合理的品牌定位，为自己的品牌在市场上树立一个明确的、有别于竞争对手的、符合自身特点的形象。在品牌塑造的道路上，首先要考虑的是网络品牌建立的一些基本要素，包括网站名称、网站域名、网站LOGO以及广告语词等。

一、网站名称

广播电视综合网站融合了广播和电视两种业务，综合性是其显著特点，许多网站名称也直接反映了这一特征。截至2016年，有11家广播电视综合网站名称为“地名＋广电网”，7家网站的名称为“地名＋广播电视网”，6家网站的名称为“地名＋广播电视总台”，30家为“地名＋广播电视台”，这种将广电综合特色明确体现在网站名称中的广播电视综合网站占到总数的接近一半。在体现广电特色的同时，广电综合网站名称也多依附于传统广播电视之上，缺乏独立性，如韶关市广播电视台（sgbtv.sgmsw.cn），名称与传统广电无异。只有少数广电综合网站如山西视听网（www.sxrtv.com）、太湖明珠网（btv.thmz.com）拥有独立的、定位明确的网站名称。2009年之后，全国广播电视综合网站在网站建设与具体定位上似乎更重视互联网风向，在网站名称中加注“网络”字眼的越来越多，体现了各家广播电视综合网络对全网络、全媒体、全产业的重视，表明了广播电视产业融合发展在综合网络领域的信心和决心。

二、网站域名

域名是网民登录广播电视综合网站的直接路径，是其品牌的重要组成部分。一个简明扼要、恰如其分、便于推广的域名是广播电视综合网站走向成功的第一步，可以帮助受众登录、浏览、关注并喜爱网站。然而由于我国广播电视综合网站缺乏这方面的意识，恰当的、简洁的域名纷纷被抢注，许多广电综合网站只能选用一些牵强附会、烦琐复杂或是张冠李戴的域名，造成我国广电综合网站域名整体上较为混乱、较为繁杂。

研究发现，我国广电综合网站域名杂乱，有些采用网站名称汉语拼音首个字母加后缀的形式，如广东茂名广视网(mmgsw.com)、福建三明广电网(smgd.gov.cn)，不仔细看很难看出网站名称与广播电视台的关联情况；有些采用汉语全部拼音加tv加后缀的形式，如海南海口广播电视台（haikoutv.com），单单tv多少有忽略广播radio的存疑；有些将省份拼音缩写置于前面，如山西晋中广播电视台（sxjztv.com.cn），同样的sx首字母“陕西”是不是也可以呢；有些广播电视综合网络的网站域名则毫无规律可言，如浙江台州广播电视台的台州在线（576tv.com），可能只有当地广播受众与广播电视台内部才知道“576”的特殊含义了。我国所有广播电视综合网络的网站域名中，以“.com”结尾的广电综合网站最多，有48家，占到总数的46%，其次是“.com.cn”和“.cn”，这三种后缀形式占到总数的86%。另外，“.net.cn”“.net”“.tv”也是广播电视综合网站的重要构成形式。后缀混乱不统一，造成受众记忆困难，是广电综合网站域名现实存在的问题。

三、广告语词

广告语词是集宣传性、文学性和趣味性于一身的语言，一个好的广告语词对于品牌塑造具有极为重要的作用，因此塑造广播电视综合网站及广播电视综合网络品牌要有一个定位准确、易于记忆的广告语词。当前，我国广播电视综合网站对于品牌经营的重视程度远远高于其他广播电视网站，有60家广播电视综合网站设计了广告语词，占总量的57.7%（见表5—1）。

表5—1　我国采用广告语词的广电综合网站列表

网站名称	广告语词
视界网	我的视角　你的世界
齐齐哈尔广播电视网	敬业　乐业　专业
伊春广电网	让我们的视野更宽广
抚顺有线	振兴抚顺　我们先行
河北广电网	河北重点新闻网站　视频传播网站　第四媒体领跑者
秦皇岛传媒网	光电e时代　资讯云平台
山西网络广播电视台	山西视听网欢迎您!
太原在线	太原广电　让生活更精彩
长治广电网	长治新闻　网络电视　娱乐　生活
晋城广电网	欢迎来到晋城广电网
晋中广播电视台	晋商故里　强势媒体　宣传创优　改革创新　经营创收
江苏广播电视总台	江苏广电总台新媒体发布平台
淮海网——徐州广播电视新媒体	传媒徐州，第四媒体
连云港传媒网	连云港地区第一视听综合门户网
中吴网——常州广电	常州广电融媒体平台　城市生活服务云平台
无锡广播电视台	无锡广电　飞越无线
传媒湖州	湖州第一视听门户网

续表

网站名称	广告语词
嘉兴市广播电视总台	嘉兴第一生活门户网站，嘉兴第一互动社区
舟山广电总台	无限舟山
绍兴网络电视台	思维决定作为，细节决定成败
台州在线	台州视音频新闻门户网站
丽水在线	丽水本地视频新闻综合视听网站
辣 tv——江西网络广播电视台	中国江西新闻视听门户
新余传媒网	传媒新余，视听门户
青岛网络广播电视台	青岛网络视听全媒体　半岛第一网络群
黄河口网——东营广播电视台	精彩与快乐同在，新广电，新形象
淄博广电新聊斋网	“新”新视野、新资讯、新故事、新梦想；“聊”家事、国事、身边事、天下事；“斋”海量空间、合作平台、无限未来……
日照网	日照权威新闻门户网站　日照试听第一网
菏泽综合门户——山河网	宽带改变网络，网络改变生活
潍坊广电在线	改革创新，与时俱进，团结拼搏，争创一流
淮南新闻网	淮河流域第一门户网站
泉州广电网	泉州信息港
广东广播影视网	弘扬时代精神　情系千家万户
深圳广播电影电视集团	一流目标，两个跨越，三个集团
韶关网络电视台	把握正确舆论导向打造特色粤北文化让党和政府的声音传遍千家万户
河源网络广播电视网	弘扬时代精神　情系千家万户
潮州广播电视网	受众尊重的媒体　员工快乐的家园
橄榄网——汕头市广播电视台	立足本土　突出民生　娱乐观众
揭阳广播电视台——揭阳声屏网	凝聚带来力量　创新带来希望
珠海网——珠海网络电视台	落实刚要　科学发展
阳江广播电视台	阳江广播电视台　展示阳江风采
茂名广视网	永恒经典　引领时尚
湛江金视网	传播湛江　视听全国

续表

网站名称	广告语词
百色广电网	弘扬百色革命精神　加快老区科学发展
在天涯网——三亚广电网	让城市多一份文明　让百姓多一份满意
安阳新闻网	安阳第四新闻媒体
焦作广播电视网	展示部门形象　倾听百姓呼声
湖北网络广播电视台	加强能力建设　推进提档进位
十堰广播电视台	诚信服务造福社会　根植社会托起明天 实事求是正确引导
鄂网——鄂州市广播电视局	视试听新感觉　媒体新体验
长沙广播电视网	你的远见　我的真诚　携手共建美好明天
城市联合网络电视台——CUTV兰州台	勤奋敬业　敢为人先　善打硬仗　勇创一流
天水广电网	天水新闻图片资讯门户网站
天马在线——威武广电网	欢迎访问　天马在线
咸阳视听网——咸阳市广播电视台	咸阳市广播电视台欢迎您
神韵在线——四川广播电视台	四川广电互动传播新媒体
玉溪广播电视新闻网	世界在这里了解玉溪　玉溪从这里走向世界
丽江热线　智慧丽江	丽江旅游新闻生活门户网

从表5—1可以发现，一些广电综合网站的广告语制作得十分精彩，主要有以下特点：

1）展现媒体自身的文化内涵。如浙江绍兴广播电视总台“思维决定行为，细节决定成败”，展示了创新思维的时代气质和做好每一个环节、精雕细琢每一个细节的务实精神，广东揭阳广播电视台的“凝聚带来力量，创新带来希望”，讲求网络发展凝聚人心和创新价值。2）突出媒体自身优势。如山东滨州的最爱视听“听广播、看电视”，体现广电网站的综合性，集视听于一体。3）传达媒体的发展目标与美好未来。如广东茂名广视网“永恒经典、引领时尚”，尽显时尚潮流风范，而江西宜春广电网“让我们的视野更宽广”，则是将广播电视综合网络的博大胸怀和广大市场舒展到位。4）强化地区特色。如江苏连云港传媒网的“连云港地区第一视听综合门户网”，当仁不让要做当地第一区域门户网站，云南丽江广电网“丽江旅游、新闻、生活门户网”，主打旅游品牌，重视新闻推送。

我国多数广播电视综合网站的广告语词简洁适宜，起到了很好的宣传作用。如河南焦作广播电视网的广告语词为“展示部门形象，倾听百姓呼声”，将政府和群众紧密联系起来。一些广播电视综合网站的广告语词则是难尽如人意，不能准确表达网络诉求。广东韶关市广播电视台“把握正确舆论导向，打造特色粤北文化，让党和政府的声音传遍千家万户”则更多“口号化”，显得过于呆板，难免使受众产生距离感。山东新聊斋（淄博广电总台）的广告语词为“‘新’视野、新资讯、新故事、新梦想；‘聊’家事、国事、身边事、天下事；‘斋’海量空间、合作平台、无限未来……”虽然新颖独特，但广告语冗长使宣传效果大打折扣。

另外，除了上述的一些广播电视综合网站名称、域名、广告语词等基本要素，网站的LOGO也是品牌建立的关键因素。与其他商业门户网站相比，目前我国广播电视综合网站的一个很大特点在于其依附性在传统广播电视媒体上，很多广电综合网站的LOGO都是沿用传统广电媒体的标志。而由于广电综合网站对品牌塑造的不重视，很多网站根本就没有LOGO。从长远品牌构建着想，设计一个独特的LOGO，对广播电视综合网站树立特有的品牌形象意义重大。

第二节　网站内容

我国广播电视综合网站要想在传播业务和产业融合方面双双获得长久的成功，必须能够提供优质的、独具特色的内容。内容传播和内容产业息息相关，对广播电视综合网站及广播电视全网络、全媒体、全产业的发展来说起到决定作用，因此对广播电视综合网站及所有全媒体的内容分析就显得尤为重要。鉴于节目设置具有独特价值和意义，本研究将单列一节予以阐述。

我国广播电视综合网站及全网络、全媒体、全产业发展具有较强的依附性，其经费来源很大程度上依赖于传统广电，很多广电综合网站对网络广告的重视程度明显不足，将更大的精力放到了为传统广电的广告服务做宣传。如太湖明珠网广告服务专栏几乎将所有的版面用于推介无锡传统广电的广告业务，对网络广告开发不足。随着广电综合网站的发展，一些网站也加大了网络广告开发的力度，如神韵在线广告服务栏目分类列出四川电视台、四川人民广播电台、四川广播电视报和神韵在线四部分，其中神韵在线独立推介其网络广告，收到了不错的推广效果。可以发现，神韵在线具体地对其网络广告种类与价格作出了详细的介绍，其网站也有较多广告投放，仅岷江音乐频道就有中国电信、可口可乐、欧莱雅、青岛啤酒等国际大公司投放广告。而一些广播电视综合网站如盐城网在首页上设置视频广告，辅之以文字说明，宣传盐城广播电视台的活动，将图像与文字的优势结合起来，起到了事半功倍的广告营销效果。与互联网广告巨大的市场规模和良好的发展态势相比，我国广电综合网站及全网络广告具有极大的发展潜力，可以利用其突破时空、信息量大、投放准确的特点，展开更为合理的广告营销策略，取得更大的发展。

一、频道设置

在网站运营中，频道作为网站建设的基本单位，直接反映了网站的功能和宗旨，其规划和设置在广播电视综合网站的运营中占了很大比重。综合分析广播电视网站，首先要分析其频道设置，而广播电视综合网站的综合特性决定了其在频道设置上会兼具广播和电视栏目。同时，广播电视综合网站也多会设置新闻、评论、博客、播客等栏目，为受众提供综合服务。

鉴于我国广播电视综合网站数目繁多，为了使分析具有借鉴价值，我们选取了全国具有代表性的五家广电综合网站加以分析，分别为视界网（cbg.cn）、太湖明珠网（thmz.com）、湖北网络广播电视总台（hbtv.com.cn）、四川广播电视台（sctv.com）、上海文广集团（smg.cn）。

图 5—1　视界网首页频道设置截图

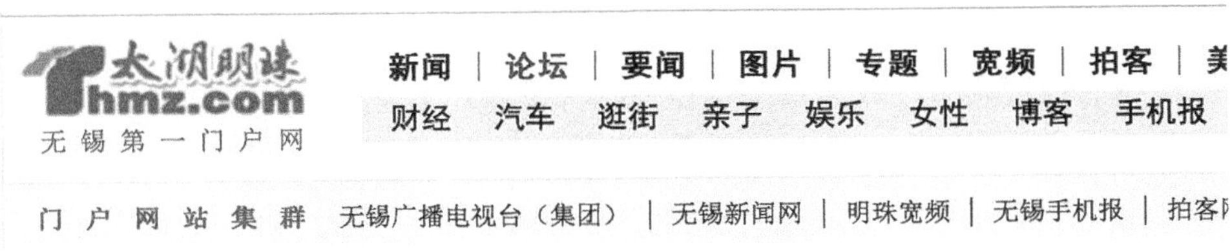

图 5—2　太湖明珠网首页频道设置截图

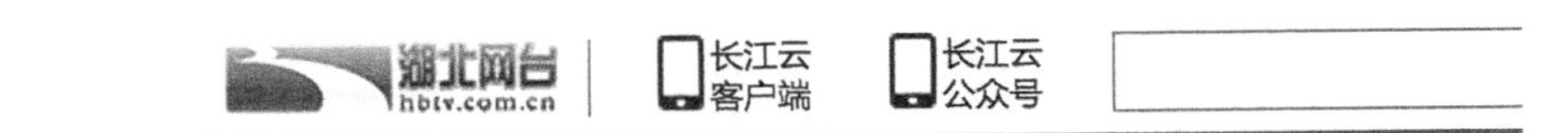

图 5—3　湖北网络广播电视台网首页频道设置截图

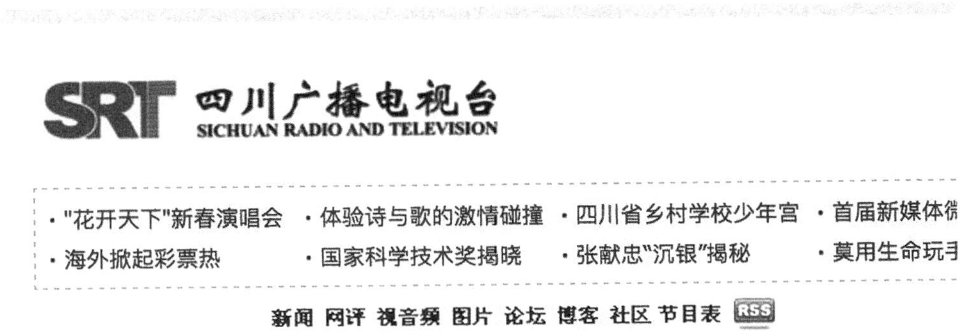

SRT 四川广播电视台
SICHUAN RADIO AND TELEVISION

· "花开天下"新春演唱会　· 体验诗与歌的激情碰撞　· 四川省乡村学校少年宫
· 海外掀起彩票热　· 国家科学技术奖揭晓　· 张献忠"沉银"揭秘

新闻 网评 视音频 图片 论坛 博客 社区 节目表 RSS

图 5—4　四川广播电视台首页频道设置截图

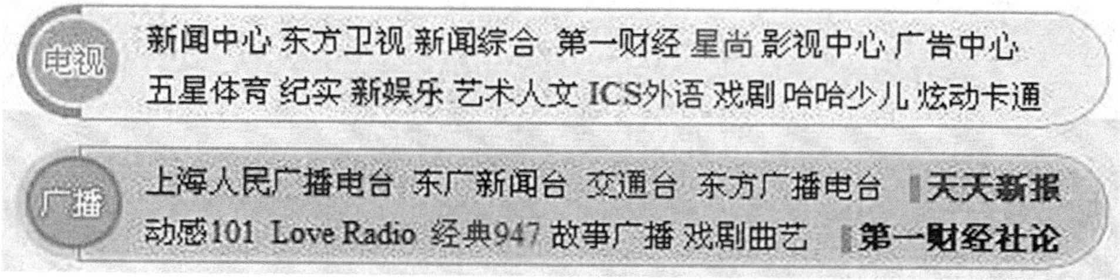

电视
新闻中心 东方卫视 新闻综合 第一财经 星尚 影视中心 广告中心
五星体育 纪实 新娱乐 艺术人文 ICS外语 戏剧 哈哈少儿 炫动卡通

广播
上海人民广播电台 东广新闻台 交通台 东方广播电台 天天新报
动感101 Love Radio 经典947 故事广播 戏剧曲艺 第一财经社论

图 5—5 上海文广集团（改版前）首页频道设置截图

从上列数图可以发现，视界网、太湖明珠网、湖北网络广播电视台网、神韵在线的首页频道设置风格基本相似，都设有广播电视节目的频道，并有新闻、社区、论坛、娱乐、博客、播客之类的栏目。2009 年 5 月整合改版而来的华龙网，成为集报刊、广播、电视、网络和手机“五位一体”的重庆首个全媒体网站，不仅具有广电综合网站的属性，还具有新闻类网站的一般特征。频道“重庆”可以帮助受众了解重庆发生的新闻事件，而区县栏目则为受众全方位了解重庆提供了一个便捷的渠道。美食频道全面介绍了重庆的各类美食，推介各个饭店折扣动态，提供美食烹饪方法，为市民出行和居家饮食提供了全方位的服务，也体现了重庆的地方特色。

通过图 5—5 可见，上海文广集团在首页频道设置方面别出心裁，单独设置一栏列出频道新闻、网评、视音频、图片、论坛等，而广播与电视单列两栏并下设子栏目以方便受众接受上海文广集团的音视频资源。2009 年 7 月 20 日，上海文广集团网站再一次改版，但依然保留了这种特色，更加突出了“SMG”主徽标，强化了“首页　电视频道　广播频率　互联网平台　平面媒体　文化旅游”主要频道，广告语词“传播向上力量　丰富大众生活”醒目透亮，既宣示了网站及全网络的目标诉求，电视双栏目与窗口上端主栏目遥相呼应，也方便了网络受众对页面的浏览。

二、名人文化

名记、名编、名导、名主持人等广电名人是广播电视媒体吸引受众的金字招牌，是否拥有深为受众喜爱的主持人、记者等从业人员是广电媒体能否长久成功的重要因素。各广播电视综合网站在向广播电视综合网络进军的征程中，开始在挖掘名人资源方面大做文章，利用广电名人吸引受众的关注，增加网站访问量。许多广播电视综合网站通过多种举措吸引主持人、编导开通博客、播客，受众与广电名人零距离互动，拉近了受众与广电的距离，增加了受众对网站的忠诚度，也增加了网站的点击率。

江苏太湖明珠网在首页设置“主持人的 blog”专栏，方便受众点击浏览。而其中北燕的博客最受欢迎，接近 500 篇博文每篇都有大量访问和回复，粉丝在博文中与北燕互动，倾诉自己对她的喜爱。网友“看海”写道：“你好，北燕老师，我在十年前就认识你了，还记得大众剧院的那次听众见面会吗？那么多年过去了，你依然快乐着自己喜欢的职业，不容易，看了你的照片，还是那么阳光富有朝气，不知道你现在的节目在什么时间，能告诉我吗？”知名记者也是广电综合网站重要的资源，如华龙网便有 10 名记者的博文达到过万的点击率，记者超高的人气也带动了网站人气的飙升。

另外，广电名人的博客中通常会插入音视频内容，这也能够发挥了广电综合网站的优势，延伸了广电综合网站的新闻报道与其他服务。如上海文广集团（smg.cn）的“秦畅博客”介绍下期节目与节目收听方式，广电名人与网友在节目以外继续讨论。而博客“记录 2009”则直接将一些音频加入博文之中，成为传统广电在网络之中崭新的延伸方式，扩大了广播电视综合网站的影响力。

三、新闻图片

现代人生活在图像的世界里。动态和非动态图像对人们的视觉感官有着压倒性的影响。图片正在超越文字，成为感知和识别事物的主要方式，读图时代已经到来。图片受到了前所未有的关注，也以前所未有的影响力影响了现代人的工作、生活和思想，图片的运用与设置对于广播电视综合网站具有极其重要的作用。

第一，图片实现了视觉的真实延伸，还原了现实世界，具有强大的真实感。而真实性是新闻报道的生命，这就决定了广播电视综合网站应当利用其传统广电的资源优势，加大图片的运用力度。各大广电综合网站也在新闻报道之中附有大量图片，使报道更为真实可信，而神韵在线的“图说新闻”专栏更是将图片置于最为显著的位置，读者浏览图片进而点击阅读文字信息，使阅读更加便利而高效。

第二，新闻图片以极富有感染力和冲击力的画面唤起读者的情感，给受众以心灵的震撼。文字报道善于给读者留下想象的空间，而图片报道则以直接的感官冲击来打动读者，相比较而言图片报道更为感性动人，因而对于读者的影响也更为直接，特别是对读者的情感世界容易产生迅速的影响。

当读者浏览新闻报道时，大段的文字描述很难获得一种身临其境的感觉，而一张图片则可以给读者以心灵的震撼，各广播电视综合网站也越来越多地运用图片报道新闻。在汶川地震的报道中，广播电视综合网站纷纷采用前方图片进行报道，极具亲临其境的现场感染力。

第三，新闻图片超越国界，便于国际传播。图片具有文字不可比拟的优势，可以超越国界、超越民族，不受语言的局限，为世界所广泛理解接受。由于读图是人类普遍具有的一种能力，因此图像是最接近事物真实的视觉语言，另外图像语言不受受众文化水平高低的局限，可以在任何人群中传播交流。而且，图像是艺术符号，具有丰富的情感，感染力极强。而且，当今传播日益国际化、全球化，因此广播电视综合网站也越来越多地利用图片进行传播，开展新闻报道活动。

我国广播电视综合网站本身具有强大的影音资源，拥有新闻采访报道团队，拥有自己的图片库，可以在新闻传播中广泛使用图片增加报道的直观性和感染力。另一方面，一些影响力较弱的网站本身力量较为单薄，可以利用图片部分替代视频，以节省带宽。

四、更新速率

作为广播电视综合网站，要迅速及时地报道新闻，满足受众第一时间里对突发新闻事件的知情权，新闻的更新速率就显得尤为重要。广播电视综合网站应当依托传统广电影音优势，不断更新新闻报道，提供最新鲜的资讯内容，而我国广播电视综合网站在这一点上做得也是良莠不齐。一些省级广播电视综合网站（包括直辖市地区）更新速率较快，具有“抢新闻”的意识，有些还会像商业门户网站一样实现实时更新，如四川广电集团的神韵在线的网站更新频率较高，受众可以看到最新鲜的资讯。发达地区的地市级广电综合网站基本上可以做到每日更新，而一些落后地区的地市级广电综合网站则由于自身经济实力较差、观念较为落后，网站内容更新较慢，如青花瓷视听（www.jdztv.net）更新缓慢，首页的视频新闻大多是 2015 年的，最新的网页新闻显示的时间也是一周前的。

五、资料来源

我国广播电视综合网站依托原有广电媒体，具有新闻报道优势，拥有大量音频、视频、图片资源，尤其是在广电综合网站所在地区，其可以结合自己的资源优势，挖掘原有媒体的资料开展深度报道、追踪报道，形成地区网络新闻报道中心。而商业门户网站由于自身缺乏新闻报道团队和相关专业人才，没有自己的音视频资源，只能转载其他媒体的新闻报道，这样未免千篇一律，毫无特色，也容易造成侵权，引起纠纷。另外，广播电视综合网站具有相关专业人才和新闻报道经验，可以挖掘传统广电的资料加以深加工，音频、视频、图片和文字结合起来，达到最佳传播效果，开展网络深度报道、追踪报道、系列报道。而一些商业门户网站没有自己的资料来源和专业报道团队，仅仅局限于对其他媒体报道进行简单地转载，没有对消息本身加以深度挖掘，也就更加难以实现新闻报道的新意与特色。

我国缺乏国家级广播电视综合网站，各地方广电综合网站在报道本地区新闻时多采用自身广电媒体的资料，将传统广电视听节目加以整理上传到网络中，提供网络音视频服务。如神韵在线（四川广电集团）在报道春运和一些省内政策性报道时便广泛使用来自四川电视台的视频，如《春运火车票 1 月末将迎来“退票潮”》（2016—1—12，来源：四川电视台）、《我省规定因公出国飞行4小时以内均乘经济舱》（2016—1—12，来源：四川电视台）。另外，广电综合网站利用广电媒体的影音资源加工整理成文字新闻，并配合图片以报道地方事件。如湖北广播电视总台的报道《正风反腐回望2015巡视：利剑高悬震慑常在》（2016—01—14，来源：湖北网台）则是在湖北电视台影音材料的基础上加工整理而成的，其图片也均来自湖北电视台。

在报道地方性新闻方面，广播电视综合网站可以利用新闻报道优势，开展独家报道，形成服务亮点。而在国际新闻报道以及对其他地区的新闻报道方面，广电综合网站就没有足够资源展开独家报道，或者根本就不可能亲自采访报道，多转载其他媒体的现有新闻。以神韵在线为例，我们从要闻、财经、体育中选取了三篇新闻《印尼雅加达爆炸案致7死19伤警方逮捕3名嫌疑人》《中国旅游投资去年首次破万亿元成“经济新动力”》《中国金花战澳网有数量没优势难以达到李娜高度》，这三篇新闻分别来源于中国新闻网、新华网、《北京日报》。除文章题目稍微经过调整以外，这几篇新闻内容几乎没有改变。由于广电综合网站本身实力有限，这种转载其他媒体新闻的方式一定程度上弥补了自身的不足，但各网站提供雷同或是一致的新闻，难免使受众产生厌烦情绪。广电综合网站应该结合自身网络传播优势和区域特点，对新闻加以深加工，如吸引受众添加评论、深度追踪新闻动态、调查受众观点。

广播电视综合网站在自身提供新闻资讯与音视频服务的同时，也会在网页上设置其他广电网站及新闻网站的链接，便于受众实现对新闻资讯与音视频节目的全方位把握。我国广播电视综合网站主要面向地方受众，其市场正由所在区域渐渐延伸到全国，而海外市场则很少涉及，几乎没有外语频道的设置，也很少配置外国语言。GBS网（www.GBS.cn）是湖南广播影视集团官网，采用中、英、法三种语言，但外语设置也主要是为了向外国友人介绍湖南广播影视集团。即使是广播电视综合网站中较为出色的上海文广集团（www.smg.cn），其受众群也仅仅是局限在上海及其周边地区，其总裁黎瑞刚说过要开拓全国的市场，甚至是海外华语市场，却没有透露争取外语受众的计划，这可以大致反映我国广播电视综合网站外语配置总体不理想的情况。

第三节 节目栏目

广播电视综合网站具有广播和电视综合的特性，一般来说，网络广播节目和网络电视节目是必不可少的。一个较为全面的广播电视综合网站通常会覆盖广播网站和电视网站的所有内容，前文已经对广播网站和电视网站节目的总体设置情况进行了全面的概述，在此不再对总体情况加以赘述，主要分析上海文广新闻传媒集团、湖南广播影视集团和浙江杭州文广集团等国内几个典型的网站及全网络、全媒体、全产业发展样态，来说明全国广电综合网站及全网络全媒体的节目设置情况。

一、上海文广

上海文广新闻传媒集团（SMG）隶属于上海文化广播影视集团（SMEG），是一家集广播、电视、报刊、网络等于一体的多媒体集团。作为国内一家实力雄厚的传媒集团，其官网上海文广集团（smg.cn）取得了很大的成功，是我国广电综合网站及广播电视综合网络的成功典范，成为我国业内同行学习借鉴的范本。2009 年 7 月改版的上海文广首页保留了广播和电视专栏设置，在保存广播电视综合网站特色的同时，添加了一些新闻版块，使首页内容更为丰富，信息量增大。广播与电视在首页最为显著的位置，设置“极限挑战大电影”的宣传图片，为东方卫视最新热点活动摇旗呐喊，使卫视的宣传战线和影响力延伸到网络之中。其“重点关注”栏目则主要宣传近期的广电节目，“活动”栏目为各个广电热门活动展开专题介绍，同时广电媒体的活动也为网站集聚了人气，实现了“台网互动”。

视音频服务是广播电视综合网站的优势，是其核心竞争力，对视音频节目的开发是广电综合网站成功的关键。上海文广集团便进行了细致的开发与推广，方便受众在线欣赏上海文广集团的视音频，此外还推出了网络电视台，抢占网络视频市场。上海文广新闻传媒集团旗下东方宽频发布回看式网络电视——“上海网络电视台”，用户无需下载直接在网页浏览器中打开网站，即可回看7天内SMG下10个频道的所有电视节目，致力于“电视、电脑、手机三屏融合”，将服务延展至全媒体传播平台。

上海文广集团在首页左上角设置了一些新闻版块，方便受众对新闻资讯的浏览。焦点新闻全方位设置了国际国内以及本地区的新闻，而上海新闻则较为全面而深入地报道了本地区新闻。上海文广集团也结合电视与广播方面的资源优势，在“互联网平台”一栏中链接了“看看新闻网”，细分了“直播”“上海”“图片”“电视回看”等，集中了自己的新闻资源，为受众提供了具有广电综合网站特色的新闻资讯服务。图说新闻则发挥了广电资源优势，把图片的感官优势与文字的理性深刻结合起来，实现最理想的传播效果。

和很多广电综合网站一样，上海文广集团也设置了博客与论坛，不仅实现了受众与传统广电、受众与网站、受众与广电名人的互动，也给受众与受众的互动提供了一个平台。而上海文广集团在互动方面无疑做得更胜一筹，专门设置了SMG互动中心，一些网民在此为上海文广集团提供新闻素材、提供反馈意见：如网友马先生提供素材“上海惊现利用‘消防总队’名义的诈骗方式”，又如网友不算文盲发帖，直指SMG字幕的错别字错得离谱真的是已经无语了，“资深的演员”竟然会是“滋生的演员”，“哄抢”会打成“哄强”。这种网民与SMG网络的互动，既吸引了受众对网站的访问，增加了对文广集团的好感，又帮助“台”与“网”在受众纽带的联动之中不断进步。

二、湖南广电

2010年6月28日，湖南广播电视台（英文简称GBS）成立，湖南广播影视集团注销，其所有资产划归湖南广播电视台管理。湖南广播影视集团网络的节目设置自身特点鲜明，与一般网站的节目内容设置方式不同，GBS网在首页上方主要提供服务信息，如GBS介绍、决策参、招商引资等，并设置了GBS搜索，下方则是媒体链接，将GBS旗下最具特色的品牌栏目汇总，方便受众点击浏览（见图5—6）。

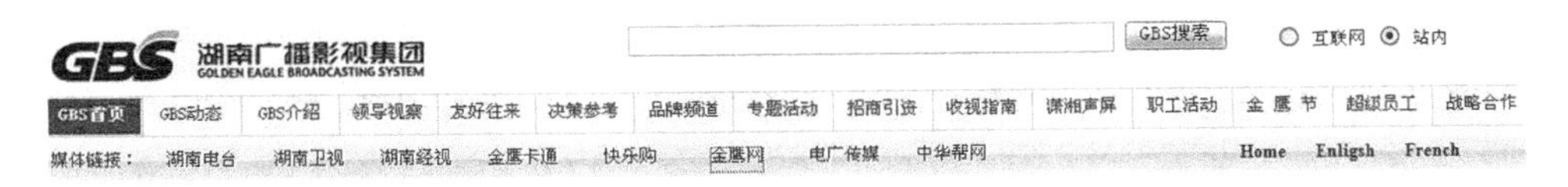

图 5—6　GBS 节目设置截图

作为跨媒体、跨行业经营的大型传媒集团，湖南广播影视集团下辖十个电视频道、一个电影子集团、五个广播频率、四家公开发行的报刊、一家综合性新闻网站和十几家全资或控股公司。其规模的庞大性使其不能像一般广播电视综合网站那样根据内容进行分类，而将最具有特色的品牌频道汇总，建立超链接，既能使页面整洁、美观，又能方便受众访问自己喜欢的频道。

GBS 的频道内容也独具创新，其设置的金鹰卡通、快乐购、中华帮网等在全国同类网站中少有。金鹰卡通是专门为喜爱动漫的青少年设立的，在为青少年提供优秀动漫的同时，也有利于增加自身网站的访问量。“快乐购物”是湖南卫视打造的全天候 LIVE 直播节目，采取实时销售的方式，传达时尚现代购物理念，为消费者提供从 3C 家电、家居用品到珠宝精品、美容服饰，乃至保险、旅游等全方位的高品质商品与服务选择。电视购物声画合一，感染力强，但其声嘶力竭的叫卖也易让受众产生厌恶感，且电视媒体声音转瞬即逝，保存性较差，而网络版的“快乐购”则可以弥补这些不足。受众可以在网络上轻松自如地查找自己感兴趣的商品详细信息。中华帮网本着“公益慈善新媒体，公益慈善门户”的理念，以“在这里，为公益，你可以”为口号，开展各种公益活动，调动团体、企业、个人全面建设和谐社会。这些节目内容的设置都体现了 GBS“团队为重、创新为上、执行为本、年轻为王”的经营理念。此外，GBS 网还在右侧设置了 Home、English、French 语言切换功能，方便外国友人了解湖南广播影视集团、了解湖南、了解中国。

三、杭州文广

浙江杭州文广集团的媒体融合之路，自 2012 年正式启动，全面整合广播、电视、周报、网络等媒体资源，逐步构建起“1+N”的新媒体矩阵，打造了 24

小时不间断的信息服务融媒体传播体。杭州文广集团适应形势需要，立足文广特色，于2012年创办了网络电视台。集团目前以网络电视台为一个主平台，整合葫芦网、“杭州电视台”APP、“杭州之家”APP和微信公众号，以及所属各媒体“两微一端”资源，逐步构建起“1+N”的新媒体矩阵，打造了24小时不间断的信息服务融媒体传播体系。截至目前，葫芦网日网络点击量15万，数字视频量20万个，网站及微网站覆盖100万城市用户，H5移动多媒体的新闻产品影响力和创意力在全省地市台网络广播电视中居首；杭州文广集团所属各类微信公众号30余个，覆盖用户约280万；其中交通91.8微信粉丝数120万，微信公众号的影响力在全国500强中排名前十，全国电台排名第一。

同时，杭州文广集团投资5000多万建设融媒体高清演播厅系统项目，并以该项目为载体，倒逼流程再造和机制创新，加快整合综合频道、FM89杭州之声、网络广播电视、周报、移动电视等新闻资源和用户大数据，提速媒体融合的实施进程。融媒体高清演播室已于G20期间投入试运行，力争打造成为领先全国的融媒体新闻中心。同时，集团在主题报道、新闻直播、大型活动等方面，始终坚持面向互联网打造新闻产品，在生产端整合了全媒体的采编播团队和运营团队；在内容端聚合了广电新闻、栏目、活动等资源，以及手游、H5移动轻应用等技术；在传播端集合了传统屏、PC屏与移动屏；2016年集团已推出融媒体产品60余个，单个应用最高访问量超过50万。集团下属各媒体则依托“两微一端”新媒体矩阵，打造“信息中央厨房”，建立了“统一采集新闻，制作全媒体素材，多屏端口发布”的采编播流程，积极探索全媒体传播的运作模式。

杭州文广集团当前的媒体融合工作，已从下属各单位的先行先试、各自为政，逐渐转变为集团层面的总体部署、统筹推进。集团组建了华智传媒有限公司，作为新媒体运营管理的主枢纽，对集团“两微一端”产品进行孵化和培育，对重点新媒体项目进行投资运作，对外部资源进行引进合作。目前已有多个新媒体项目获得较好的社会效益与经济效益，如交通91.8“开吧”APP切入汽车消费维权市场，全国标准版目前已在国内32个城市上线，仅杭州一地就拥有50余万用户；“杭州之家”APP致力于搭建“媒体+政务”的服务平台，已为杭州市民提供700余项查询和400余项预约服务，未来将做强城市公共服务和行业便民服务，打造既有文广特色，又能够满足用户需求，且能推动智慧城市建设的融媒体产品。同时，集团所属各媒体也纷纷借助各自的“两微一端”平台，在生活服务、母婴育儿、汽车旅游等细分垂直领域打造“内容＋服务”产品品牌，以此增强用户黏性，延伸产业链条。

第四节　网络春晚

春节联欢晚会是我国广播电视台节目的年度高峰，是吸引广大受众和广大商家的最大热门节目。最近几年，中央电视台网络春晚初露风头，湖南、北京、浙江、上海、江苏、山东、安徽、江西、深圳、广东、辽宁等则将电视春晚与广播电视综合网络全方位对接，形成一种新的节日节目热点。这种特殊的广播电视产业融合状态，除了中央电视台是独立电视机构策划制作外，其他省市的春节联欢晚会（包括网络春晚）基本上是集广播电视台全部力量的鼎力年度盛典。因此，将网络春晚作为中国广播电视网络的重要内容，符合中国广播电视内容传播和产业融合发展国情。

一、发展渊源

中央电视台是最早尝试将互联网络与中国传统春节联欢晚会结合的广播电视机构，自 2011 年正式策划制作网络春晚节目。经过近十年的摸索，逐渐发展成了除去央视传统春晚以外又一个吸引观众眼球的网络视听盛宴。

中央电视台推出网络春晚的初衷，一方面是央视网（中国网络电视台）的影响力日益扩大，传输终端更趋丰富多样，传输力量和传输网络日益增强，有实力有底气拓展业务范围，将“春晚”题材做深做透；另一方面则是中央电视台传统电视春节联欢晚会经过各地新年跨年晚会洗礼的观众胃口已经被吊高，同时还受到越来越多省市级“春晚”的挑战，加上受众碎片化渠道多样化的“围追堵截”，春节联欢晚会思考以一种全新方式应对市场直面挑战。在外因内因双重加持背景下，中央电视台网络春晚在各方面期待中应运而生。

2011 年，中国网络电视台举办的首届 CCTV 网络春晚，以“亿万网民大联欢　全球华人大拜年”为总主题，一共录制了由“点击幸福”“下载快乐”“上传创意”“共享奋斗”“登录未来”等分主题组成的六场晚会。CCTV 网络春晚改变了影视明星唱主角的传统晚会格局，让普通群众和寻常网友成了晚会主人，许多由草根创作的反映百姓心声的原创节目，被原汁原味地搬上了舞台，现场观众和全球华人网友通过网络视频连线、微博墙、九宫格日记等时尚、新颖的晚会互动方式，加入到了网络春晚的大聚会中，晚会主题曲《给力歌》一度成为网络热曲。首届 CCTV 网络春晚大年初一在 3 套综艺频道 19：30 黄金时段播出，同时晚会通过中国网络电视台多终端平台，向全球网友进行了传播，得到了观众和网友的一致好评，认为央视网络春晚成了百姓的真正舞台，“让草根上了镜，让网民过了瘾，让观众忘了情”。为了办好 CCTV 网络春晚，中国网络电视台深挖台内资源，同时广泛吸纳“外脑”力量，将同根不同源的网络晚会盛宴尽可能满足网民需求，以“网聚正能量，青春中国梦”方式用最年轻、最青春的方式来打动观众。

二、群英荟萃

中国网络春晚之群英荟萃，一方面是 CCTV 网络春晚“网络”了传统影视歌舞英萃和草根乡土网红，另一方面地方省市广播电视台的春节联欢晚会和乡村春晚民间网络春晚好戏连台，汇聚成中国春节期间老少同台、城乡一体、雅俗共享的歌舞升平盛景。2011 年中国网络电视台的网络晚会，开创了中国广播电视产业融合发展分享春节晚会大餐的先河，增加了广播电视网络内容产业、广告产业的属地范围。2011 年 CCTV 网络春晚节目形式面向朝气蓬勃的青年一代观众，以热辣火爆劲歌热舞为主打，汇聚了新形态曲艺相声、新新创意杂技、新新科技小品等受到观众喜爱的表演形式，融汇了被亿万网民赞叹和追捧的奇人异事，一时间抢占了热搜头条。

在很长时间里，中央电视台春节联欢晚会不仅在中国大陆风光无二，就连海外华人也通过各种渠道收看收听春晚节目，以解相思之情、思乡之心。中央电视台春节联欢晚会的红火和 CCTV 网络春晚的推陈出新，引得各省市广播电视台纷纷效仿。如果说 21 世纪初北京电视台联合七省市共办的地方春晚《精彩中国》半遮半掩、小试牛刀，广州、成都、武汉等六家电视台的《2005 姹紫嫣红中国年》春节晚会以及其他各地方台不约而同地选择了多台联合方式抢占春节收视荧屏。到了 2019 年春节期间，山东、辽宁、广东、天津、山西、江西、湖南、湖北、宁夏等十数家省级卫视纷纷推出极具本土特色的联欢晚会，俨然就是中国春节联欢晚会群英荟萃。这种春晚节目不仅集中了全国广播电视台精兵强将，更是将传统广播电视春节联欢晚会与现代互联网高度融合，荟萃了传统晚会节目形式和现代网络元素的精华，是一种完完全全的中国广播电视融合推进的全网络、全媒体、全产业的尝试，从网媒报道、社交平台热议和长短视频传播献等多个维度反映了新时代春晚在网友们中的传播效果。

三、多方联动

所谓网络春晚"多方联动"，首先是传统广播电视思维与现代高精传播技术的碰撞，传统晚会节目与现代科技融合产生出意想不到的传播效果，激发出叠加放量的传播产业动能；其二是传统广播电视台春节联欢晚会与互联网及电信通讯行业的联动，节目传播形式、传播渠道、传播受众、传播场景等发生了根本性变化，相互协作、取长补短，共同渲染晚会气氛，将春节联欢晚会不断引入高潮；其三是传统广播电视春晚网络春晚乡村春晚民间春晚的串接互动，来自不同渠道的各种各类节目在各种传输终端交替播放，通过传统报纸杂志、广播电视新闻传播、网站传播、微信（朋友圈）传播、短视频传播、弹幕传播等，将春晚 IP 激荡张扬，中国广播电视网络融合发展焕发出源源不断的产业活力。

| 第六章 |

网络受众

“使用与满足”理论认为，受众成员是基于某种特定需求来接触媒介以使需求得到满足的。广播电视网络的首要目标，是服务于广大广播电视传统媒体、广播电视网络媒体相关受众并满足这些受众需求。因此，对广播电视网络受众进行宏观把握与具体分析是发展广播电视网站的一个关键。伴随着我国广播电视网站及广播电视全网络全媒体的快速崛起，我国广播电视网络的受众数量迅速增加，关注范畴不断扩大，成为广播电视新媒体研究的一个新热点。

我国广播电视网络的受众研究是一个崭新的课题，既要考虑传统广播电视听众观众的在线延伸，又要考察新生代网民等各类新媒体受众对广播电视网络新媒体的关注，其中包括广播电视网络的传播对象、传播环境(使用终端分布、使用空间分布)、受众行为、受众结构、受众需求与心理等。因此，了解浏览广播电视网站及“两微一端”等新媒体使用的具体人群，预测潜在的受众市场，洞察受众具体行为，知晓受众浏览网络有哪些需求，了解受众会在何时何地浏览该广播电视网站、使用了哪些客户终端等，都是研究内容。广播电视网络作为广播电视的延伸媒体与增值空间，要明确网络自身的优势与劣势，以及如何扬长避短，既充分服务于广播电视的传播，满足受众的更多需求，又最大尺度张扬网络新媒体属性特征，契合广播电视新媒体受众的媒体需求。

我国所有的广播电视网络一般以当地政府和广播电视台为依托，广播电视网络主要定位是综合性的新闻网站，如中国网络电视台（央视网）、齐鲁网、新蓝网等。在这些广播电视网络中，依据新闻作的深度报道是吸引部分受众的一个因素。如中国网络电视台在“习近平出席俄罗斯纪念卫国战争胜利70周年庆典”专题中，详细列举了各个媒体相关新闻，梳理了系列图集，并且回顾了与事件相关的二战档案，综合了专家详解，内容远远超过了电视台节目中简短的几分钟。部分学历较高、思想较深刻的受众可以查阅这些新闻报道，深入了解事件，综合各方信息作出自己的判断，并且可以发表自己的观点。在全媒体时代，传播信息和接受信息变得空前便捷，对于受众来说，新闻和信息已从过去的稀缺演变为泛滥、过剩。这时，受众迫切需要的，不再是信息量的庞大和传播的快捷，而是一种信息的安全感。[①] 因此，新闻报道也应该由告知性向解释性转变。深度报道不仅仅是传统媒体受众需要的，也是网络媒体受众所需要的，更是目前部分广电网站受众的主导行为之一。

第一节　受众数量

中国网民的用户规模决定着我国广播电视网络的受众基数，是广播电视网络存在发展壮大的基础所在。我国近年来上网普及率年年跃升，网民规模持续扩大，网络视频用户逐年增长，为广播电视网络不断进步平添了无限活力。截至2020年3月，我国网民规模达9.04亿，较2018年底增长7508万，互联网普及率达64.5%。我国手机网民规模达8.97亿，较2018年底增长7992万，我国网民使用手机上网的比例达99.3%。我国即时通信用户规模达8.96亿，较2018年底增长1.04亿，占网民整体的99.2%。手机即时通信用户规模达8.90

① 李芳、张超：《论深度报道的理念创新——以〈南方周末〉“肉感写作”为例》，《当代传播》2010年第1期。

亿，较2018年底增长1.10亿，占手机网民的99.2%。这些数据反映出我国网民对网络音视频产品的热切需求日趋活跃，为我国广播电视网络进入快速发展通道创造了先决条件。

随着广播电视网站建设的提速，广播电视“两微一端”等各种新媒体飞速发展，我国广播电视网络的受众规模日益扩大，我国广播电视网络的受众结构也在悄然发生改变，既有传统广播电视媒体观众听众的黏性转移，又有一批关注关心广播电视节目主持人的“追星族”，成为新一代广播电视网络受众，有一批对广播电视台拥有体育赛事直播独家新媒体转播权的体育爱好者，以及热衷于广播电视台各种文艺演出、各种大型晚会收听收看的“线上一族”。据粗略统计，我国广播电视的网络受众在3个亿左右。如果说遇上盛世大型活动，中央电视台、省级广播电视台新媒体的受众人数往往会创出难以想象的超高纪录。北京奥运会期间，中央电视台麾下的各种新媒体终端挤满了各种观众，创造了全球奥运会互联网转播史上视频直播最高同时在线人数的历史记录。

于2009年12月28日正式由央视网变身扩张为中国网络电视台（CNTV），从2010年起第一次通过网络转播世界杯，是国内第一家拥有世界杯网络转播权的播出机构。中国网络电视台具有多终端服务架构，拥有中央重点新闻网站——央视网，并建有网络电视、ip电视、手机电视、移动电视、网络电视等平台。它已经覆盖了世界上210个国家和地区的互联网用户，并开通了英语、西班牙语、法语、阿拉伯语、俄语和韩语6个外语频道，以及蒙古语、藏语、维吾尔语、哈萨克斯坦语和朝鲜语5个少数民族语言频道。建立了网络视听公共服务平台和全媒体、全覆盖的通信系统。2010南非世界杯比赛，拥有中国大陆地区独家新媒体转播权的中国网络电视台（CNTV）世界杯赛事直播累计观看人数超过3.5亿人次。2018俄罗斯世界杯，CNTV携手研华科技，为中国球迷了带来更流畅、更清晰、延时更低的盛世体验。在世界杯转播期间，CNTV的用户数量呈几何级数增长。2018年俄罗斯世界杯赛事期间，中央电视台充分利用自有平台资源如电视大屏及旗下CNTV网络平台、客户端等渠道，满足全国观众各种场景下收看世界杯比赛的需求。比赛期间，移动设备超越电视和电脑，成为中国网民的观赛中心，69%的手机网民关注世界杯。比赛期间，共计 43 亿人次通过获得中央电视台新媒体版权的中国移动旗下咪咕视频在手机、电视、电脑的平台观赛比赛。其中，决赛当天有超过 2 亿人次观赛。同样获得央视新媒体版权的优酷平台，仅仅是世界杯决赛单场观看用户就突破 2400 万，世界杯期间的 64 场赛事，累计超过 1.8 亿用户在优酷观看比赛视频。

经过对全国 398 家广播电视网站及广播电视全网络全媒体受众的调查研究，可以发现全国广播电视网站及广播电视全网络全媒体受众数量具有受众数量基数大、受众人群增速快、受众地域分布不均、受众使用波动较大等特征。

一、受众数量基数较大

我国广播电视网络规模庞大，具有强大的影音资源优势、新闻报道优势、强大的品牌效应和影响力，不仅仅网站自身访问量巨大，APP 及其他新媒体的间接受众数量更是数倍于网站自身的直接受众数量。

现在，我国 398 家广播电视网站共拥有超过 1 个亿的日均访问量，如果考虑其节目在整个网络的影响与渗透，将间接接触与使用广播电视网站内容与服务相关的受众考虑在内，其受众可达到 2 亿以上。2008 年，央视网获得奥运转播权并授权其他网站以直播或点播的形式转播奥运会，在 8 月 8 日开幕式当天，央视网为首的 9 家奥运转播网站当日不重复独立用户数达 1.61 亿之多。2008 年 3 月，拉萨发生“打砸抢烧”严重暴力犯罪事件，央视网全天候滚动播发实时新闻，对事件进行快速、全面的报道。事件发生后第一周，央视网周日均页面访问量达到 9633 万 / 天。此外，央视网将央视全部“拉萨打砸抢烧事件”的新闻、纪录片视频资料整理编辑，提供给外交部及各外国使馆和领事馆，同时制作和发布了大量一手视频，被各大网站纷纷转载，央视网的影响力渗透到网络各个角落，其间接受众数量巨大。

2012 伦敦奥运会期间，观众观看模式已经从“奥运 + 电视”向“奥运 + 全媒体”的方向转变，网络可以实现用户在合适的时间用合适的渠道选择观看与参与奥运。中国网络电视台播放了全部 5600 个小时的奥运赛事，还在伦敦奥运会倒计时100天开始播出“张斌话规则”“奥运风云会”“体育的力量”和奥运前主打原创节目“行至伦敦”等节目，吸引网络更多的新媒体受众。

在传统的广播电视媒体巨大用户数量的基础上，广电网站经常会基于广播电视节目开办各种活动，会吸引大量受众参与。山东电视台2015年《魅力新主播》海选启动，选手可以通过齐鲁网进行报名；浙江电视台《不能没有你》大型户外旅游真人秀节目也通过新蓝网进行网络报名；中央人民广播电台第四届“夏青杯”朗诵大赛青岛赛区也开通了青岛网络广播电视台的报名渠道等，几乎每天都有电视台节目的网络报名。对于年轻受众而言，网络成为生活的一部分，相对于电话报名及现场报名，网络报名更加方便，无需任何额外的支出，无需额外的时间，工作学习间隙即可完成报名。同样，也可以方便地参加网站组织的各种投票等活动。中国网络电视台（央视网）感动中国2014年度人物评选期间，网络投票人数将近6000万。

二、受众人群攀升较快

从1996年我国广播电视网站开始创建至今的广播电视全网络全媒体，我国广播电视网络融合发展仅仅度过20多年的发展历程。中国广播电视广电网站及我国广播电视网站及广播电视全网络全媒体在21世纪之初大踏步前进，开始为受众提供更多的服务，如音视频、新闻资讯等服务。越来越多的受众开始关注广播电视网站，其受众数量也不断攀升。2004年底，中国广播电视网络受众首次突破1000万大关，此后年年上升。2008年，凭借2008年北京奥运会央视网夺得新媒体转播权的有利机会，中国互联网文化强国逐渐深入人心，全球网民对中国广播电视网络有了全新的认识和了解，网民数量骤增到5000万直接受众，并且在特定时间段超过了亿万观众。

广播电视网站结合重大社会事件展开营销活动，是吸引受众访问的动因之一。2008年“两会”期间，央视网发布大型新闻专题7个，相关栏目132个，进行图文、视频直播40场，嘉宾访谈52场。播发文字报道6253条、图片报道3522张、视频报道3110条，日均访问量达8200万。通过对类似事件与活动的全方位报道，央视网受众数量不断攀升。与此类似，汶川地震、奥运会等大事件都使得全国广电网站受众数量得到提升。北京电视台的 BTV 在线、湖南卫视的金鹰网等都在事件营销中尝到了台网联动、人气飙升的甜头。

2008 年北京奥运会期间，央视网的并发在线人数峰值高达 800 万。中国网络电视台（CNTV）利用自有的 P2P 视频直播平台，通过全球覆盖网络，包括国内 23 个自有网络覆盖节点、海外 5 个自有镜像站点，以及海内外 CDN 服务商网络资源，向中国大陆与港澳台地区以及北美、欧洲、亚洲、大洋洲、非洲 140 多个国家，同步直播春晚，联合新浪、搜狐、腾讯等网站直播春晚，进一步扩大传播规模。直播期间，海内外累计观看人次达 7850 万，比 2009 年增长 1.34 倍，最高同时观看人数达 786 万。中国网络电视台手机电视直播春晚，国内用户观看人次达 821 万。通过 iPhone 面向全球直播春晚，海外用户观看人次达 387 万。

2016 年春节假期除夕至初六，黑龙江广播电视台大型互动直播节目“中国龙·欢乐颂”在黑龙江卫视直播的同时，黑龙江网络广播电视台利用自身新媒体优势联合搜狐视频、乐视视频、华数 TV、央视影音、凤凰视频、央广手机台、腾讯视频、PPTV 聚力、百度视频等 9 大国内知名网络平台，对“中国龙·欢乐颂”进行了全球互联网同步直播。据各大视频门户统计，网民通过互联网观看总人数突破 2970 万人次，其中，借助手机、iPad 等移动终端观看的用户达 1603 余万人次。同时，通过黑龙江网络广播电视台视频网站在线收看直播的网民人数达 3372335 人次。

三、受众地域分布不均

我国广播电视网站受众分布不均衡，表现在国家级与省市级、东部与中西部、电视网站与广播网站之间分布等方面都存在明显的差异性。在 3 个亿左右的广播电视网络受众中，三个中央级网站（央视网、中国广播网和国际在线）接近占到了 40%，省市自治区网站约占 45%，其他近 400 家广播电视网站的受众数量仅占 15%。对于受众分布的不均衡不平衡现状，我们将在第二节详细阐述。

四、受众使用波动较大

鉴于我国广播电视网络属于媒体网络，广播电视网站受众接受信息时，具有受到大事件影响而呈现受众数量波动起伏的特点，这与传统广播电视台栏目节目的收视收听状况基本相一致。每逢重大社会事件或活动发生时，网站访问量就会激增。一年一度的“两会”、四年一度的世界杯奥运会以及其他重大题材重大活动，央视网发布大型新闻专题 7 个，播发文字报道 6253 条、图片报道 3522 张、视频报道 3110 条，都会引爆各种全网络全媒体信息传播高潮。这种社会重大事件和活动使广播电视网站的访问量激增，取得数倍于平日的受众数量，广播电视网站的受众数量也呈波浪式上下起伏。

我国广播电视媒体自身开展的一些活动，使广播电视网站的访问量瞬间攀升，形成广播电视网站及其他各类新媒体访问量的一个个高峰。如湖南卫视的快乐女生选秀节目在其官网金鹰网上直播，其每场决赛都使金鹰网在短期内访问激增，其他娱乐节目如超女、快男也使金鹰网受众数量不断起伏。

第二节　受众结构

与一般网民相比，我国广播电视网站拥有在传统媒体领域中得天独厚的资源优势、人才优势、品牌优势、新闻报道优势以及原有特定受众群。因此，与以网民为目标受众的第一代门户网站相比，中国的广播电视网站及广播电视全网络全媒体具有明确的目标受众，一部分来自传统广播电视受众的“移情”，呈现出男性比例高、教育程度高、收入高、白领人数多、学生多的特点。国际在线称，依靠中国国际广播电台自身的品牌优势和资源优势，中文网培育了高学历、高层次的受众群体，一定程度反映出我国广播电视网络受众的状况。凤凰网名称之为“访问用户的文化程度高、收入水平高、专业人员比例高”，与凤凰卫视所指向的“高收入、高学历、高职位、高视野”之高端人群基本一致。

一、移情受众

广播电视网络受众人群既有对网络气息的专注，又有着传统广播电视粉丝团“移情”转化。央视网以央视特色吸引受众人群从电视屏幕转移到电脑荧屏，依托央视强大的资源，集新闻、信息、娱乐、服务为一体，具有视听、互动的综合网络媒体特点。央视的资源优势在于新闻采访、报道和评论权，其作为央视多媒体传播的重要组成部分，已成为国家在重大新闻和事件网络报道中的一支主要力量。同时，在成为 2008 年北京奥运会的官方移动平台广播公司，并对奥运会进行了 3800 小时的现场直播后，又先后成为全运会和广州亚运会的独家新媒体转播平台，强化了其在国内外大型体育赛事的网络传播主导地位，与中央电视台传统电视形成呼应，使传统电视观众有效延伸到了央视网。抓住广播电视网络受众人群一部分来自“移情”的特征，可以想办法吸引更多更广的受众实现媒体转移。

二、结构反差

我国广播电视网站受众的男女性别比例与总体网民的 53∶47 差异较大，其整体分布比例为 61∶39（国际在线的性别比为 64∶36）。主要原因是关注广播电视网站的受众更多的是政府官员、企业白领、大专院校学生和专业研究人员，他们具体到某个网站或是某个栏目则有较大不同：男性受众多关注时事政治、体育、经济等栏目，而影视剧、娱乐栏目则吸引较多女性受众。另外，女性受众较男性更多地关注广播网站。

我国广播电视网站受众的年龄分布与总体网民年龄分布有着较大差异。总体网民年龄分布“西高东低”——即 10—19 岁（35.2%）、20—29 岁（31.5%）、30—39 岁（17.6%）、40—49 岁（9.6%），随着年龄增加，比例逐渐减少。而广电网站受众年龄更为集中，受众主要分布在18岁到40岁之间，二者的总和接近70%，这说明中青年是广电网站受众的主力军。其中，国际在线的受众集中在18—35岁，其中18—25岁的网民最多，占了44.6%，其次是26—35岁网民，占了38.8%。这意味着这两个年龄阶段的受众人群超过了80%(83.4%)。随着越来越多的老年人走上网络，加之其对广电媒体的长期关注，大龄网民在广电网站受众中所占比例有所上升。

在受众职业分布方面，广播电视网站受众最多的依次是学生（占18.8%）、企业与公司一般职员（占18.5%）、党政机关事业单位工作者（占17.5%）和专业技术人员（占7.2%）等，主要以学生为主，其次为企业、公司职员和党政机关事业单位工作者，其受众广泛分布在各行各业。

通常传媒界尤其是广播电视行业人士会较多地关注广播电视网站，因此广电网站要注意开展对业内人士的服务与支持，既增加了访问量，又提供了学习与交流的机会。中国香港的凤凰网就设置了传媒栏目，许多拥有专业背景的人士成为经常访问者。

地方性广播电视网站多为当地居民及周边地区市民所关注，因此网站首先要立足当地用户、服务当地用户，进而开拓周边地区市场。国家级广播电视网站提供综合性的、全国性的内容，受众也一般较为均匀地分布在全国各地。而一些对外的或是国际的广播电视网站受众多会分布更为广泛，如中国国际广播电台的“国际在线”的受众来自世界160多个国家和地区，约三分之一的受众分布于中国大陆以外的国家和地区。

由于各网站没有具体的受众结构分析，本书从开放的百度指数来侧面分析中国广播电视网站受众结构。从百度指数上可以看出，中国网络电视台的指数2014年整体较平稳，明显可以看到两个最大的高峰，一个在2014年1月30日，一个出现在2014年6月13日，前者是农历的除夕春晚直播的时间，后者是巴西世界杯开始的中国时间。从搜索的需求分布来看，热门的与中国网络电视台相关搜索的内容为“湖南卫视”“客户端”“视频下载”“体育台”“足球频道”“cctv5”等关键词，即这些用户具有同质性，从需求来看，以视频观看为主。人员覆盖年龄集中在20到40岁之间，以男性用户为主。

三、个性显著

广播电视网络受众人群“移情”转化和受众结构反差，是我国广播电视网络受众结构的基本面。个性显著的广播电视网络，又会呈现出显著的个案特征。芒果 TV 的用户年龄更加年轻化，20 到 29 岁的用户数量最多，19 岁以下的青少年用户数量也较多，男女性别较一致。最大的高峰出现在 2014 年 12 月 31 日，恰逢湖南台跨年晚会直播时间。

新蓝网用户年龄集中在 20 至 39 岁之间，男性用户占比重较大。相关的搜索为“浙江卫视”“伊一”“好声音”等。明显的高峰出现在 10 月 7 日，《中国好声音》决赛，当天浙江卫视收视排行第一。

齐鲁网定位于山东省第一视频门户和山东省委、省政府新闻发布权威平台，与其他广电网站略有不同，其他网站基本以电视台依托来定位，而齐鲁网更像是一个较独立的综合门户网站，尽管它也是山东广播电视台主办。高峰出现在 2014 年 11 月 8 日和 6 月 24 日，前者恰逢《我是大明星》年度总决赛，后者恰好是直播山东省教育厅 2014 夏季高考新闻发布会。

江苏网络电视台的最大的峰值在 12 月 13 日，当日重要事件为国家公祭日，相关热门关注为“金秀贤”“白日焰火”“江苏卫视”等。

根据 CTR 的调查结果，中国网络电视台用户中，半数以上具有大学本科以上学历，具有大学专科学历的有将近三分之一，总体学历水平高于全部网民学历水平。其中公司白领、专业技术人员和学生为主流人群。

目前，我国广播电视网站东西部发展不平衡，国家级与省市级地区网站发展不平衡，广播电视网站的受众大多集中于少数几个国家级广播电视网站，而占据 95%的地方广电网站及广播电视全网络全媒体却受众甚少，关注率很低。一年一度的“两会”报道、“3・15”维权报道与春晚报道等，都是中国网络电视台人气陡升的“黄金时期”。在党的十七大报道中，央视网大放异彩，首次实现超大规模（7 家 P2P 系统和 2 家海内外 CDN 服务商）全球化多语种网络视频直播，并第一次进入人民大会堂现场进行图文直播和嘉宾访谈。党的十七大报道期间，央视网日访问量平均为 7322 万人次，最高日访问量超过 1.05 亿人次，历史上首次超过1亿人次。党的十七大报道专题总访问量高达2533万。2017年10月，中国网络电视台党的十九大报道更加出彩。央视新闻新媒体推出独家移动直播，最多在线直播2006万人次，累计上线1.16亿人次，累计观众405.78万人次。微博话题“微观十九大”被访问达2.1亿多次。第一次制作24个微观视频，原创H5“十九大：中国此时此刻”页面访问量攀升至422万。央视网直播多终端独立访问用户达6203万人，总观看次数超过1.12亿次，较2017年两会涨幅分别达150%和193%，分别是党的十八大直播期间的8倍和16倍。中央电视台新媒体以大数据排序方式解读会议报告热词，针对性组织帖文和视频内容，开幕会直播全球阅读量126万，独立用户访问量35万，视频观看量11万。

与此相比，地方广播电视台网站受众人群数量相对较少，例如陕西地区的安康广播网（www.akbc.cn）的Alexa排名在500万以后，其日均IP访问量紧为480，其访问量仅为央视网的1/2875。有些地方广播电台网站更新速度慢、信息量少，如宝鸡人民广播电台（bjdt.cn），其在Alexa上既无排名又无访问量数据，可想而知，网站建设质量令人担忧。

第三节 受众行为

我国广播电视网络依托原有的传统广播电视媒体建设发展，多服务于传统广播电视媒体受众，因此其受众也大多为广播电视的用户，登录网站APP及“两微一端”全网络全媒体了解有关广播与电视节目信息、主持人信息和当地时政动态。随着近年来广播电视网站及广播电视全网络全媒体的较快发展，许多广播电视网络尤其是国家级、省市级广播电视网络正在逐步摆脱其传统广播电视媒体单纯节目翻版复制的局面，开始逐渐增加广播电视节目、再造广播电视节目创造的全新样态的广播电视网络原生态新生态的传播内容和融合产业。广播电视网络受众也越来越多地通过广播电视网站及广播电视全网络全媒体了解新闻、下载影视剧、在线收看收听体育赛事直播或接受其他方面的服务。广播电视网络受众一方面可以享受广播电视网站及广播电视全网络全媒体提供的独特音频、视频服务，另一方面也可以浏览新闻、参加广播电视网站及广播电视全网络全媒体发起的活动，通过各种新媒体终端参与广播电视节目栏目互动，并且不断在广播电视网络空间中有所态度、有所作为。以央视网为例，网络受众可以登录央视网收看中央电视台的视频节目，可以浏览新闻、评论以及专题报道，也可以浏览央视主播的博客，通过微博、微信参加央视网主办的各种各样的活动。

2014 年巴西世界杯开赛当天，我国网民在中国网络电视台新媒体上对世界杯的讨论量（包括原创、评论与转发量）高达 2578 万条，掀起了一轮新的互动热潮。其中与 CNTV 相关的话题关注量接近 10 万条。由此可见，目前中国网民主动程度越来越高，在观看完节目后热衷于发表自己的评论，并与其他人进行交流。传统的电视台传输节目仅仅是单向传输，无法满足受众自我表达的需求，而广播电视网络恰好能够填补这一空白。许多广电网站在节目或新闻之后都设有讨论区，受众可以自由发表观点，一般也都提供分享选项，受众可以根据自己的意愿方便地将自己有感触的节目一键分享到社交网站，并可以配上自己的评论进行转发，可以方便地表达自己的观点。并且各网站设有网友讨论区，新闻评论区，主持人或记者等的在线交流区，均获得受众的喜爱。

2016 年里约奥运会夺取冠军之后，中国女排主教练郎平在微博晒出奥运金牌，这条微博 5 小时互动量超 55 万次，47 万网友为郎平点赞。一般认为，广播电视网站及广播电视全网络全媒体的受众行为大致可分为接受音视频服务、浏览深度追踪报道、参与博客与论坛、接触主持人、了解台内动态等。

一、传统媒体受众迁移

在广电网站出现以前，受众需要通过阅读广播电视报来了解节目播出情况，以明确广播电视播出计划，指导自身的收听与收视。而如今受众只需登录广电网站，便可以方便快捷地对广播电视播出计划有一个清晰的认识。以央视网为例，受众打开“搜视”即可获知中央电视台的近期节目播出情况，了解各个节目的内容与看点，确定自己的收视计划。在中国广播网上备有各地频率段和中央台节目时间表，为动态的广播节目提供静态的指南，受众只需登录网站便可轻松收听广播节目。

广播电视网络受众以年轻受众为主，大部分年龄在20到40岁之间，这部分受众或者是大学在校学生，宿舍不方便装电视，或者是工作一族，工作时间没有办法装电视，而且现在在年轻人中间传统有线电视普及率越来越低，但对有些广播电视节目的需求却仍然存在，于是这部分需求转移到了广电网站上。知名综艺节目如《我是歌手》《中国好声音》等出现重要节点时，网站点击量和搜索量便会突增，当有重大新闻如“国家公祭日”时网站点击量和搜索量也会猛增。因此可见，网站用户大部分还是将网站当成电视台的替代品，在不方便看电视的时候上网收看节目，并且错过了电视节目的仍然可以在网站上选择点播，弥补了直播的不足。在《奔跑吧兄弟》播出时，新蓝网的用户数量也得到了大大的增长，更能说明广电网站受众最大的需求还是热门节目，网站受众与电视台定位相关性非常高。

二、享受音频视频服务

广播电视网络依托传统广播电视媒体的影音资源优势，将传统媒体的栏目节目“移植”到网络“两微一端上”，提供网络音频、视频服务。集聚了数十年的广播电视节目影音资源优势，是广电网络较于商业门户网站的特殊优势，是广播电视网络核心竞争力，也是广播电视网络受众关注的焦点。受众可以在央视网、凤凰网、芒果TV等收看到中央电视台、凤凰卫视、湖南广播电视台几乎所有的节目，可以实时观看与点播。凤凰网按照网络特点将凤凰卫视资源加以“深加工”，向用户提供更为独到的服务。广播网站如中国广播网便致力于建设全球最大的中文音频网络门户，打造全球最大的中国正版音频媒体库，观众不仅可以在线收听中央人民广播电台和中国广播联盟节目的在线直播和300多个在线点播，还可以订购高品质、个性化的移动互联网产品。另外，受众收视广播电视网络的音视频服务，并不仅仅局限于广电网站，广电网站也可以通过各种方式将音视频资源延伸到整个大网络之中。如2007年春晚，央视国际联合新浪、搜狐、腾讯、百度、网易、TOM在线等六大国内知名网站，一起打造春晚网络联盟，推出了“春晚明星墙”“春晚搜星”“春晚朋友圈”“春晚大拜年”等六大联盟产品，将中央电视台资源广泛渗透到整个网络之中，为央视春晚造势，也扩大央视网自身影响力，获得了更多受众的关注。央视网在2007年12月18日，获得北京奥运会官方互联网/移动平台转播权，并随后授权搜狐、新浪等几家网站以点播和直播的形式转播奥运会，扩大了传播平台，使奥运视频资源得到最有效利用和最大范围延伸，使受众可以在更广阔的网络空间中接触央视网的视频服务。作为全国广播电视网站的龙头，央视国际还与全国地方电视台网站，联手推出网络视频联盟，联手开发全国广电行业的视频资源潜力，这就更加方便了受众对全国广播电视网站视频的收看。

三、深度阅读新闻专题

由于广播电视媒体大多拥有专业的采编团队、较高的信誉，广播电视网络可以依托原有资源提供较为权威的新闻报道（包括文字新闻），而受众可以登录网站浏览新闻，查阅更有深度的新闻报道。受众登录广播电视网站可以理性地、主动地、客观地接受动态与静态的新闻报道，弥补了单纯接触传统广播电视的不足。而当传统广电对某一热点事件进行报道以后，很多观众便可能登录其网站进一步了解事件动态并发表自己的见解，与广电媒体形成互动，实现了自身传播权。由于广电网站的特殊身份与地位，其不可能在煽情性新闻方面与诸多门户网站抗衡，其所负有的责任与义务也决定其不能这样做，但广电网站完全可以发挥自身优势，挖掘其在深度报道、追踪报道和专题性报道方面的潜力，为受众做好新闻资讯服务。中央电视台几十年来在报道新闻中树立了稳重的形象，加之其独有的资源优势在网络领域的延伸，大量受众选择到央视网去浏览国内外新闻，接受有深度、有高度的权威报道。而一些地方电视台网站也充分发挥其区域新闻报道优势，如九江电视台（jj-tv.com）的广告词即“九江最好的新闻媒体”，该网站成为当地网民了解本地新闻的主要工具。

四、参与广电网络活动

我国广播电视媒体及其网络新媒体拥有大量受众，这就有利于其开展各种活动，使公众参与其中，同时增加了广电网站的人气，受众也可以通过广电网站实现对传统广电活动的轻松参与。北京电视台 BTV Online 是“红楼梦中人”活动唯一指定的注册网站。这项活动一开始，网上注册的人数就以每天 1 万人的速度激增，最高曾突破了 45 万人大关，这是到目前为止报名人数最多的一次。2007 年 1 月 29 日，BTV 在线在全国总决赛中加入了“一周人气排行榜”，网友投票积极，共计投票 3.02 亿次。据统计，在“红楼梦中人”选秀期间（2006 年 8 月 21 日至 2007 年 6 月 12 日），BTV 在线访问量达到 3.2 亿人次，近 9100 万人参加了此次活动。

与此同时，广播电视网络受众可以参与广播电视网站创办的论坛和博客。论坛和博客是广电网站的网络原生态服务，广电网站也越来越多地利用广电媒体的资源如明星主持、美女主播，开办论坛、发展博客、播客，利用明星号召力吸引眼球、聚集人气。2006 年，央视网“召回”名编、名导、名主持的“博客”专栏等资源，充分发挥出名主持、名记者、名编导的号召力，以央视明星台前幕后的故事大做文章，增强了与受众的零距离沟通，也吸引了大批受众的参与。而央视名嘴也多习惯于在央视网发布消息、倾诉心情，将自己的言论、观点、立场通过央视网传达给受众，与网民交流沟通。如欧阳夏丹在央视网的博文《我也是“月光族”》和《我和岩松开心主持〈全景奥运〉》点击率都超过五万，很多受众发表评论表达对欧阳夏丹的喜爱，或是对主持人提出自己的建议与意见。很多受众在广电网站开办的论坛与博客中，表达对主持人的观点与看法，或扬或抑、或喜爱或反感，网上受众的表现是多种多样的，也是相对真实可信的。央视网论坛、复兴论坛以及央视博客都有大量受众参与其中，且受众人数急速上升，论坛和博客也成为央视网的两大业务增长点，也成为中央电视台考察民意的重要途径。通过央视网的论坛与博客的受众反映，可以方便了解各节目的观众反响，以及观众对各主持人的喜爱程度，以此作为对收视率的一大补充，进而为节目整改作出必要参考。

五、了解有关广电媒体消息

广电网站是传统广播电视的网络喉舌，担负为传统广播电视在网络中发布信息、宣传澄清、引导舆论、树立形象的重任，传统广电的一些重要事宜需要在其网站上发布宣传。当广电媒体有重大事件发生之时，大量受众会选择登录其网站了解情况，倾听其声音。比如央视新址大火事件发生后，有大批网民登录央视网查询中央电视台的言论与解释，了解其自身的报道情况，带来一时访问量的骤增。广电媒体台庆活动也会吸引大量受众登录其网站，因此广播电视网络要以广电媒体的重大事件为契机，做好宣传、引导工作，服务广电媒体，同时吸引受众做大做强网站、APP 和“两微一端”。

另外，国外一些广播电视网站允许受众将自己拍的东西放到其网站上，与传统广播电视台的节目栏目“打擂台”，更是激发了受众主动参与的热情，丰富和拓展了广电网站的受众行为。总之，广播电视网站的受众行为日趋多元化，受众除了关注传统广播电视台固有的节目内容之外，越来越多地接受网站的网络原生态服务。我国广播电视网站依托原有的广电媒体建设发展，多服务于原有广电媒体，一开始的功能仅仅是原有电视台的网络平台，在后期的建设中有些加入了独特的元素，形成了和电视台不一样的架构，相对较独立，例如加入了许多文字新闻内容以及深入报道等，为了顺应受众主动性的提高，各网站也逐渐加入了互动的内容，用户行为也逐渐多样化。

第四节　受众服务

在充分了解我国广播电视网络的受众人群数量、受众的年龄、专业、性别、受教育程度等基本构成、受众欣赏类型的信息内容和传播形式什么时候、什么地点浏览阅读广播电视网络等受众状况的基础上，分析和研判广播电视网络受众的心理需求，以科学畅行的技术手段、管理技巧引导传统广播电视媒体受众迁移到广播电视网络，广开思路、广开言路，广泛听取广播电视网络受众意见，充分吸纳广播电视网络受众的金玉良言，积极邀请广泛的网民参加广播电视网络的主题策划、新闻采访写作和再创作，让更多网络大咖轮换充当不同领域、不同时刻、不同场景的参与者，使广播电视网络受众深度参与到新闻采访、写作、传播、分享和反馈等整个传播过程和产业运管过程中，中国广播电视网络受众有机会呈现几何级数的裂变式增长。

一、研判受众心理

分析和研判我国广播电视网络受众的心理需求，把握好广播电视网络产品气质形象、产品内容、产品外在表现形式与广播电视网络受众的内在客户动机，既要从民族文化区域文化背书、广播电视网络技术支撑、广播电视网络内容与形式的艺术展现整体考虑出发，还要充分运用新闻传播学、艺术学、营销学、广告学、心理学、伦理学、社会学和管理学等理论指导，了解清楚广大广播电视网络受众为什么选择广播电视网络，什么主题、什么时候、什么事件背景下最青睐什么形式的广播电视网络产品，受众最喜欢的是什么内容，才能更好地树立品牌形象，吸引更多更广的受众享受文化大餐。

在我国广播电视网络畅享5G带来的盛世良机时，每一位广播电视网络工作者务必清醒认识到，广播电视网络受众是所有广电网络新媒体新闻传播活动的中心，是广播电视网络传播市场和产业市场的上帝。早期的传播学者从舆论宣传的角度出发，将信息“传者”居于“上流社会”和中心地位，无形中造成了传者和受者的割裂对立。在广播电视全媒体全网络空间通道中，传者和受者的位置发生了根本性变化，受众早已不是单纯的、消极的、被动的信息接受者，而是积极地寻求信息为自己所用，受众本位意识逐渐苏醒，在接受信息充当受者的同时，也是主动的能动的信息创造者即传者。不同的受众对于同一传播信息会产生不同的反应，受众在网络新媒体传播过程中的作用完全倾覆了既往的理论。经典传播学理论的“沉默的螺旋”受众模式，更加符合网络新媒体时代的受众心理状态。在分析与判断广播电视网络受众的实践行动中，通过行业自律和强化社会责任，既要摒弃高高在上漠视受众的单一传播、单向传播的故往模式，也要坚决抵制因为重视受众而“受众至上”把受众中心论发挥到了极端的偏废思潮，限制和革除虚假新闻、黄色新闻、八卦小报胡诌乱造的泛滥。

二、引导受众迁移

传统广播电视具有庞大的受众人群，这些人群对广播电视节目的黏度很大。在传统广播电视媒体受众向广播电视网络新媒体转移不可逆转的大势中，引导传统广播电视媒体受众向广播电视网络迁移，成为当下和未来广播电视网络受众服务的重要一环。

在传统卫视综艺收视率普遍下滑的当下，2017 年上半年开始腾讯视频、爱奇艺、优酷等几家视频网站综艺节目的网播量与数量俱增，自制综艺贡献近七成增量。2017 年上半年，全网新上线版权综艺与 2016 年同期相比，在数量和播放量上均有所增长，数量从 63 部增长至 90 部，播放量也从 329 亿增长至 373 亿，用户的观看习惯正在从传统电视的收看客厅迁移至个性化移动终端。

在所有上星版权综艺里，湖南卫视、浙江卫视、江苏卫视、东方卫视、北京卫视这五大卫视与视频网站联播的综艺影响力较为突出，头部版权综艺大多出自这五大卫视。从五大卫视版权综艺的网络平台分布来看，腾讯视频以 80 亿的播放量表现最佳，芒果 TV 单部综艺播放量最高，但综艺来源大部分限于湖南卫视，有一定的局限性。

为了引导受众迁移，我国广播电视网络管理者和从业人员妙计频施，通过创造创新服务场景，如移动终端的类型、地理位置感知、采集数据的传感器、通过大数据做需求预测、在社交网络中展示等的终端制胜，收到了一定效果。

三、激励受众参与

随着我国广播电视网络新媒体的发展前进，广播电视社交网络日益活跃，广播电视网络大咖、广播电视公民记者等的不断涌现，不仅成为广播电视网络新媒体的信息爆料者，也时时作为音视频资源的创作者、创造者、再造者，成为广播电视网络新媒体的意见反馈提供者，以及抵制各种不良思潮的监督员，逐渐成长为广播电视网络新媒体的有生力量。广播电视网络受众对新闻采访、写作、传播、分享过程的深入参与，对新闻制作过程和受众的重新定位和重组产生了重要影响。激励受众创作与再创作，以主人翁姿态全面介入广播电视网络发展。

一般认为，媒体受众的参与形式，大致包括获取信息、信息反馈、互动交流、参与制作、自我创作等多个层面。广播电视网络新媒体不仅改变了受众接受广播电视节目的方式，还动摇了广播电视媒体在传播媒介中的地位，创新着广播电视节目栏目的采辑、编辑、传输等手段方法。根据广播电视网络受众的变化，吸纳与鼓励尽可能多的受众参与栏目节目的创作改版，成为广播电视网络打开新局面的必经之路。吉尔莫指出，新媒体受众不能坐等，而是自然地参与新闻对话，成为整个新闻制作过程中重要而有影响力的一部分。

美国《赫芬顿邮报》和美国新闻众筹网站 Spot.us 等的“新媒体受众观”值得借鉴，受众既是媒体内容的消费者，也是新闻报道的出资者，并且参与到“新闻标题把关”“新闻调查的开展”“新闻作品优先阅读”以及“作为内容传播者参与新闻聚合、传播、评论”等新闻生产与传播环节中来。这样的“传者”和“受者”组构而成的特殊传播结构，造就了新闻传播“生产者”和“消费者”、“传者”和“受者”在需求与付出、权利与义务之间形成了一个完整的闭环，在很大程度上激发了受众参与新闻生产的主动性和积极性，深刻改变了新闻表达、传播的样态，丰富和完善了整个新闻生产过程。[①]

四、重视受众建议

我国广播电视网络是串通与连接广大广播电视网络受众的优质渠道，是网络新媒体管理者新闻采编播及后台管理等从业人员与网民无障碍沟通互动的极好平台。广泛听取受众意见，充分吸纳受众的金玉良言，明确受众至上就是市场至上、就是产业至上的硬道理，中国广播电视网络才可能步入良性发展的快车道。西方先进的网络新媒体综合立体运用新媒体规律，通过“互动分享”按钮和创建信息分区等方式，全方位集纳网民的“金点子”，尊重受众意见建议，并且落到实处。

我国广播电视网络产业融合发展可以通过广播电视网站及“两微一端”全网络全媒体平台，时刻密切关注网络舆情，不放过任何一个对网络传播对网络产业有价值的金玉良言。重视受众意见与建议，务必放下身段，既要有俯身倾听的意识和姿态，更要根据实际发展需要扎扎实实落实到位。唯有这样，才能够吸引更多有实际操作价值的好点子、好主意通过各种渠道源源不断激发出来。

① 参见王超慧:《新媒体时代三种“受众参与”式新闻生产形式研究》，2014 年 12 月 3 日，人民网 · 传媒频道。

| 第七章 |

网络文化

社会发展变迁，文明程度逐次跃上一个个新台阶，人类的文化水准、文化修炼、文化表达和文化结构等都在发生着连锁变化。远古的刀耕火种年代，人们衣不蔽体、食不果腹，一个温暖的眼神，一个有力的牵拉扶持，就是质朴的文化之礼、文明之旅。文字的发明创造、印刷术印刷设备为人类文明成果的遗存和传衍创造了条件，报纸杂志应运而生，则为文明传播文化发展插上了翅膀。广播电视设备的发明及广播电视台的创建，为全世界“地球村落”文明谋划出美丽画卷，人类在第一时间共享文明成就、共庆盛世华彩开始由空想变成现实。纵观人类文化发展史，先后经历了口头文化、肢体表演文化、书写绘画文化、活字印刷文化、广播影视文化、网络文化和智能文化等多种形态。

网络文化作为一种互联网时代的科技文化新潮文化，否定了传统文化更多的政治色彩和政治倾向，赋予了传统文化新的表现形式，创造了丰富多姿的新文化元素。互联网传播科技催生了网络文化，网络文化不断阐释着传播科技，开创了人类交往和社会活动的新方式。网络技术赋予传统文化以独特新颖的传播渠道、传播形式、表现形式，承载了文化诉求、文化范式、文化样态等文化同化与异化的变革。

网络文化是以计算机技术、通信技术为物质基础，通过发送和接收文字图片、音视频和动漫等多种多样的信息，影响或改变人们管理方式、交往方式、生活方式的一种新文化形态，处处显现着现代高科技的特点，处处打刻着现代高科技的前行烙印。

任何新文化形式的诞生，都会打上时代的印记，都是社会进步、文明提升和科技创新的产物。互联网络从军事战场转向应用到全球百姓的千家万户，提升了社会文明高度，繁荣了文化家园。随着互联网时代的到来和移动互联网技术的普及应用，各种新型文化形态相继产生，从早期的文本文化、BBS 文化、图片漫画文化和博客微博客文化等，到后来的音视频在线文化、网络动漫文化、VR 文化、CR 文化、复制检索文化、移动文化、恶搞文化、人肉搜索文化以及网恋网婚与虚拟性爱文化等，无一不是与网络技术的进步密切相关。

现代信息技术的发展，为网络文化的跨越式发展提供了新的机遇和可能。一方面，蕴含高精技术的文化现象文化符号，记录着高精科技的飞跃前行轨迹。通过高精尖传播技术应用和创新，激励高端科技人才的创新创造力，运用高科技手段整合与提升各种人文资源，提供现代信息文化产品，为网络文化乃至整个精神文明建设开辟了新的道路。另一方面，高精尖科技创造了高度文化与高度文明。通过互联网等新媒体的内容开发和创新，聚合五大洲四大洋“三教九流”文化人才，赋予赛博空间更多的文化内容，突破网络文化创造与再造的技术瓶颈和内容瓶颈，彻底改变网络文化的技术贫困状态，实现高科技与高大上阳春白雪文化的“高高在上”结合，促进民间发明、乡土科技与地域文化、民俗文化、通俗文化、“土文化”的联姻，打破互联网时代文化传播知识鸿沟，实现信息产业和网络文化事业的双重跨越和共同发展。

互联网络是人类文明的重大发明和重大发现，是全球生产力巨大飞跃的原动力。互联网诞生和发展所带来的技术创新意义和产业扩张价值，远远超过了发明蒸汽机与电气化时代所带来的革命性影响。网络技术按照美国这一互联网原产国意图布局并飞速发展，现在已经实现了全球网络的互联互通。在互联网的影响下，全世界文化秩序得以重构，全世界文化史诗揭开了新的华篇。同时，承认和接受文化多样性——尤其是通过使用创新媒体、信息和通信技术，有利于不同文明和文化尊重和相互理解的对话。这是联合国从网络文化建设与发展层面，透射出其世界和平、稳定、发展和繁荣的重要价值。

1994年，中国加入全球互联网络大家庭。经过20多年的互联网技术变迁和互联网内容形式等的更迭，中国互联网络作为全球互联网络的新生力量，作为中国上层建筑一种新的社会形态，孕育了中国特色的网吧文化、网络音视频文化、网络博客文化、网络微博客文化、电子邮件文化、QQ文化、微信文化、网络地域文化、网络民族文化、网络民俗民情文化、网络服饰文化、网络美食文化和网络名人文化等各种新的文化现象，成为形形色色的中国网络文化景观。这些与高精技术结伴而生的文化符号、文化现象、文化活动、文化人物、文化产品与文化精神，让人惊喜称奇，让人困惑迷惘，让人担忧受怕，让人眼花缭乱、目不暇接。

网络文化内容丰富多样，形式仪态万方，结构千奇百怪，天天诞生着这样那样的新思想、新意识、新概念、新名词、新图形，有的如昙花一现，过些时间就消失得没有踪迹；有的慢慢积淀下来，收进词典，走进大众生活，成为时代文化新的组成部分，成为隽永文化。互联网络时时孕育着文化新时尚，催生新的文化现象，释放出蓬勃生机与活力，催生出“新文化”并为之注入活力与动力。

我国政府高度重视网络文化建设与发展，习近平总书记就网络强国、空间安全、网络治理等先后发表了许多重要论述，阐明了中国由网络大国迈向网络强国的宏观思考、战略部署和方针路径，明确了在国家治理体系和治理能力中，网络治理的具体任务和要求，提出了推进全球互联网治理体系变革、世界各国共同构建网络空间命运共同体的主张。习近平总书记强调“用社会主义核心价值观和人类优秀文明成果滋养人心、滋养社会”，指出“网络空间是亿万民众共同的精神家园。网络空间天朗气清、生态良好，符合人民利益”。① 营造具有中国特色、中国气派、中国神韵的高扬主旋律、传播正能量、向上向善、气正清朗、追求高尚、境界高远的网络文化理想乐园与和谐生态。

① 习近平：《在网络安全和信息化工作座谈会上的讲话》，人民出版社2016年版，第809页。

网络文化作为高科技发展的产物，是伴随着网络的出现和网络时代的来临而随之兴起的。一方面，互联网的出现在客观上为网络文化的兴起提供了必要物质前提，网络文化的先行者开始酝酿、构想、畅谈、预测“新新文化运动”。同时，网络时代的来临为网络文化事业和网络文化产业的兴起提供了的契机；另一方面，虚拟兼容真实的网络空间成为既有文化的新型载体，承载着更为丰富更为广泛的文化内容，让更多的网络文化人才有了施展才华大干一场的舞台。

互联网的出现和网络时代的来临，迎来了网络文化的不断创造和向纵深发展的大好时机。互联网络应用到政治经济文化社会生活之中仅仅 30 多年，所产生的影响作用逐渐将报纸、杂志、广播、电视等老牌大众传播媒体甩在身后，成为当之无愧也是史无前例的渗透能力黏附能力最强的文化传播载体。

网络文化从其形式来说，它以融合技术、传输信息、提供内容与服务为基本手段，以主体平等、客体虚拟、管理间接为基本范式，以时时互联、地地互联、人人互联为基本途径而变成现实的，为文化发展注入新的动力，也带来了社会生活新的气象。网络文化从其传播方式来看，网络媒介既是一种新兴的传播媒介，也是一种崭新的传播方式。提供互联网与传统媒体的融合，组建为新型主流媒体。网络文化是虚拟、奔放、自由新文化的形态，开拓出一个属于网络空间独有的文化传播新领域。

我国网络文化经历了跨越世纪的年轮沉淀，经过了网络文化孕育阶段的阵痛，体验到网络文化精英阶段的高贵，共享着亿民狂欢的壮怀激荡，正在迈向大众传统文化、主流文化与网络文化共存共享共融共赢共荣阶段。一般认为，网络文化的孕育阶段既是短暂的又是漫长的，而网络文化的精英阶段倒是更像昙花一现，之后很快走向了网络文化大众化。网络文化在美国发轫，逐渐影响发展到与美国关系紧密的发达国家。在亚非拉等第三世界国家和地区，网络文化渗透较晚。近年来，中国广播电视网络文化伴随着中国和平发展而快速发展，为我国的网络文化建设服务作出应有贡献。

中国广播电视网络以传统广播电视台和当地政府新闻单位为依托，是党和国家的喉舌，是广大人民群众喜闻乐见的主要舆论阵地。在积极构建广播电视网络的同时，必须要从自身的职责和使命出发，高扬主旋律，抒发正能量，坚决抵制网络传播中所出现的不健康、不道德和误导性强的垃圾信息，用正确的舆论引导受众，用正确的信念鼓舞受众，以正确的姿态引领受众。坚守党和国家的舆论阵地和舆论高地，大力建设发展中国特色广播电视网的音视频文化、把关人文化、亲民文化等新型绿色文化，是当下也是今后很长时间中国广播电视网站最根本的也是最重要的努力方向。

以打刻着“G”文化烙印考量每一代数字移动通信网络，考量其带给人们的网络文化载体、网络文化形态、网络文化语符、网络文化人物、网络文化现象和网络文化精神的潜行嬗变，回溯从2G时代精英文化、3G时代普众文化和4G时代融合文化的中国网络文化发展变迁，厘清每一“G”时代的网络文化形态、网络文化语符、网络文化人物和网络文化现象等的内在联系与潜变趋势，探索与畅想我国5G时代智能文化主宰的网络文化场景走势，有助于营造风清气朗的网络文化和谐生态，为中国互联网文化强国提供决策参考和理论依据。①

第一节　发展进程

我国广播电视网络经历了从网站起步到“两微一端”“中央厨房”的跃进历程，从1996年广东电视台、广东人民广播电台和中央电视台率先建立广播电视网站发展至今，只有短短20多个年头。在这20多年中，广播电视网络从开始阶段的网站筹建蹒跚学步，摸着石头过河，逐渐成为独立的具有一定影响力的多位终端新型媒体。这20多年中，网络技术经历了从1G、2G到划时代5G的量变和质变，从2G网络技术时代到5G网络技术时代的发展变迁，反映出中国电信通信经历了落后于世界列强的苦痛和急起直追、奋发超前的担当，也管

① 参见曾静平:《中国网络文化——从2G到5G》,《浙江传媒学院学报·未来传播》2019年第1期。

窥到中国新闻传播的理论探寻轨迹和实践求索路程。2006 年，中国的电信通讯业务刚刚踏入 3G 门槛，新闻传播业界和学界闻风而动，“广播电视业、出版业已经闻到了手机媒体的香味，创作者（作家、导演、演员）发现了新的沃土，手机小说、手机电视剧蠢蠢欲动”。现在，中国广播电视网站布局基本上成型，人才梯队从技术、内容、传输、后台管理等逐渐完善，“两微一端”“中央厨房”式广播电视网络新媒体已经从中央级广播电视台渗透到省市级广电单位，中国广播电视网络文化大致经历了搬运腾转阶段、音视频上传阶段、大众参与阶段和融汇创造阶段等几个阶段。

一、搬运腾转阶段

中国广播电视网站在全球互联网刚刚传入中国大陆不久的发展背景下孕育发展，很多方面基本上处于学习商业门户网站“摸着石头过河”。我国广播电视网络在开始阶段就是单一的网站存在，主要的文化表达就是将广播电视节目搬运、腾挪、移转到广播电视网站之中。鉴于我国广播电视网站建设早期，网络技术不成熟，很多广播电视网站都没有专门的编制和专业人员，资金匮乏，广播电视网站发展较为粗犷，只是将传统广播电视的内容搬到网上，发布广播电视台诸如广播电视节目预报等简单信息。由于技术力量的薄弱、资金投入不够充裕以及办公条件的局限等原因，大量的广播电视节目资源无法全部搬运到网站里面。

此时此景，我国的广播电视网络文化从根本上还没有形成气候，对外张力也局限在比较小的范围内。如中央电视台创建的央视国际网络的前身，最初只是简单地发布中央电视台的相关信息，将中央电视台的一些节目搬到网上。央视国际网络有限公司员工多为台里的工作人员，一些就是闲杂人员，网站从内容设置、人员编制和经营管理等都没有独立性。中央电视台的网站尚且如此，我国的其他广播电视网站就更加谈不上网络文化的建设与创新了。很显然，这个时期的广播电视网站建设绝大多数只是传统广播电视的附庸，并没有多少文化含量可言。

二、音视频上传阶段

随着互联网在中国的不断发展，全国各级广播电视网站都取得了较大的进步，尤其是国家级广播电视网站更是不断发展壮大，广播电视网络文化的内容、传播方式与手段也正在发生着日新月异的变化。首先，名记、名编、名导、名主持等名人文化开始越来越多地影响广大受众。广播电视台逐渐认识到了网络传播优势，将传统广播电视的影音节目重新加工整理，与网民见面，大量受众开始享受到高质量的独家网络音视频服务。音视频业务是广播电视网站的核心业务和传统强项，在其发展之中也形成了自身的音视频文化。现在，全国各地各级广播电视网站398家，成为中国音视频文化以至中国互联网文化强国的示范窗口和生力军。

中国广播电视网站吸引受众对节目添加评论、发表自己的观点与言论，更多地参与到广播电视网站中来。传统广播电视的节目主持人，一旦走入网络，就成为吸引受众参与广电网站的一面旗帜，受众到论坛、博客以及主持人的空间中与名人直接交流，讨论节目主持状况、节目设计与制作的好坏，提出改进意见。音视频文化尤其是独家广播电视音视频文化逐渐成了广播电视网络文化的一抹亮色。央视网、国际在线、中国广播网等不仅充分利用广播电视台既有的栏目节目，挖掘出库存多年的“老片”，将其分类整理，而且将被淘汰出局的原生态节目素材创新梳理，增加了文化底蕴与内涵。

三、大众参与阶段

我国传统广播电视节目拥有很多受众，当其上网以后的音频视频资源会延续其原有影响力，使广大受众更便利、更直接地参与关心广播电视网站的节目，提出整改意见和建议，成为新的文化亮点。事件营销是传统广播电视屡试不爽的市场推广利器，营造出万众参与、同喜同乐、嬉笑怒骂皆尽欢的氛围，推进到网络时代之后，此种文化场景登峰造极。无论是中央电视台的“星光大道”“艺术人生”“梦想中国”、湖南卫视的“快乐大本营”“超级女声”，还是江苏卫视的“非诚勿扰”“绝对唱响”以及北京卫视的“红楼选秀”等，无不将选秀网络文化推向极致。观众通过广播电视台的官方网站，尽情抒洒激情，表现自己的个人倾向与观点意见，广播电视事件营销的延伸文化取得了较大的进步。

通过网络与受众的互动，广播电视网站与传统广电相得益彰，共同发展，开始逐步形成良性互动的大好局面。广播电视网站不断植入新的内容，增加博客、播客、论坛等 Web2.0 业务，为受众提供网络原生态的服务。伴随广播电视网站的完善，广播电视网站文化也逐步摆脱了传统广播电视文化翻版的局面，在独立生存发展的道路上不断前行。

比尔·盖茨们或尼葛洛庞帝们等网络精英都知道，网络只有让大众参与进来才有前途，而且网络具有凝聚大众、缔造更新文化的内在的无穷的潜力。同时，网络精英配合商业资本推动着信息技术产业和信息文化产业的迅速扩散，促使精英们所期望的大众参与大大地加快了步伐。普及性的大众网络文化生活就是在这种网络精英的文化效应和商业化效应带动下得以快速发展和推广起来的。当网络走向大众，便意味着网络时代真正到来了，同时也意味着网络文化从精英文化走向了大众文化。进入 21 世纪以来，随着网络技术更新换代以及网络的普及化，网络服务迅速应用到社会生活的方方面面，网络文化很快走向大众化方向。网络文化从精英模式迅速过渡到大众化，其中万维网（World Wide Web）人机界面的革命性变革起着关键性的作用。网络技术革新使得互联网的交流从精英式的交流走向了一种大众化的交流。这种技术的交流模式反映在网络文化的发展进程中，体现出从网络发达国家如欧美等地区向全球范围内的延展趋势。

四、融汇创造阶段

诚如加拿大著名史学家让·路易·鲁瓦在《全球文化大变局》中所说，随着财富从西方向东方和南部转移以及数字时代的全面到来，全球的文化格局正发生着空前变化，一张多元的、多文明的、多极的全球文化新版图正在形成。

西方文化强国凭借其雄厚的基础和强大的实力，不断发挥自己的力量，随着经济的发展和互联网带来的变化，东方各国、非洲和拉丁美洲国家逐渐登上世界文化的舞台，全球文化呈现出多元化态势。

根据新闻传播素材应用“二八法则”，传统报纸杂志广播电视最终能够编发播报的内容仅仅是采访资料的20%，另外的80%或因为版面限制时效性偏差节目容量不够等原因束之高阁，但是可以在网络传播领地大展风采。这些原生态音视频素材，经稍加整理编辑，就可以成为广播电视网络独家传播的新内容、独家舒展的新产业。这些原生态素材与已经播放的节目内容，通过科学合理的再编排，瞬间“旧貌换新颜”，排列组合出意想不到的网络节目场景。成立于1988年的美国卫星数字音频广播服务商XM卫星广播公司（XM Satellite Radio），看到了音频节目资源数字化的巨大产业市场，将20世纪20年代直到现在的爵士、古典、摇滚通俗等各类音乐作品分门别类重新打包装点，同时直播美国主要体育赛事以及谈话、喜剧、儿童、娱乐、交通、气象信息等。

第二节　文化生态

理解和掌握网络文化生态这一概念，既是政府管理机构了解网络文化发展前进动态，透彻民情民意的必经之路，是广大网民对深刻洞悉网络环境的共同要求和一致愿望，也是网络文化自身发展、自身完善、优胜劣汰的现实需要。网络文化生态系统的研究与构建，关乎新时期文明成果的传播和繁衍，影响到新新文化的传承、引导、发展与繁荣，紧密关联着全人类全社会的进步步调与前行节奏，甚至影响着人类的生存生活。可以预见，随着现代科技的不断进步，网民队伍的日趋壮大，网络文化产品不断丰富，网络文化形式日益多样，网络文化事件花样翻新，网络文化影响范围影响深度更大更深，网络文化格局和生态体系的变化将天翻地覆，各种网络文化盘根错节潜滋暗长，生存发展矛盾会日益凸显。为了全方位深入立体了解网络文化生态，谋求网络文化生态和谐平衡，需要正本清源对网络文化和特定的网络文化生态有一个全面正确而清楚的认识。

一、基本定义

互联网络不仅结合了各种现代科学技术，而且将全人类各个国家和地区、各级组织机构、形形色色的人群以及因此共同创造的各种形式各种形态的嬉笑怒骂、激情挥洒、口若悬河、随意游弋、指桑骂槐、指点江山等长官意志、民情民调、市井百态，“网罗”在一个小得不能再小、大得不能再大的虚拟空间之中，成为一种既看得见又摸不透、既虚幻缥缈又呈现现实的新兴文化现象。全球亿万网民以虚拟的网络赛博空间为传播通道，或创作文化作品，或接收文化信息，在对网络信息的获取、传播、交流和创造中，影响和改变着自身和他人的思维形态、生活态度和行为方式。简而言之，网络文化就是新兴网络技术与文化内容的综合体。

1955 年，斯图尔德的书稿《文化变迁的理论》首次提出了“文化生态学”的概念，倡导建立专门学科，以研究具有地域性差异的特殊文化特征及文化模式的来源，进而创立了文化生态学理论。1968 年，斯图尔德的《文化生态学》正式出笼，奠定了其文化生态学领域的领袖地位。根据斯图尔德的思想，“文化生态的实质是指文化与环境之间存在一种动态的富有创造力的关系。它说明了劳动类型很大程度上依赖于可用的技术和正在开发利用的资源的性质。这种劳动类型，随之也会对其他社会制度产生强烈的影响”。

2014年，中国接入世界互联网体系整整20个年头，中国互联网从无到有，从小到大，从大到强，从中国各层面的边缘颠覆开始向主流进军。正是在这一节点时期，“互联网生态圈”一词在我国各种互联网会议论坛场合被提及，更多的是思考企业如何在互联网空间体系中找到协作发展之路，谋划科学合理、上下对接、左右衔接，实现整体多赢效应。

2016 年，资深策划人广告人喻晓马、程宇宁、喻卫东共同编撰的《互联网生态：重构商业规则》出版发行，算是业界内外第一部全面系统从生态角度论证互联网“圈子”影响的专业读本，旁征博引，内容翔实。评论认为，“如果说互联网思维是术，那互联网生态就是道。思维可能停留在既定或者已知的知识范围体系内，而生态就要打破这种常规，给予企业发展无限可能。现在最火热的就是乐视，贾跃亭倡导的乐视生态，打破了以往企业发展的形态。乐视成了一个巨无霸，在各种领域都超常规发展。引得世人无限羡慕，乐视的市值也在急剧攀升。乐视生态不仅仅是打通内容、平台，更像是围棋高手在布一个大局，这个局精致磅礴，却又粗犷暗藏杀机。生态是无边界的，在无边界的市场中取得话语权，企业就可能成为生态平台，而生态是最有生命力的”。

网络文化生态是互联网时代的一个崭新概念，一直受到多方关注。党的十九大强调，要坚持依法治网、依法办网、依法上网，共同推动法律法规更好地贯彻实施。尽管各种场合时不时会见到“文化生态”“网络空间”“网络生态”和“网络文化生态”的字眼，以及各种各样的相关评注。但是，迄今为止，还没有一个非常严谨准确并且得到各方认同的概念。

依据经典文化生态学理论的延伸，结合互联网生态的基本特点，我们认为：网络文化生态是指在互联网（移动互联网）场域背景下，以人类生存、生活与发展的现实空间为基础，左右与影响网络文化信息产生、繁衍、再造的地域环境、人文环境、社会环境、科学技术环境和监管体制环境等因素构成的完整体系。这些环境因素物竞“网”择，枝蔓缠错，攀援依附，依存遮掩，高遮低挡，相生相息，绽放出形色万千的奇葩异卉。

在网络文化生态空间里，散布着人类文明的璀璨珍珠，潜伏着深不可测的壕沟陷阱，既有挥毫泼墨风情万种云卷云舒鲜花烂漫，传承与创意亘古未见的多元语言文化形态，同时也波诡云谲、阴霾密布、狡诈蒙骗，随处暗藏着万千沟壑、魑魅魍魉魃魈魁，滋生着枯藤野蔓、毒汁罂粟。在网络文化生态里，创造力的地位和作用空前显著，个性化得以最大程度释放。更自由、更开放的网络空间，为人类文明的振翅高飞，插上了无穷的想象力翅膀。注重整体平衡与循环互动，是构成网络文化生态的基本原则。

网络文化生态讲求和谐平衡、协作互助、共生共荣，离不开和谐文化的支撑。建设中国互联网和谐共荣的文化生态，就是通过互联网这一重要传播渠道，培育中国特色和谐精神，倡导中国特色和谐理念，形成整个社会共同的理想信念和道德规范，增强中华民族的凝聚力、向心力、亲和力，创造良好的人文环境和文化生态。

二、构成要素

随着互联网技术的不断发展，网络文化生态也在不断更新和变化。从目前网络文化生态现状来看，网络文化生态由网络主体、网络技术、网络社区、网络秩序和网络行为等基本要素构成。其中，网络主体是网络文化生态最具主观能动性的部分，网络技术则是发挥网络主体作用和效能的重要手段，网络秩序是规范和约束网络主体、网络技术、网络社区和网络行为的“度量衡”。

为了维护网络秩序，发挥其在网络文化生态中的中枢作用，必然要加强法律约束，用法治之剑为网络生态文明的建设保驾护航。我国正加大网络法治化力度，增强立法的针对性、系统性和前瞻性，为网络生态文明“秩序之美”提供制度保障。

（一）网络主体

网络主体是指在网络社会中以计算机网络为媒介与其他人取得联系的人。网络主体作为网络社会的主宰者，在创造和接收网络文化中不停转换身份，参与构建着新的网络文化时代。

在网络文化生态中，网络主体以虚拟的形式，在网络秩序的框架内，自由表达着自己的各种诉求和声音。其本身具备虚拟性、匿名性等特征，加之网络社会被构建的方式决定了网络主体的交往模式是网络主体与主体的互动模式，可以概括为网络主体间的交换信息。人在网络赛博空间中可以运用虚拟的技术手段，有意识、有目的地创造一个与现实情境相对立的理想情境，实现网络行为。

随着网络文化空间的扩展和“自媒体”的异军突起，个性鲜明的博客微博时代已经到来，网络主体的“主体性”更加色彩鲜明。微博、微信、朋友圈成为所有人的新闻发布会，一些贪污腐败现象和人物通过微博、微信平台被曝光、被惩治，一些不公正的司法判决（有些被事实证明本身就是冤假错案）得以重新审定重新宣判。政府在网络勤政、网络问政和网络施政等方面不断创新大展身手，搭建干群互动平台，互联网进入网络文化全民狂欢的时代。这种现状更需要理智面对文化生态，正确引导喷涌而至的网络文化浪潮。

（二）网络技术

网络技术是把社会资源、自然资源等分散凌乱散落的资源融合在网络空间变为一个有机整体，实现资源的全面共享和有机协作，使人们能够即时按需获取信息，科学透明地复制资源、使用资源、运用资源。

麦克卢汉说，“任何技术都逐渐创造出一种全新的人的环境”。[①] 计算机技术、数字技术、云计算技术、物联网技术和人工智能技术日新月异，创造出了一个史无前例的虚拟现实世界，颠覆了人们一代又一代传承下来的文化传载、生活方式、工作方式、社会结构和价值观念。

计算机技术、数字技术、云计算技术、物联网技术和人工智能技术的发展与创新，网络文化的创造力得到空前的释放和施展，网络文化的创作激情被充分点燃，网络文化的各个元素被充分激活，一个又一个网络文化形态层出不穷地涌现出来，网络文化的生态空间更为广阔、更为丰富、更为厚重。

在 Web1.0 技术时期，网络传载的表现形式主要是文字信息，大多数源自传统报纸、广播、电视杂志，网络广告也比较单调单一，没有个性特征，缺少原创作品，自然也就缺乏网络活性和灵性。到了 Web2.0 技术时期，网络空间马上多姿多彩、熠熠生辉起来，网络音频网络视频作品进入大众视野，网络广告的形式变化与创意空间今非昔比，博客、微博全民参与，一个网络文化的草根性即时性创造时代呈现在我们面前。

不可否认的是，网络技术是把双刃剑，既可能成为促进网络文化健康发展的“天使”，也可能成为扩散低俗文化、传播有害信息的“魔鬼”。网络痴虫、网络垃圾、网络欺诈、网络谣言、网络色情、网络暴力、网络侵权等负生态的兴风作浪，还需要高超的网络技术“魔高一尺，道高一丈”去降妖治魔。

（三）网络社区

社区是指进行一定的社会活动，具有某种互动关系和共同文化维系力的人类群体及其活动区域。网络社区，最早就是特指 BBS——网络论坛。近年来，

---

① ［加］马歇尔·麦克卢汉：《理解媒介——论人的延伸》，何道宽译，商务印书馆 2000 年版，第 25 页。

在互联网技术的飞速发展之下，BBS 的功能得到不断扩展，网络社区的外延不断扩张，包含了和现实社区一定的场所、一定的人群、相应的组织、社区成员参与和一些相同的兴趣、文化等特质。最重要的一点是，网络社区提供各种交流信息的手段，如讨论、通信、聊天等，使社区居民得以互动互通，成为全球计算机用户交流信息的园地，是网上进行频繁的社会互动、交流形成的具有文化认同的共同体及其活动场所。

网络社区一般分为以下四类：兴趣社区、交易社区、关系社区和幻想社区。兴趣社区特指同一主题、同一兴趣或情感倾向的网络社区，这儿集中了具有共同兴趣的访问者，突破了传统社区的地域性，让生活在不同地理区域的人们能够进行交流交往，能为社会中任何一个可以上网的人提供发布信息、表达观点的平台，并对这些信息和观点加以整合和扩散，起到强大的社会舆论效果。

网络社区的活跃是社会宽容度的重要体现，是广大公众抒发情感的重要管道，对缓解精神压力、减少社会矛盾具有积极意义。脸书、推特等社交网络的发展，微博、QQ、微信等的兴起，激发出广大网民想象力和创造力萌动，全新概念中各种类型的 QQ 群不断涌现，微信朋友圈如同滚雪球一般壮大，刷新着既往网络社区的新元素新形式，成为网络文化生态的源头活水。

（四）网络秩序

网络秩序指建立在网络平台上的规则性、条理性、公开性、公平性、公正性、连续性、可预测性和不可预测性，也包括网络信息的流向性、顺序性、对称性、平衡性、保密性和安全性等。网络社会因为其发展的高速度存在着更多的不确定因素，这些在本质上都需要得到秩序的保障。

（五）网络行为

互联网是一个由全球亿万人组成的虚拟现实共享空间，网络行为或网络活动是网络文化生态的重要因素。首先，通过网络行为，才能将网络的其他要素紧密联系起来，从而使分离的要素组成一个有机联系和互动的网络文化系统；其次，不同目的和方式的网络行为，调动网络文化因素的方式和途径是不一样的。也就是说，网络文化行为本身决定了网络文化要素发生作用的方式和途径，也就决定了这些要素活动的最终结果的文化价值意义。不同的网络行为有不同的价值追求，直接导致了网络文化的不同结果，决定着网络文化环境的样式。

网络行为总是和网络主体相联系的，是网络主体作用于互联网，与网络文化产生直接联系的环节。规范网络行为不仅要靠强制的法律法规，更需要一种正确的科学的引导，在充分享受公共话语权的同时，为构建和谐的网络文化生态增砖添瓦。①

三、生态正气

在2015年第二次国际互联网会议上，习近平总书记向全世界传达了国际互联网治理与合作的“中国声音”，提出了世界互联网共同进步繁荣发展的新主张，它也显示了中国在世界互联网中的自觉作用和对全人类的崇高承诺。

习近平总书记在2016年4月主持网络安全和信息化工作座谈会时，强调了建设天朗气清、生态良好的网络空间的重要性。营造天朗气清的网络文化生态，要弘扬和践行社会主义核心价值观，要立足中国民族优秀的传统文化，用社会主义核心价值观和人类优秀文明成果滋养人心、滋养社会。网络文化要弘扬主旋律，传播正能量，基调高雅、格调清新、追求高尚、境界高远。

在党的十九次代表大会上，习近平总书记代表十八届中央委员会在报告中八次提到互联网的重要性。“网络强国”将与建设科技强国、质量强国、空间强国、交通强国、数字中国、智慧社会齐头并进。习近平总书记指出，坚定文化自信，推动社会主义文化繁荣兴盛，营造清朗的网络空间。

习近平总书记的网络观阐明了网络在当今社会发展中举足轻重的地位，探索了网络发展的规律，为网信事业发展提供了理论和政策支撑。习近平总书记创造性地提出网络强国战略，有利于建设中国特色社会主义事业“五位一体”

① 参见曾静平:《网络文化学》，人民出版社2018年版，第89页。

总体布局和“四个全面”战略布局的顺利实施。习近平总书记的网络观是在信息化时代对马克思主义和中国特色社会主义理论的丰富和发展，对实现中华民族伟大复兴的中国梦具有重大现实意义。

党的十八大以来，党中央关于网络力量的战略思想以及网络安全和信息技术、网络内容开发和管理、新主流媒体建设等重要指导原则，使互联网更好地为人民服务，勾画出中国网络文化正生态总基调总纲领。

建设天朗气清的网络文化正生态，需要打破美国一家独大制订互联网游戏规则控制全世界互联网文化资源的“霸权格局”，呼唤创立平等、协调、平衡、协作、和谐的世界互联网文化传播新秩序。守正开新，气象万千。中国建设网络强国、网络文化强国，有助于全球网络文化生态新秩序的逐渐形成。

“网络空间是数亿人的共同精神家园。网络空间空气清新，生态良好，符合人民群众的利益。网络空间乌烟瘴气、生态恶化，不符合人民利益”。习近平总书记把“营造一个风清气正的网络空间”提升到人民利益的高度，充分体现了以人民为中心的发展思想。①

网络文化正生态指的是报纸、广播、电视等大众传播网站和各级政府网站的主流文化、地域文化和民族文化，以及企业网站源远流长的传统老字号文化，由此共同创建出来的良好网络文化环境。积极健康而且具有把关人特征的网络新闻、网络游戏、网络语词、网络博客与微博、网络社区、网络服务、网络书信、网络广告、网络婚恋、QQ和MSN等，都是网络文化正生态的具体表现形式。

网络新闻打开了崭新的新闻传播窗口，其传播速度和效率的即时快捷性、表现手法和形式的多样丰富性、接收终端的多元性和随意性伴随性、传播主体与客体的互动性互通性及互换性、传播内容的草根性原创性以及与传统报纸杂志广播电视等的融合性，给广大网民史无前例的清新感觉。

---

① 曾静平:《网络文化强国生态建设的中国路径与中国范式》，2017年10年24日，人民论坛网。

网络游戏伴随着互联网技术的蓬勃发展而产生，掀开了人类游玩的新一页。作为一种新型的文化产品，网络游戏满足了人类精神更多更高层次的需求。人们在公交、地铁、火车和飞机轮船上，通过手机、PAD和PDA等多位终端，尽情享受现代科技文化。网络游戏的内容、场景、人物设置和丰富多姿的表现形式，已经成为当今社会的一个流行时尚符号。

互联网的出现和发展，颠覆文化传承的各个方面和各个层面。伴随着互联网的发展而兴起的一类新新词汇——网络语词，就给广大网民耳目一新的清新气象。网络语词是网民为了适应网上交际的需要而即兴创造或应运而生的一种互联网特色的词汇，是与网络密切关联和在线流通的语言符号，随着时间的推移逐渐延伸到现实生活，有的还进入到主流媒体，入选新编的《现代汉语词典》。

亲、亚历山大、喜大普奔、鸡冻、神马、给力、囧、槑、山寨、卖萌、悲催、叉腰肌、打酱油、拼爹、吐槽、蛋定、砖家、围脖、菜鸟、冲浪、灌水、拍砖、爬楼、斑竹、酱紫、躲猫猫、楼脆脆、楼高高、范跑跑、姜你军、蒜你狠和萝莉等，作为年度网络热词，先后进入到网民视野。

网络语词生动形象，简约明快，或产生于“急中生智、灵光闪现”，或诞生于“将错就错、以错为正”，或“信笔涂鸦、约定俗成”，或“中西合璧、图文并茂”，以各种形式赢得广大网民的青睐，风靡于网络世界。网络语词本质上是现代汉语的与时俱进，是网络文化正生态的一种体现，是伴随着网民这一社会群体的出现而产生的社会化语言现象。

2010年11月10日，《人民日报》头版头条标题《江苏给力“文化强省”》让人大呼“意外”。一向严肃严谨的《人民日报》采用“给力”这样如此“潮”的网络语词做标题，引发如潮热议。在《人民日报》的“给力”带领下，全国众多媒体竞相效仿以“给力”做标题，《抗通胀工资是否能给力》《江苏公推公选给力阳光权力》《放鞭炮点火炬很中国很给力》和《中国体育舞蹈很给力》等纷纷亮相于传统报纸在职广播电视。对广大网民而言，在平素“一本正经”的传统媒体报道中读到这样的网络热词，瞬时平添了一分亲切感。网络语词作为网络文化正生态的先锋，影响力和号召力可见一斑。

第三节 文化类别

网络文化分类从来受人关注，也一直争议多多。2010年，曾静平等在高度总结各方面有关研究成果的基础上，发表了“论中国网络文化分级分类研究”，首次从不同级别、不同性质、不同类型的网络分门别类提炼文化内核，剖析网络文化形成的动力要素及其它们之间的复杂关系，提出了建构以“把关文化、绿色文化、主流文化”为特征的媒体网络文化、以“民族文化、地域文化、中华文明”为标志的政府网络文化、以“商业价值与社会价值并行不悖”为宗旨的商业门户网络文化以及以“挖掘老字号价值、缔造中国企业品牌文化”为要义的企业网络文化理论主张。① 这一论述为我国网络文化深层次针对性研究奠定了基础，为我国广播电视网络分级分类研究指明了方向。我国广播电视网络文化传播通过广播电视网站、广播电视微信、广播电视微博、广播电视公众号以及其他各种网络新媒体终端加以展现，形成独具特色的“把关人文化”“亲民文化”“时尚文化”，成为一道中国特色广播电视网络文化风景线。

一、把关人文化

我国广播电视传统媒体讲求“把关人”制度，在广播电视网络新媒体一样需要杜绝虚假信息和诱惑性信息，以建立绿色型网站为重要目标，给网民带来健康真实可信的信息资讯。网络中的“把关人”不同于传统媒体中的“把关人”，其拥有内容把关、技术把关、渠道把关等网络自身的种种特点，形成了网络中特殊的“把关人”文化。由于相对严格的“把关”，广播电视网站及整个广播电视网络新媒体自然能够形成绿色文化，或者说广播电视网络的“把关人”文化本身就是一种绿色文化。

传统广播电视是党和国家的喉舌，代表政府和国家形象，理应严加监管，

① 参见曾静平、李欲晓:《论中国网络文化分级分类研究》,《现代传播》2010年第3期。

也现实地处于相关部门监督管理之下。广播电视网站及“两微一端”等广播电视网络新媒体作为传统广播电视媒体在网络中的延伸，继承了传统广电的相关特点，抵制网络传播中所出现的不健康、不道德、误导性强的垃圾信息，严格内容“把关”与监管控制，形成独特的、绿色的大众文化。

二、亲民文化

亲民文化是以“亲”“趣”方式进入百姓生活、焕发文化深层魅力的新型文化形态，是增强全民族文化创造活力的具体体现。这种普通百姓触手可及的文化清新可人，在坚持文化自信进程中意义重大可以让更多积淀千年的优秀传统文化在创造性转化、创新性发展中走进群众、重焕生机。① 亲民文化是近些年在广播电视传统媒体和广播电视全网络全媒体中比较流行的一种文化形式，是社会进步的表现，与我国构建和谐社会的宗旨一脉相承。网络作为一种新兴的传播媒介，使得大众与名人若比邻，而博客 / 微博客代表了媒介越来越尊重个人的趋向，不仅迎合了人们的需要，也是媒介技术人性化的又一次进步。互联网有别于传统媒体最重要的特点在于交互性，强化交互性服务功能进一步增强了广播电视网络文化的亲民性。相对于传统广电，广播电视网站更易于接近大众，其文化更具有平民的特征。央视记者撒贝宁在央视网开通了“小撒探会”的两会博客，用普通记者的个人感观去观看两会，并通过平民化、生动性的语言将两会的点点滴滴记录在博客，加深了网友对两会的理解和认识。

传统广播电视的节目本身具有相当大的吸引力，拥有大量受众的关注，其上网以后，会延续其原有吸引力和人气，使得传统广播电视节目的影响力在网上延伸开来。广播电视网站及广播电视全网络全媒体将传统广播电视的影音节目加以加工整理开发，使之上网面对受众，形成了另一道亲和文化大餐。如凤凰网按照网络传播的特性，根据网民浏览心理与特点，将凤凰卫视的节目加工

① 李亚楠:《文化亲民才可爱》,《人民日报》2017 年 11 月 21 日。

成诸多小节，整理为系列并衍生开发出调查、PK、跟帖等紧跟传统广电节目的专栏，大大发挥了凤凰卫视的节目优势，节约了开发制作成本，使传统广播电视节目在网上成功延伸，网络文化在此间得以尽情浸淫弥漫。

中国国际广播电台的网络广播形成了节目互动性强的风格，即在节目的各个环节与网民和听众形成有效的强烈的互动。要策划与某一明星进行网络广播在线访谈，节目的策划者在以往积累的经验的基础上可以通过网络征求网友对节目策划的建议，打破墨守成规的节目制作思路，开辟令人耳目一新的新视野新感觉，在节目制作过程中，节目素材的丰富化是节目顺利进行的筹码，通过网络找到该明星的粉丝，向他们征集该明星的有关资料，这样在节目准备过程中，主持人和歌星面对面的访谈来得更加容易，也有助于受众的可接受性，当节目进行在线直播的时候，网友边听节目，边和自己喜欢的主持人聊天，主持人边主持节目，边通过聊天室与听众在线交流，充分体现出它的开放性和亲民性。名人博客是“我传人人，人人传我”的形式，“在技术层面上，已经从媒体价值链最重要的三个环节：作者、内容和读者，实现了‘源代码开放’”。

广播电视在传统领域拥有较大的影响力和庞大的受众群，其开展的活动会获得受众的广泛关注，其事件也会成为公众话题。由于网络传播具有低门槛、互动性和交互性等特征，广播电视网站成为传统广播电视开展各种活动的有效途径和得力帮手，受众对传统广播电视事件活动广泛的关注也自然会在广电网站中有所延伸。

三、时尚文化

广播电视常常与流行时尚结缘，流行歌曲、流行服饰与发型、流行故事、流行人物等都是广播电视的衍生物。20 世纪 80 年代前后的流行歌曲绝大多数来自广播电台的“每周一歌”，由此结集出版的磁带书刊风行全国。自 1983 年中央电视台开始主办春节联欢晚会后，春晚舞台上歌手影视明星的爆炸头、红衬衣、灯笼裤、喇叭裤等犹如“冬天里的一把火”，热涌华夏大地。只要在中央电视台春晚串一下台露一下脸，就一夜之间成了名人成了流行歌手等名角大腕。一首《难忘今宵》传唱了20多年，“你太有才了”“不差钱”等流行语言都是春晚的节选。《霍元甲》《少林寺》等一批武术影视剧的热播，引发中华武术不断升温，模仿者上至耄耋老者，小至嗷嗷待哺的婴幼儿，及至全球武术爱好者纷至沓来，寻找中华武术真谛，中华武术开始引领全球体育时尚。

流行文化带有较强的时尚性，各个时期都会涌现出不同的流行事物和流行现象。大众传媒无疑为流行文化的缔造者和推动者，不断创造各个时期的流行文化。广播电视网站由于兼具传统媒体和新媒体的一些优点，具有创造流行的天然优势。

我国广播电视网站一方面依托传统广播电视的强大影音资源优势，延续其强大的社会影响力，另一方面在网络中与受众零距离接触、全方位互动，使得流行文化更加盛行、流通速度更快，瞬间将一种流行文化传遍整个地球。广播电视网站也会因为其流行性而更受网民的欢迎，流行性是其运营管理方面的强大利器，广播电视网络文化不可避免必须也是一种流行文化。

我国广播电视网站及广播电视全网络全媒体在保持自身的独特性，在建设绿色文化的同时，也在不断地与流行时尚相接轨，在网站及“两微一端”等全媒体平台上放置一些娱乐性的音视频节目、动漫节目，让网民心情愉悦地接受，同时富有教育意义。由于广播电视媒体不可能全天候地播出流行性的节目，所以带有流行元素的节目必定大量地出现在广播电视网络上。目前，时尚、娱乐、流行等音视频专栏节目深受广播电视网民欢迎，是很多广播电视网所不可缺少的一部分，有必要进一步发扬光大。广播电视网站及广播电视全网络全媒体一方面要根据受众需要迎合流行文化风潮，创造流行文化作品，另一方面要结合传统广播电视制作的节目在广播电视网站中大行其道形成独特的流行文化，如湖南卫视的网站（金鹰网）配合卫视推广的“超女”“快男”“快女”等选秀活动，吸引了广大民众的关注，形成了社会上的流行话题、流行事件。

第四节 文化功能

我国传统广播电视机构是党和国家的喉舌，是思想舆论的重要阵地，拥有强大的人力、物力和财力支撑，这就使得广播电视网站及广播电视全网络全媒体在引领社会文化方面具有强大的影响力。我国广播电视网络的文化功能，大致可分为多向联动、公共文化服务、价值观念传播、娱乐趣味、形象塑造几个方面。

一、多向联动

一般概念中，谈及广播电视媒体融合互动，必然会说到“台网联动”。新时期中国广播电视网络在实际运营过程中，应该打破传统惯例，更多强调网络的重要性，突出其使命与地位，明确主张“台网联动”+“网台联动”+“全终端全网络全媒体联动”+“全社会全民众联动”，即以广播电视网络为主体“唱主角”，广播电视传统媒体做背书“当配角”，全体网民全体民众亿民共欢共舞，以此树立起广播电视网络的品牌形象。

广播电视网站及各类新媒体与传统广播电视栏目节目密切合作，资源共享、人才共享、市场共享，全方位全产业链实施统一规划、统一目标、统一行动，实现联动双赢多赢。广播电视网站可以延续传统广电的影响力，依托其原有品牌在网络中的延伸，在网络中获得受众的关注，可以依托传统广电的资源优势，提供各种音视频服务，实现自身的发展壮大。传统广播电视可以依靠广播电视网站的传播优势，弥补自身的一些缺憾，增加与受众的互动，使传统广电的影响力进入到网络领域，全方位地抓住受众眼球。如央视网延续了中央电视台的品牌优势与影响力，利用了中央电视台的节目优势，开设“部长论坛”“省长论坛”等吸引受众的参与，吸引更多受众参与其中，扩大了中央电视台在网络之中的影响。广播电视网络的联动功能，使得“台网联动”+“网台联动”+“全终端全网络全媒体联动”+“全社会全民众联动”在良性互动之中得到健康发展。

网络无所不在、互联互通的特性也决定了广播电视网站及广播电视全网络全媒体可以与受众实现充分互动，受众可以参与网站的论坛、博客，可以对节目、主持人表达自己的见解，可以零距离接触广播电视。传统广播电视、广播电视网站及广播电视全网络全媒体与受众紧密联系在一起，在充分互动全方位、全立体联动之中向前发展。

二、公共服务

覆盖全社会的公共文化服务体系基本建立，是实现全面建设小康社会的奋斗目标，足见建立公共文化服务体系的重要性。习近平总书记指出，“经常上网看看”，对于践行网络时代群众路线、做好网络时代基层调研、俯身为民干实事具有划时代的重要意义，广播电视网络在此方面很有作为。在网络世界，“眼见”不一定“为实”，网络环境下的公众舆论与真实的公众舆论并不完全相同。互联网舆论可以揭示问题，但它无法承载所有真相。要深入了解互联网世界人的感受，根本不可能只看网页，也不能只刷手机。这就要求广大党员干部培养一种完全不同的研究能力和对网络信息保持敏感，并且能够分辨出人们的真实感受。加强网络空间依法治理，归根结底，其目的在于让公众分享互联网发展的成果。

广播电视网络俯身为民做好公共服务，另一种含义是，政府机关党员干部要充分发挥互联网畅通舆论渠道的作用，破除投诉、谬误、谣言等负面能量，使更多的正能量得以表达和发扬。冤情的出现，是因为老百姓在生活中遇到困难的问题，一旦问题得到合理的解决，矛盾得到公正的处理，冤情和怨言自然就会消散。相反，错误的谣言是通过互联网被误解或恶意诽谤发酵出来的，要从网络监管和网络引导入手，努力纠正错误观念，澄清误解，惩治恶意言论。与此同时，冤情和谣言往往相互转化。冤情将不可避免地成为长期错误的素材，谣言也会在很长一段时间内引发群众的不满，再加上互联网的放大，其负面影响不应低估。因此，面对网络中的负面能量，我们必须在任何事情上都要小心，最大限度地控制负面因素在萌芽期，以防出现麻烦。

习近平总书记在中国共产党第十九次全国代表大会上的报告中指出，增强改革创新本领，保持锐意进取的精神风貌，善于结合实际创造性推动工作，善于运用互联网技术和信息化手段开展工作，增强科学发展本领，善于贯彻新发展理念，不断开创发展新局面。① 习近平总书记的报告对党的工作提出了新的更高的要求，是科学决策、科学管理、俯身为民的具体体现。

科学决策、科学管理、俯身为民，排解怨气怨言、谬误谣言等负能量，建设积极健康、向上向善的网络文化，营造风清气正的网络空间，让中国社会每个网民都承教受益，让每一公民每天充满正能量。疏经通络另一层意思指的是充分发挥互联网通顺畅达的市场营销功能和网络交往功能，将网络服务进行到底，带给广大民众网络购物、网络支付、旅游订购、网络寻医问药和网络炒股等更多的新型服务方式和文明体验，让人们在轻松自如间尽情享受现代文明的舒适、便捷和高效，处处洋溢着文化气息。

三、价值传播

网络交往打破了地域界限，全世界的各个国家和地区成了“地球村”。广大网民突围年龄、职业、性别的沟壑，可以让现实世界中语言表达相对弱小的人群海阔天空摇身一变为“意见领袖”，也可以使一个平素侃侃而谈的演讲大师沦落为一个旁听者旁观者。在网络交往过程中，各种语言文化交叉融合，各种文明成果共同分享，进而达成不同国家不同种族的文化交汇和传播，促进多元文化的跃升和繁荣，达成价值传播。

央视网的复兴论坛在这一方面堪称典范，将中华民族的伟大复兴与网络建设紧紧结合在一起。在 2008 年北京奥运期间，像央视网、上海文广网等这类的广播电视网站及广播电视全网络全媒体都不约而同加强了奥运报道力度，既满足受众需求又培养了国民的爱国热情，将中国价值中国文化传向世界。

① 习近平：《决胜全面建成小康社会　夺取新时代中国特色社会主义伟大胜利——在中国共产党第十九次全国代表大会上的报告》，人民出版社 2017 年版，第 68 页。

四、娱乐趣味

互联网是一个百家聚集的地方，在传统广播电视反馈信息延迟和滞后的时候，网络媒体的即时互动性加快了信息流通速度和流通效率，网民可以随时通过BBS、留言板、电子邮件等手段向广播电视媒体表达即时信息以及参与感受，大大节约了时间成本，也给广播电视文化提供了一个更有挑战性的生存场所。

娱乐是传统广播电视与广播电视文化中重要的组成部分，其最主要的功能就是消遣休闲、开怀畅笑。网络直播泥沙俱下，相应的弹幕打赏、弹幕评论、弹幕广告蕴含新的文化形式。和以往化一个变样妆开着电脑或者手机在家里对着镜头跟网友聊天、卖萌、露肉、换衣服让看她直播的人给自己送花送礼物来赚钱完全不同，来自安徽萧县的“水泥姐”萧国臣不需要多矫情、不需要多卖萌，而是用一个大家都会O嘴的方式来进行直播——搬水泥，很快吸引了200万的粉丝，成为新时期敢作敢当、吃苦耐劳、最具正能量的网络文化人物杰出代表。我国广播电视网站及广播电视全网络全媒体可以增强新闻报道、节目内容等娱乐性趣味性，以吸引更广泛的受众。

五、形象塑造

传统广播电视在长期的发展进程中已经形成了很多自身所独有的文化体系。在互联网普及到人们生活和工作的时候，这些文化体系也逐步进入了网络，加快了传统广播电视文化的传播速度，也加深了这种文化的传播力度。

传统广播电视造就的文化现象林林总总、斑斓满目。有学者认为，广播电视大众文化是商业文化和大众传媒、技术传播共同制造的“神话”，是一种多元文化共存中的大众文化。在中国的具体环境中，作为主流广播电视、边缘广播电视等不同层次并存的文化领域，呈现为主导文化、高雅文化、大众文化杂糅共存，构成了当代广播电视文化的主体风貌。

广播电视文化具有强烈的大众性，可以理解为“以商业利润为目标、以迎合大众意志为手段、以现代科技为依托、以大众文化消费群体为主要接受对象、以批量制造和大规模复制为主要生产模式、按照市场规律批量生产复制传播的文化产品”。网络文化同以往艺术文化的根本区别，就是鲜明的商业性和具象的物质性。

广播电视与网络文化的联系可谓紧密，尤其娱乐节目在中国的兴起，网络之风将娱乐推向一个新的高潮。2005 年，湖南电视台推出的强档娱乐节目“超级女声”火遍全中国，尽管百度不是“超女”的正式网络合作伙伴，但在三强角逐的最后时刻，百度贴吧的“超级女声吧”每天有超过 350 万用户访问，200 多万的留言。“超级女声”与“百度贴吧”建立了紧密的合作关系，并不仅仅是内容与平台的简单关系，还包括全方位的合作，而合作的基础则为两者都有的共同特质——互动联动。

上述典型的文化现象与网络紧密相连，发挥网络的传播力、增强宣传效果是很多广播电视媒介的追求目标。原本广播电视媒体策划的节目，不少却通过商业门户网站火爆起来，而广播电视网站作为传统媒体的一个网络平台被搁浅和忽略，不能不令人深思。

我国传统广播电视拥有自己的网站及广播电视全网络全媒体，拥有丰富多样的内容资源，拥有广泛的媒体渠道资源和黏度、忠诚度很高的受众资源，形成特色的广播电视网络文化理所当然。广播电视将其影音节目、娱乐资讯等内容加以整理，汇集到广播电视网站上，使传统广播电视文化在网络中生存并得到新的传播与发展，资源利用率也大大提高。与商业门户网站相比，广播电视网站可以衍生出新的文化形态：把关人文化、亲民文化、音视频文化、延伸文化和流行时尚文化等。中国网络电视台为央视的传统电视文化在网上提供了生存的空间。在央视网上可以看到中央电视台的所有节目，受众可以通过点播、直播的形式收看，而其论坛、博客、主持人空间也越来越为受众关注。广播电视网站给予了受众与传统广播电视媒体的互动机会，使传统广播电视文化真正在网上生根发芽、发展壮大。

| 第八章 |

他山之石

通过上述研究可以看到，我国广播电视行业的“互联网意识”逐渐深入人心，广播电视网站建设及全网络、全信息、全终端广播电视网络新媒体建设投入有所加大，吸纳了一大批广播电视网络新媒体技术人才，积极投身到广播电视网络建设与发展中来。近年来我国广播电视网络发展有了一定进步，但整体水平不高，广播电视网络产品活力欠佳，广播电视网络品牌竞争力水平亟待提升。2014 年，我国网民主要登录的视频网站排名前五的为优酷、爱奇艺、腾讯视频、百度视频和土豆网，排名前十的整体品牌和手机端品牌视频网站中不包含任何一个广播电视网站。学习借鉴境外广播电视网络发展经验，以他山之石可以攻玉吸纳妙计良方，很有现实意义。

随着互联网业务在全球范围内的迅速发展，世界各国的广播电视台将更多的发展规划瞄向了互联网事业，广播电视网站迅速发展起来。现在，全球共有电视网站数目达到了 4000 家左右，广播电台网站的总数量则超过了 7000 家。每个国家和地区都有独领风骚的广播电视网站，成功地引领人们广泛地接触国内外资讯。很多欧美大国的强势广播电视媒体集团，凭借着传统媒体数十年传承下来的国际传播力，已经借鉴互联网（移动互联网）的独特张力漂洋过海，构筑赛博空间“地球村”，在其他国家和地区甚至在全球范围内达到了空前的影响力。这种强大的广播电视网络新媒体新阵营，吸引传统广播电视媒体受众黏性追随，同时又伴生出向往欧美广播电视文化的新媒体受众，并以全新的传播内容、传播形式、传播终端，形成无可替代的网络传播效果。这种前所未有的广播电视网站、广播电视 APP、广播电视公众号、广播电视“两微一端”等全域全息全员全程全端全景广播电视网络新媒体，所营造出的全新传播空间，所展现出的传播文化传播价值，一方面与传统广播电视的品牌延伸效应有关，另一方面则反映出互联网络的技术张力，也体现了新媒体受众人群的客观需求。

自从传统广播电视诞生以来，欧美国家凭借地缘政治、技术创造与资本优势，很快占据着广播电视发展先机并迅速做强做大。很多年以来直到现在，全球著名的广播电视公司主要来自美国和欧洲地区，如 BBC（英国广播公司）、AOL（美国在线）、CNN（美国有线电视新闻网）、NBC（全国广播公司）和 CBS（哥伦比亚广播公司）等。近几年，亚洲地区的 NHK（日本广播协会）、KBS（韩国广播公司）积极拓张，中东地区的半岛电视台也因其积极追踪世界焦点而闻名全球。

这些在实力雄厚的传统广播电视媒体基础上发展起来的广播电视网站及各种各类网络新媒体，一样声名远播，很多欧美国家广播电视网络新媒体的媒介影响力、社会价值与商业价值远超很多商业网站及相关新媒体。其中，美国广播电视网络新媒体在全球广播电视网络新媒体的发展中遥遥领先。在亚洲，日韩的一些广播电视网站充分重视受众，尊重并满足受众需求，如韩国的 KBS 网站，一共开辟了 11 种语言的网络平台以满足全球受众需求。KBS 网站除推出新闻报道相关内容以外，还提供了较多的娱乐报道，其设置的娱乐频道共分为韩流冲击波、明星有约、电影世界和韩流速等四大版块，除电影世界的更新速度稍慢以外，其他栏目的更新速度都较快，一般一周更新一次。通过浏览娱乐频道相关内容，受众可以比较全面地了解韩国演艺圈的有关信息。

对比研究世界各国如美国、英国以及韩国日本等国家和地区的广播电视网站及其他各种广播电视网络新媒体，可以发现国外广播电视网站建设有关受众方面的成功经验，认识到我国广播电视网站对于受众重视的不足。我国广播电视网络发展，还需多向国外同行学习，多借鉴欧美发达国家的成功经验，充分重视受众的需求，依托传统广电的特有优势，服务受众、满足受众，吸引受众对于广播电视网站的参与。同时，我国广播电视网络还要树立市场意识、主体意识，不能仅仅满足于为传统广电摇旗呐喊，不能长期向传统广电等、靠、要，而要向受众主动出击，成为传播主体，将服务传统广电与满足广大受众结合起来。广播电视网站应当积极主动地研究受众特征、受众行为、受众需求，并结合自身优势为广大受众提供具有广电特色的服务，吸引受众对广电网站及各类新媒体的参与，做强做大广播电视网络新媒体，为中国互联网文化强国作出应有贡献。

第一节　起源及发展

英国是世界第一个商业电视台诞生之地，在广播电视网络新媒体建设与发展方面也走在全世界同行的前面，是所有国家和地区在20世纪80年代末就最早筹建广播电视网络新媒体的国家。当时，全球互联网经过美国有关人士精心酝酿和积极探索，刚刚开始迈向民用试验阶段，世界上绝大多数民众包括大部分发达国家还对互联网认识生疏模糊，美国接触到互联网的网络精英人士屈指可数，英国广播电视有识之士已经开始了广播电视网站的实质性建设。20世纪80年代末期，默多克新闻集团嗅觉灵敏，早早感受到互联网的巨大商机，早早感受到互联网与传统广播电视嫁接融合的无穷意义，毫不犹豫在第一时间尝试建设电视网站。1988年3月31日，新闻集团麾下的英国天空新闻频道（sky.com）脱壳而出，在全球所有传统广播电视公司（广播电视台）中率先感受到互联网与传统广播电视结合的特殊魅力，开通网络平台，成为全世界第一个上线运营的广播电视专业互联网站。一年多之后的1989年7月15日，老牌广播电视机构英国广播公司官方网站bbc.com创建上线。其时，作为互联网诞生之地的美利坚合众国广播电视机构，压根没有意识到会在互联网“自留地”让英国人抢得了先机，更没有想到传统广播电视与互联网融合生长的重要性，很长时间还在等着看英国广播电视机构经营互联网如何出洋相、如何摔得“鼻青眼肿”。

直到五六年之后，全球互联网风起云涌，传统广播电视报纸杂志与互联网的结缘逐渐显示出应有的价值，互联网诞生之地的美国广播电视机构才如梦初醒，开始创建广播电视网站。1993年9月22日，嗅觉敏锐、技术先进的全球电视24小时直播第一家新闻组织翘楚，凭借着为有线电视网和卫星电视用户提供全天不间断全球直播新闻报道以及突发事件的第一手资讯的美国有线电视新闻网正式上线了属于自己的官网cnn.com。随后，美国有线电视官方网站c-span.org于1993年10月4日上线运营。1993年12月16日，美国四大电视网之一的哥伦比亚广播公司官方网站cbs.com创立上线。1994年，美国娱乐与体育电视网官方网站espn.com、美国历史频道官网history.com和英国独立电视台官网itv.com陆续创建了官方网站触网上线。

1998年，互联网时任联合国秘书长阿南在正式场合确认为“第四媒体”，确立了互联网络与传统报纸杂志广播电视并驾齐驱的媒体属性与媒体地位，互联网传播的品牌形象和自我市场竞争意识在进一步被强化，在以美国等西方发达国家的带动下，全球广播电视网站建设掀起一个个热潮，各个国家和地区的广播电视网站陆续建设起来。由于“互联网意识”以及人力物力财力等多方面原因，20世纪末和21世纪之初的一段时间内，全球广播电视网站建设与发展呈现“西移东渐”的不平衡不平等局面，即西方大国的广播电视网站建设速度、建设规模、建设成型的网站数量，远远超过了第三世界国家和地区，广播电视网站的国内排名全球排名把其他国家和地区的广播电视网站远远甩开。在有一段时间内，全球11000余家的广播电视网站中，绝大部分来自西方国家，发展中国家所占的比例极少。尤其在非洲和南美洲的大部分国家，广播电视网站的建立与发展似乎成了一个遥不可及的梦。

进入21世纪以来特别是最近几年，世界各个国家和地区的互联网基础性建设投入不断加大，互联网意识不断深化与不断加强，很多发展中国家加大互联网投入建设力度，各个国家和地区的广播电视网站呈现出蓬勃建设与发展之势。至此，全球广播电视网络建设正在进入一个新的时期（见表8—1）。

表 8—1　全球著名广播电视网站域名、创建信息和综合排名①

媒体名称	英文域名	创建时间	国家排名	全球排名
美国在线	aol.com	1995-06-22	92	346
美国有线电视新闻网	cnn.com	1993-09-22	25	107
美国广播公司	abc.go.com	1998-01-09	129	492
全国广播公司	nbc.com	1997-06-17	736	3211
哥伦比亚广播公司	cbs.com	1993-12-16	331	1789
福克斯集团	www.fox.com	1995-12-20	3584	12288
娱乐与体育电视网	espn.com	1994-10-04	19	109
美国有线电视	c-span.org	1993-10-04	3385	18133
探索频道	discovery.com	1995-03-13	5262	21403
家庭影院频道	hbo.com	1997-11-14	373	2641
美国音乐电视频道	mtv.com	1998-09-23	1315	5452
美国家庭电影台	cinemax.com	1995-07-26	31866	67051
美国公共广播公司	pbs.org	1995-04-19	—	—
美国户外活动频道	outdoorchannel.com	1996-05-30	41382	337298
美国历史频道	history.com	1994-11-01	314	1548
美国彭博财经电视	bloomberg.com	1997-05-23	175	332
国家地理频道	nationalgeographic.com	1996-07-26	502	1097
英国天空新闻频道	sky.com	1988-03-31	61	1654
欧洲新闻电视台	euronews.net	1996-11-04	9810	193626
英国广播公司	bbc.com	1989-07-15	73	92
英国广播公司	bbc.co.uk	1996-07-31	—	—
英国独立电视台	itv.com	1994-11-01	105	4046
法国电视台	francetv.fr	1996-01-18	1086	26683
法国电视一台	tf1.fr	1995-10-18	105	3264

① 即时数据来自 2019 年 4 月 27 日 alexa 网站。

续表

媒体名称	英文域名	创建时间	国家排名	全球排名
法国第五电视台	tv5monde.com	2001-05-21	1074	11969
法国时尚台	fashiontv.com	1996-03-15	51697	240807
德国电视一台	ard.de	1996-10-23	207	6137
德国电视二台	zdf.de	1996-11-30	57	1529
德国之声电视台	dw-world.de	2002-05-18	578	2784
西班牙国家广播电视台	rtve.es	1999-12-15	49	2084
意大利广播公司	rai.it	2007-03-01	107	4315
意大利 Canale5 电视台	mediaset.it	1996-02-27	20	1260
俄罗斯第一频道电视台	1tv.ru	2002-07-28	128	989
俄罗斯国家电视台	rutv.ru	2002-08-13	210747	2367242
俄罗斯独立电视台	ntvplus.ru	1999-09-14	2167	25209
澳大利亚广播公司	abc.net.au	1998-01-09	13	1020
澳大利亚民族电视台	sbs.com.au	2005-10-28	87	3784
印度太阳网	sunnetwork.in	2002-09-12	8915	112273
加拿大广播公司	cbc.ca	2000-09-21	23	1079
加拿大电视台	ctv.ca	2000-09-21	393	17933
日本电视台	ntv.co.jp	2012-09-21	501	6351
东京电视台	tv-tokyo.co.jp	1995-05-09	340	5635
富士电视台	fujitv.co.jp	2008-12-03	316	5301
朝日电视台	tv-asahi.co.jp	2014-06-03	352	5872
菲律宾广播电视网	abs-cbn.com	1996-01-18	3	230
美亚电视台	matv.com.hk	2000-10-11	—	1660055
阿拉伯卫视台	alarabiya.net	1999-09-15	123	3392
半岛电视台	aljazeera.net	1996-08-30	84	3590

续表

媒体名称	英文域名	创建时间	国家排名	全球排名
中国香港凤凰卫视	ifeng.com	2004-10-27	61	329
中国中央电视台	cctv.com	1997-05-21	189	1330
中国中央电视台	cntv.cn	2003-03-17	668	4886
中央人民广播电台	cnr.cn	2003-03-10	—	—
中国国际广播电台	cri.cn	2003-03-10	1208	8778

一、整体格局

通过表8—1全球有代表性的著名广播电视网站域名、创建信息和综合排名可以看出，全球各个国家和地区的国家级广播电视机构以及著名的广播电视机构都建立了属于自己的官方网站，与商业门户网站、企业网站、政府网站“四轮驱动”着全球互联网并辔齐驱发展前行。1996年1月18日创立的菲律宾广播电视网abs-cbn.com，在菲律宾全国影响力位居前茅（2019年即时国内排名第3位），澳大利亚广播公司、美国娱乐与体育电视网、美国有线电视、意大利Canale5电视台、加拿大广播公司、美国有线电视新闻网等各自的官方网站都在所属国家人气指数很高，位居全部国内互联网站前三十位。从一个国家和地区广播电视网站的整体实力考察，美国、英国以及欧洲发达强国的广播电视网站集群力量优势显著。美国的四大电视新闻网及美国娱乐与体育电视网、美国有线电视机构等网站竞争力名列前茅，英国、法国、德国、意大利、俄罗斯等国家级广播电视网站不仅代表着媒体网站发展方向，也具有很强的全球竞争力。除中国香港凤凰卫视官方网站及全网络新媒体建设与发展势头良好（网站排名列国内61位全球排名329）之外，国内广播电视网站的国际国内排名尚有提升空间。

经过二三十年的网站建设，大多数广播电视机构还在建设与完善广播电视官网的基础上，逐渐完善了全网络、全信息、全终端“中央厨房”式的全媒体平台体系，广播电视网络基本上形成了自成体系的新媒体新生力量。

上述广播电视集团或电视台的网站中，大部分广播电视网站的子站点数都达到6个，有的甚至超过10个，如探索频道Discovery channel和韩国KBS电视台都分别设有20个子站点，意大利广播公司RAI设有34个子站点。一般而言，广播电视集团越庞大，子站点数就越多，其网站建设的资金投入和人力投入就越多。列表中，有12个广播电视网站排名位于全球网站的前1000位，其中仅美国就占据6家。美国有线电视新闻网CNN和娱乐与体育电视网ESPN挤进世界前100位，分别名列世界排名第80位和第82位。美国广播电视网站的整体实力可见一斑。其他6家排入世界1000名之内的分别是英国的天空新闻频道、英国广播公司BBC、日本的NHK、菲律宾广播电视网、中国香港的凤凰卫视。

二、页面设置

从网站页面设置来看，以上提到的境外广播电视网站页面的综合性很强。由于每个广播电视网站所倚重的内容不同，因此页面主打内容与风格设置也不同。如CNN注重的是对世界各地重大新闻的第一时间报道，半岛电视台强调的是世界热点地区热点问题的追踪报道和深度挖掘，而ABC和CBS更加倾向于娱乐方面的内容，ESPN注重的是对体育赛事的实时播出。一般情况下，新闻网站页面整体是以文字为引导，图片和视频为文字做铺垫；而娱乐生活网站页面则是以图片为主导，还有相当一部分此类网站主攻视频节目，文字报道只占很少比例。不管哪种内容特色的网站页面设置，它们在视觉冲击力的基础之上注重整个色调的和谐统一，给受众非同一般的感受，并能够激发受众的深度阅读。

三、首页频道

频道设置作为网站建设最重要的因素之一，是整个网站建设的基础。频道设置，能够使受众在第一时间内决定是否继续浏览该网站，它对整个网站内容的引导起着提纲挈领的作用。

在频道设置方面，西方与国内广播电视网站最大的区别就是，这些网站的首页顶端的频道设置十分简单，让人一目了然过目不忘。如加拿大广播公司CBC的频道设置，一共有7个频道和一个更多选项，分别是电视、广播、新闻、体育竞技、音乐、艺术、本地和更多选择。

美国广播公司（ABC）的网站主页面设计更简洁明快，首页顶端只保留了2个频道设置，分别是节目秀和在线观看，另外两项为搜索和菜单，了然于胸的内容全部置于页面中，分为了今晚播放、即将上映和相关内容。

有的广播电视网涉及的内容广泛，频道内容在页面中分级显示，如探索频道。探索频道的首页顶部的频道设置包括视频、鲨鱼百科、电视节目目录、虚拟现实、直播、新闻、博客、生活掠影和商店，最左侧可选择内容类型，如选择所有节目，页面下方会出现第二层级的选项：冒险、动物、车类、地球、历史和生活话题6个频道。有的广播电视网涉及的内容广泛，新频道在首页纵向浏览的过程中会不断出现，底部更是提供了更多频道选项，如澳大利亚广播公司的网站首页。

四、内容特色

由于广播电视媒体经营的内容各有不同，所以各个广播电视网站的发展也各具特色。对于综合性较强的广播电视媒体，其网站发展也具有综合性，如福克斯集团。很多专门服务于某一特定领域的电视媒体网站的内容偏重性也很强，如ESPN已经发展成为当今最著名的体育电视网，其网站主要服务于体育赛事等内容，而且针对中国体育爱好者专门设计了中文网站。

福克斯集团是默多克集团旗下一个综合性的广播电视网，可以依据主页底部的导航条浏览网站，该网站不仅服务于新闻、体育和娱乐，还涉及电影播放、电子商务以及付费频道等服务。

福克斯新闻频道专门在福克斯电视网站提供各种新闻报道、新闻资讯和各方评论，通过醒目的网页标题、图片、FLANSH、动漫等多元表现形式和表现手段，为广大民众提供政治信息、商业服务信息、生活起居信息以及各方人士的即时话语评述评点。民众关心关注的出行信息更是实时更新，以便于随时查阅，如查询天气的“Weather Forecast”、查询航班的“Fight Tracker”、提醒消息订阅、专门寻找并预订旅馆的“Hotel Finder”、商店“Fox News Shop”，以及查阅全日夜新闻节目时间表等。

内容经营是 ESPN 网站的又一大特色。ESPN 网站提供各种体育新闻，与其他网站相比，该网站下属站点访问量普遍较高，不仅受到本土体育爱好者的强烈欢迎，同时该网站在其他国家也深受欢迎。ESPN 提供多语言的服务，而且根据不同国家的体育热点以及体育关注赛事，每种语言版面的频道内容有所不同。比如说，ESPN 英文网站的频道设置包括板球、足球、赛车、网球、曲棍球、高尔夫球、橄榄球以及其他运动频道，而在中文网站（espnstar.com.cn）中设有的则是欧冠、国家足球、中国足球、篮球、F1、奥运等其他频道。因地域差别而配置不同地区受众喜爱和推崇的运动频道是 ESPN 的一大亮点。

ESPN 不仅提供体育赛事新闻等方面的跟踪报道和详细报道，同时，所延伸出来的相关业务在其网站上也有所体现。如 ESPN SHOP，此频道向受众提供相关队服售卖业务，如 NBA、NFL、MLB、COLLEGE，还分设了休闲装、正装等频道，点击进去可以查询相关服装系列及其标价。体育迷对这些服装的热爱不亚于对体育赛事的关注，因此，ESPN SHOP 频道人气较高，很受广告主青睐。

五、更新速率

网站人气的聚集以及网站排名的上升，与网站内容的更新速度有密切的联系。境外著名广播电视网站的更新速度频繁，每天更新一次，遇到特殊事件、突发事件，很多广播电视网站的信息会实时刷新，并配发相关现场评述专家评述。秒时更新“秒新闻”成为当下与未来广播电视新闻网站杀出重围的重要利器，也是独家制胜法宝。即时新闻独家新闻与强大的广播电视媒介品牌强力组合，其传播动力传播效果无与伦比，也能够拉动更多的网站受众成为铁杆粉丝。广播电视网站新闻追求更新速率，强化“秒新闻”概念，讲究“秒失效”，尤其体现在倚重新闻资讯的广播电视网站上。遇到突发事件时，实时更新与深度追踪报道更能成为品牌力度的重要体现，如CNN的网站新闻是24小时新闻滚动在线。另外，体育类节目也对时效性要求较高，体育广播电视网站大部分实现了在线视频直播，有专门的人员负责体育赛事的文字新闻在线直播。

六、受众来源

境外广播电视网站有着强烈的国际视野与全球战略，世界排名靠前的广播电视网站的受众有20%以上来自本土之外。美国的AOL、CNN、ESPN、英国的BBC、韩国的KBS等都在本国之外有着很高的人气指数（见表8—2）。

表8—2 全球著名广播电视网站本土访问情况[①]

网名	所在国家	国家排名		访问比例
		2009年	2019年	
aol	美国	41	92	67.9%
cnn	美国	24	25	67.4%
bbc	英国	6	73	61.3%
espn	美国	20	19	83.9%
nbc	美国	488	736	75.7%
aljazeera	卡塔尔	103	84	2.2%
kbs.co.kr	韩国	157	269	82.6%
cri.cn	中国	427	1208	82%
ntv.co.jp	日本	234	501	96.4%
ifeng	中国	42	61	95%
cctv	中国	58	189	98.8%
cnr.cn	中国	532	—	93.8%

① 数据对比分别源自2009年11月3日和2019年4月27日alexa网站。

其中，卡塔尔半岛电视台网站（m.aljazeera.net）依靠全球战略决胜千里，在沙特阿拉伯和埃及的网站访问比例均超过了 10%，依次为 14.4%和 10.1%，美国有 8.8%的访问比例，在中国也有 1.6%的访问比例。尽管在卡塔尔的网站访问比例仅仅为 2.2%，仍然在当地排位靠前，居 103 位，这也是唯一一家 10 年过去全球网站排名和国家网站排名不降反升的广播电视网站。

以上列举的所有广播电视网站都有大量的广告收入。搜索引擎广告在这些网站中体现得较为明显，很多网站一般都会与 Google 和 Yahoo 合作。其中，汽车手表类广告是广播电视网站中广告的大类，他们的消费者定位在消费层次较高的人群；化妆品以及洗涤类的广告也占据不少份额。如，英国独立电视台 ITV 网站（www.itv.com）就曾出现了洗涤用品 DAZ 的广告，以及 Google 搜索引擎广告，同时还涉及电子商务网站广告以及化妆品品牌欧莱雅的广告。

不难发现，广告主品牌价值同时也反映了广播电视网站的品牌价值，一个品牌力越强的广播电视网站，往往聚集了大量国际品牌的广告。一般而言，广播电视网站的广告主要来自本土品牌。这些广告主和广播电视网站之间有着相互认知、相互吸引的过程。一方面，广告主想借助广播电视网站的向心力和媒体品牌实力塑造自身形象；另一方面，广播电视网站在获得广告收入的同时，也因为这些大牌的广告主提高广播电视网站的综合实力。由此，强强联合，自然会获得更多的广告认知效应。

第二节　美国广播电视网

美国是广播电视大国，全国有 12000 多个广播电台和近 2000 个电视台，大多数广播电视机构都在 20 世纪末 21 世纪初创立了具有自身广播电视特色的官方网站，是全世界最为发达的广播电视网站群体，美国已经建设成型的广播网站总数规模庞大，占世界广播网站的七分之四以上。

目前，美国广播电视网站的数量规模和行业影响力冠绝群雄，而且美国探索频道、美国家庭影院频道、美国音乐电视频道、美国家庭电影台、美国公共广播公司、美国户外活动频道、美国历史频道、美国彭博财经电视和国家地理频道特色优势显著。而美国传统大牌电视新闻网如CNN（美国有线电视新闻网）、ABC（美国广播公司）、NBC（全国广播公司）、CBS（哥伦比亚广播公司）创建的官方网站则在新闻信息传播、音视频资讯传播等方面独树一帜，抢占着媒体网站的全部风头，在全球广播电视网站中独占鳌头。

一、美国有线电视新闻网（CNN）

美国有线电视新闻网是全球第一个以24小时电视直播新闻资讯的专业化程度超高的电视新闻机构，其报道的各种突发新闻、即时新闻、重大人物新闻、重大题材新闻等的音频视频材料，在世界各地的新闻传播机构中深具号召力和权威影响力，是包括中国中央电视台在内的世界各个国家和地区主要电视机构的重要信息来源地。与美国和国外的数百个新闻机构合作，其节目通过世界各地的一千多个分支机构传播。

1993年9月22日，美国有线电视新闻网正式上线属于自己的官网cnn.com。近年来，CNN大大加强了以cnn.com为原点放射到APP、新闻公众号、“两微一端”等各种各类新媒体的应用。2013年5月，一个由CNN与BuzzFeed合作推出的新闻频道CNN BuzzFeed，横空出世，目标受众锁定为2000年后出生的年轻人。美国有线电视新闻网和BuzzFeed合作的模式是Buzfeld利用CNN的新闻资源，根据社交网络的特点重新编辑其新闻材料和档案材料，然后在CNN Buzfeld频道和CNN的官方网站上以新闻集和域外媒体的形式播出。

美国有线电视新闻网非常专注于新兴媒体的发展，并取得了很大的成就。2014年，CNN网站的平均每月国内浏览量为3900万。2015年6月，该网站的全球流量为2.21亿，达到了该网站历史上的最高水平。与同类网站相比，他们的点击率也遥遥领先。

2014年7月，CNN推出了一个名为“收看CNNx”的应用程序，这是“电视无处不在”（TVE）功能的升级版，为观众提供了一种在移动互联网媒体环境中通过各种终端观看新闻的新方式和新体验，重点是加强受众的主动性和选择性。2014 年 9 月，CNN 推出了“CNNGo”，以加强其多平台发布能力，允许用户在其他终端观看频道上的直播和点播内容。2015 年 4 月，CNN 发布了一份新苹果手表的申请。该应用程序提供了四个主要的交互接口。2015 年底，CNN 在 Roku Player（Roku Player）和 Roku TV 平台（Roku TV）上推出了无处不在的电视应用“CNNgo”（TV Everywhere 应用），节目内容包括直播 CNN 节目和点播节目。①

美国有线电视新闻网网站 CNN.com 创建于 1993 年 9 月 22 日，全球排名为 100 位左右，在全美网站排名 20 位开外。6%的美国成年人口每天都会登录美国有线电视新闻网的域外传媒域网站阅读新闻（这一数据低于全国广播公司新闻网 nbcnews.com 的 9%，高于福克斯新闻网的网站 foxnews.com 的 5%），日均 IP 访问量近千万。网站页面设计干净简洁，虽然由几千个网页组成，但结构严谨、层次分明，无弹出广告及浮动内容，使受众访问便利、浏览舒适。CNN.com 首页分三栏，左中栏为新闻，右栏为视频、电视、投票、市场、iReport 等内容，其条理性方便了受众对内容的查询。右栏上方为视频和电视，将其在广电领域的优势资源置于显著位置，便于受众点击欣赏。除此以外，CNN.com 还设置了 iReport 栏目，鼓励受众将自己的报道上传到 CNN.com，网站声称不经编辑与过滤，受众能够看到所有的“iReport”。网站还会挑选部分报道在 CNN 电视中播出，一方面鼓励了受众的上传行为，为 CNN.com 吸引了更多受众，增加了受众的忠诚度；另一方面也为 CNN 带来了许多报道素材，发挥受众集体智慧，增加了报道的广度和宽度，带来了视角的全面转换。CNN.com 开办的 iReport 等栏目，实现了台网联动、受众与网站的联动，最大限度地实现了电视台、网站、与受众的良性互动，这一点值得我国业内人士学习与借鉴。

由于 CNN 的特色内容是新闻报道，所以它的网站的内容风格和设计也体

① 参见李宇:《美国有线电视新闻类频道的发展现状与特点——以 CNN、FOX News 和 MSNBC 为例》,《现代视听》2016 年第 1 期。

现了新闻严肃的风格。网站主页以黑、白二色为基调。网站首页显著位置是大幅新闻照片，以及相关重要新闻的标题。首页左侧设有要闻、新闻和评论、推荐内容等板块，下方有更多的图片主导的内容板块，如政治、观点、技术、娱乐、体育、健康、旅行、生活，再往下则是提供视频内容的板块。

按照主页导航栏所列，网站基本内容分为 11 个部分：美国、世界、政治、财富、观点、健康、娱乐、时尚、旅游、体育、视频，这也就是本网站的 11 个网页组。受众点击各组内容，都会获得详细报道。除了财富和体育之外，其他这些网页组的格式同 CNN.com 主页基本相同，色调则出现了一些变化，美国和世界的新闻页面除了黑白主色调外，在顶端有蓝色调的彩条背景，娱乐页面用的黄色彩条，旅行页面为紫色，政治页面则以灰白为主，部分辅以湖蓝色背景凸显新闻主题，财富页面全部以蓝白为主色调，观点、体育及视频页面仍旧为黑白色调。即便色调有些许差异，但一致的形式感使整个广播电视网络形成协调统一的整体，严谨而有序。财富组与体育组相对独立，内容更加丰富。

除了以上基本内容外，网站右上角和底部的左下角还可就网页版本做出选择，包括了国际版、阿拉伯版和西班牙版。

CNN 国际版是 CNN 国际频道的网站（edition.cnn.com），本着将世界各地的最新新闻信息传达给受众的目标，主要由来自伦敦和香港的工作人员进行负责，这个网站的建设主要依赖于来自全世界各个地区 4000 多名 CNN 的新闻专业工作者。

CNN 充分利用既有的全球化新闻直播采编播组织网络，具有独一无二的全球信息资源快速反应优势，设立有西班牙语、德语、阿拉伯语、日语等多个外语频道网站，网站提供的其他服务内容有信息检索、按揭及储蓄信息查找、天气查询、故事投稿、我来播报（用户在 Facebook、Instagram 和 Twitter 端与 CNN 分享内容，并在 CNN 的 ireport 页面中显示）、直播电视。

二、美国广播公司（ABC）

美国广播公司历史悠久，在美国受众心中具有相当高的传播地位，在全美四大电视网中一直位居很高的收视份额。最近一段时间，美国广播公司的电视收视率占美国家庭总数的 30.13%，电视收视率和无线电收视率位居第二，是美国三大商业广播电视公司之一，运营费用主要来自电视节目广告收入和广播电视网站等新媒体运营收入。

ABC 的网站域名为 abc.go.com，该网站一改严肃风格，页面以黑、橙、白为主色。在 2008 年 12 月，该网站还以黑、蓝两色为主时，圣诞将至，ABC 网站由深蓝渐变成浅蓝的底版上分布若干雪花，镶嵌着一条条紫红的分栏线，所有页面文字都是白色，给人以热烈的感觉。宣传的标语是 happy holiday，start here，整体色彩和标语和谐呼应。现在的页面配色风格更加活泼明快。

从 ABC 网站的主页面来看，内容设置简练，用一系列的剧情图片内容来支撑整个页面，视频节目也是其主要内容之一，而文字只作为一个引导性的介绍而存在。

频道设置之外，首页还有 8 个节目的预告视频在线播出，观众可以随时来这里观看 ABC 电视频道当天播放的精彩片段，即点即放，视频清晰度很高，视觉冲击强。另外，还配备了相关电视剧情照片的预告，观众可以点击“免费观看”服务区。而对于主页的下半部分的最新电影或者电视剧的视频预告片，只有美国地区的观众才可以点击收看。

主页顶部有相应的频道设置。依据上方的频道导航，可以浏览 ABC 电视的节目内容。导航包括“shows”“watch live”“search”和“menu”，点击会出现下拉菜单，其中“shows”下拉菜单展示了热播的节目，“watch live”直接进入每周的直播节目单，“search”方便受众搜索感兴趣的节目内容，“menu”给出了其所提供的更多服务内容，如观看记录和个人设置、节目单、app 应用、音乐、电影、商店等。

另外，ABC 几个相对独立的子网站主要包括：

ABC News：该主页上部分是当天重要的新闻图片和新闻内容文字简介，下部分是其他新闻标题、重要专题以及话题趋势的统计数据。页面底部同页面顶端导航一样提供了多种分类选择，包括美国新闻、世界新闻、政治、奇闻、投资、健康、娱乐、体育、财富、技术、旅游、菜谱、新闻话题、直播博客，还包括节目内容和工具的多种选项。ABC News 页面信息相对于 ABC 网站更加全面和细分。

ABC Sports：该主页左侧位置为实时更新的体育赛事结果报道。右侧最显著位置为近期重要的体育新闻，以大图形式展现。页面右下方位置主要提供某些视频材料，视频链接到 espn 网站进行观看。

ABC Radio：这是 ABC 广播网的网站。据称，该网络有 4500 多个附属电台，其中包括 5 个骨干网络，每周听众达 1.47 亿人。网站内容分为三个部分：新闻节目、音乐节目和体育节目。另外，美国广播公司与全国 200 多家电视台联网。

总之，ABC 网站给人的总体感受就是既简洁又好看，单个页面提供的内容丰富而不繁冗，网页浏览十分方便。ABC 网站与别的网站很大的不同点在于，该网站所有的内容重在宣传和展示自己的特色频道和主打节目，内容多为娱乐性的，并且网络广告数量较少。

三、全国广播公司（NBC）

美国全国广播公司（NBC）官方网站 nbc.com 创建于 1997 年 6 月 17 日，是全美知名广播电视机构中建立官方网站较晚的。此前的 1996 年 7 月，美国全国广播公司已经开始了传统广播电视与互联网大公司微软公司的“强强联手”，联合推出了面向新闻的 MSNBC 频道，从此可以通过有线电视和互联网随时随地向世界各地进行广播电视传播业务。美国全国广播公司（NBC）官方网站 nbc.com 深知品牌建设的重要意义，专门创设了网站广告语“Chime In！”。

与前两个美国广播电视网站不太相同的是，NBC 页面以图片为主，图片几乎铺满整个页面，文字仅作内容摘要，在页面最低端出现了细分的二级菜单供受众选择。NBC 网站主要分为 6 大频道，分别是节目秀、电视剧、节目表、新闻和体育、商店和直播。因图片提要为主，NBC 网站从整体上更富视觉冲击。此外，NBC 网站的广告相对较少。

MSNBC 是一个地位较为特殊的子网站点（MSNBC.NBC.COM）。它本身属于 MSNBC 电视频道的网站，但又纳入 NBC.COM 之中，同时也与微软网站 MSN.COM 相链接，导航区下拉菜单提供更多内容选择，如“Explore（发现)”菜单列出民主党人、教育、平等、健康、共和党人、经济、选举、绿色、国家安全、社会等相关词汇，网站导航中另外还有“Watch(观看)”“Join In(加入)”和“Speak Out（发声)”三项内容。

电视剧下载是 NBC 的一大特色。目前，很多广播电视网提供电视剧下载服务，但绝大部分网站都是需要付费的。2007 年 11 月，NBC 在其官方网站上面开通了《办公室》(The Office)、《我为戏剧狂》(30Rock)、《实习医生风云》(Scrubs) 以及《英雄》等剧的免费下载。通过这个功能，网民能直接从 NBC 的官方网站下载电视剧。当然，还有一些附加条件——只能用 NBC 提供的专门的播放器播放，并且还附属其他一些要求。比如说，使用的必须是微软的 IE 浏览器，NET framework 必须是在微软官网下载的最新版本，还需要及时更新 WINDOWS。电视剧下载以后，网民需要在 48 小时的时间欣赏，否则会自动被删除。同时，在这些电视剧中会插入一定数量的广告，这些广告是不能跳过的。目前，这项功能只提供给美国的 Windows 用户，而在美国以外的用户和使用 MAC 的用户不能直接下载和欣赏电视剧。

值得注意的是，一家打着“美国全国广播公司——FT 中文网”的网站，很容易混淆视听欺世盗名。打开网页才知道，FT 中文网（FTChinese.com）实际上是英国《金融时报》集团旗下唯一的中文商业财经网站，旨在为中国商业精英和决策者们提供每日不可或缺的商业财经新闻、深度分析以及评论。

四、哥伦比亚广播公司（CBS）

美国哥伦比亚广播公司有 7 个直播电视台，200 个附属电视台，14 个直播电台，以及许多附属广播电台，这些广播电台连接成一个庞大的国家广播电视网络。

美国哥伦比亚广播公司官方网站创建于 1993 年 12 月 16 日，是与美国有线电视新闻网同一年成立官方网站的广播电视网站公司，网站域名 cbs.com。首页的频道设置包括节目秀、电视剧、直播电视、我的 CBS、节目表以及商店。网站主页除了整体布局以及颜色处理上吸引眼球外，最突出的是，首页都是重点节目视频的链接，点击进去可以直接观看视频节目。主页的最上方大型节目的预告宣传图片，一般都附有 Video Preview，点击后可以观看宣传片。

在视频网站异常火爆的今天，不难看到 YOUTUBE 不仅稳稳占领了美国市场的半壁江山，而且已经推向全球。美国本土著名的视频网站 Hulu，也造势很大。虽然 CBS 网站已经在电视剧电影等在线收看占据优势，但是视频网站的潜在市场也激发了 CBS 向专业视频领域进军的决心。2008 年 5 月，CBS 互动公司耗资 18 亿美元收购 CNET 网站时获得了 TV.com 这一黄金域名。CBS 将联合多个视频内容供应商，将 TV.com 转型为一个名副其实的网络视频站点，内容将主打电视剧。TV.com 网站每月的独立访客为 1600 万人，网站拥有近两万部电视剧的资源。由于该网站目前具备很高的社区人气，CBS 计划新版网站不仅要赶上 Hulu，而且要超过对手。

第三节　英国广播电视网

英国是全世界传统广播电视机构中最早创建官方网站的国家，是在 20 世纪 80 年代广播电视网站“吃螃蟹”的创新国度。1988 年 3 月 31 日，默多克新闻集团麾下的英国天空新闻频道（sky.com）开通网络平台，成为全世界第一个上线运营的广播电视专业互联网站。一年多之后的 1989 年 7 月 15 日，老牌广播电视机构英国广播公司官方网站 bbc.com 创建上线。

英国广播公司（British Broadcasting Corporation）是闻名全球的广播电视公司。BBC 目前积极拓展互联网业务，提供了大量免费、无广告的媒体资源，提供其所有电台节目的免费业务，其网站深受广大受众喜爱。其中 BBCi（即 BBC 互动）版块提供大量互动业务，包括数字电视和互联网，受众可以自由下载收看、收听，是当前全球访问量最大的英语网站之一。BBC 积极拓展国际市场，提供32种语言服务，争取境外受众的喜爱，除英国本土以外，其受众在全球都有广泛分布（见表8—3）。

表8—3 BBC网站国家/地区排名、访问比例列表

国家/地区名称	国家/地区代码	国家/地区排名	网站访问比例	页面浏览比例
英国	GB	7	51.70%	37.90%
美国	US	46	11.50%	17.90%
印度	IN	42	4.00%	5.40%
巴基斯坦	PK	13	3.10%	2.60%
中国	CN	191	1.40%	2.50%
加拿大	CA	36	2.00%	2.30%
德国	DE	131	2.00%	2.30%
澳大利亚	AU	36	1.30%	1.70%
南非	ZA	20	1.20%	1.40%
爱尔兰	IE	12	1.30%	1.20%
伊朗	IR	64	0.60%	1.20%

从表8—3可以看出，英国本土受众仍然是BBC网站受众的主体，其次是美国受众。BBC网站受众在印度、巴基斯坦、中国、加拿大、德国、澳大利亚、南非、爱尔兰、伊朗、日本都有较多分布，而其他国家和地区的受众比例也占到了二成以上，这可以看出BBC网站的全球性传播分布状况。

BBC以新闻品牌而闻名世界，BBC网站（bbc.com）以严肃的新闻资讯风格出现在受众面前。BBC主页的主打色彩是黑白灰三种颜色，连巨大的劳力士广告也延续了BBC的网站整体风格，与网站形成了和谐统一，给访问者以舒适感。BBC网站首页涉及的主要频道是新闻、国际服务、体育、电视、电台、天气预报以及儿童节目，每个频道占据空间较为平均，其中新闻和体育频道占据最主要位置，以最大限度地满足受众的需求。另外，BBC的网络系统会自动根据访问者的IP而显示访问者所在国家地区的具体日期和时间，获得有关受众的原始资料，以更好地服务受众。新闻服务仍然是BBC网站的主打

服务内容，其新闻网（news.bbc.co.uk）是BBC网站中访问最多的子网站，严肃而权威的新闻资讯服务是BBC网站争取全球受众的突出优势。BBC的网络系统会自动根据访问者的IP，显示出访问者所在国家地区的具体日期和时间。

BBC网站提供32种语言服务，分别是美洲地区3种语言，欧洲地区6种语言，非洲地区8种语言，中东地区4种语言，亚洲地区13种语言。其中葡萄牙语既属于美洲地区也属于非洲地区。在这些外语服务中，最流行、受众最广的六种语言是波斯语、阿拉伯语、西班牙语、葡萄牙语、乌都尔语和英语。对外语言服务主要针对的是新闻播报，多语言的网络服务也使得BBC网站的优势迅速树立。从官网即时截图可以明确看到，BBC的新闻网（bbc.com/news）是BBC网站中访问最多的子网站，其受众群体很庞大。

由于受众口味越来越综合化多元化，BBC网站为了迎合市场需要，也充分加入了大众元素和时尚元素，但是BBC网站依旧延续了传统媒介中的电台广播的巨大品牌效应，在广播电台这一频道中将优势继续发挥到极致。

BBC的电台网络频道（www.bbc.co.uk/radio）同样分为各种专栏频道，包括电台热点聚焦、在线试听（包括在线直播和延期试听）、国际频率、英国本土频率（radio1的最新音乐、radio2的音乐娱乐、radio3的古典音乐爵士音乐等、radio4的演讲技巧、radio5的体育在线）、互动栏目、新闻栏目以及其他服务类的小栏目。每一个栏目频道都充分发挥了音频优势，受众可以根据自身爱好选择自己喜欢的语种来进行收听，但大部分还是英语音频，同时还有与音频相应的广播文字内容供受众参考。音频内容还可供下载，便于受众保存。此外，受众可以直接通过网络平台在线交流或者询问相关问题，BBC网站也有专门的人员负责网络意见的反馈。总之，BBC网站延续了主打新闻的优势，使得BBC网站的访问量一直名列世界前茅。

全世界最早创设广播电视网站的英国天空电视台网站设计简洁清新，网站首页左上角硕大的天蓝色“SKY”，“Find & Watch TV Products & Packages My Account”几个主频道目标清晰诉求鲜明，“查找电视节目 & 收看电视节目”是该网站的主要服务项目，明确了天空电视台网站可以为新媒体观众提供涵盖了300个频道的最快捷最丰富的音视频节目。传统电视、宽带网络、智能手机终端的各种资源配置，条分缕析脉络分明，“Our latest shows”板块则展示了天空电视台网站的最新广播电视节目。“Sign in for the best experience”栏目，提示网民点击进入到网站深入，享受到最佳最优的网上冲浪。

由上可以看出，英国的广播电视网站建设与发展，一是走在全世界广播电视网站的前面，而且成效卓著，至今保持着领先地位；二是以英国广播公司和天空电视台为代表的广播电视网络新媒体发展目光远大，技术创新和技术引领贯穿于广播电视新媒体发展全过程，车位广播电视网络全媒体可持续发展的“永动机”。

第四节 日韩广电网

亚洲是人数最大的一个地区，日本、韩国广播电视行业较为发达，网站建设也有声有色。选取日本 NHK、韩国 KBS 作为研究对象，基本上代表了亚洲广播电视网络新媒体的整体水平。

日本广播协会是日本最大的广播电视网，也是近几年国际上公认的影响力较大的广播网之一。日本广播协会也称之为日本放送协会（Japan Broadcasting Corporation，简称 NHK）是日本规模最大受众面最为广泛的广播电视机构。目前，NHK WORLD PREMIUM 在中国已经落地。

NHK 的网站提供了包括日语、英语、汉语、韩语、法语、西班牙等 18 种语种服务，其日语官方网站为 www.nhk.or.jp，中文网站为 www.nhk.or.jp/nhk-world/chinese，英语网站为 www.nhk.or.jp/nhkworld。

NHK 不同语言的网站上的主要内容基本相同，主页都包括以下几个频道，如新闻、广播、日语学习。新闻频道是更新最频繁的一个版块，一般 8—10 个小时更新一次，打开网页都能看到新闻频道最近的更新时间。

与一般网站不同就是，NHK 网站中都有推广日语的频道，即日语学习频道。除了日语版和英语版的网站外，NHK 其他语种的主页上还提供了较为详细的语言节目资料库，以及最近一周的日语学习节目和该语种的有关节目。比如，在华语网站上，就提供的是最近华语节目的资料库，以及华语节目和日语学习的一些节目预告。另外 NHK 也提供各种语言的新闻手机报服务。

NHK 的日语网站和英语网站做得相对比较完善，华语网站和其他语种的网站只有关于日本和本语种的地区新闻，并且新闻数量很少，相关的视频节目也很少，一般只有浏览英语网站和日语网站才能得到更多国际新闻的信息，如特别报道、政治新闻、社会新闻这几个频道，但是 NHK 网站定位并非面向全球的网站，宣传日本文化以及对日本本国的各种新闻报道占主导地位。比如说，在 NHK 网站有专门的频道供网民下载收听关于日本童话和传说的广播节目。

很多著名的广播电视网在开发儿童市场方面做得非常独到，但是在 NHK 网站上就找不到任何关于儿童节目的专门频道，同时网站中也没有在线购物之类的电子商务信息，广告数量很少量地存在。NHK 目前在全球的排名为 716，在日本本国排名第 48 位，网站访问比例与页面浏览比例都为 93.5%。中国是 NHK 访问比例第二大国家，为 1.6%，而访问比例第三的美国，其访问比例只有 1.1%。无可置疑，NHK 网站的受众群体来自日本本土。

韩国广播公司（Korea Broadcasting System 简称 KBS）是韩国历史最为悠久、受众面最为广泛、公司员工人数最多、产业规模最大也是最具代表性的广播电视台，节目栏目专题丰富且周到，包括了南北韩关系专题节目、韩国文化专题节目、韩国音乐专题节目、访谈节目、听众信箱节目等。KBS 为进一步改善海外地区的收听效果，于 1997 年 11 月开设了 KBS 网站。目前，KBS 一共开辟了 11 种语言的网络平台。其韩语网站域名是 www.kbs.co.kr，中文网站域名是 world.kbs.co.kr/chinese，英语网站域名是 english.kbs.co.kr。

KBS 网站开通的主要频道包括：新闻报道、特别评论、文化传播、焦点跟踪、科技纵横、娱乐信息、经济报道、关注南北韩等频道，另外，该网站的电台在线直播功能也深受网民欢迎。与日本的 NHK 网站风格最不相同的是，KBS 在提供大量的新闻信息的报道之外，还提供了更多的娱乐报道。

KBS 的娱乐频道共分为四大版块，分别是韩流冲击波、明星有约、电影世界和韩流速递。韩流冲击波又分为热点新闻、主持人介绍、排行榜、音乐电视、大话韩流留言板、24 小时欣赏、明星专访。明星有约也分为三个专栏。所有栏目中，除了电影世界的更新速度较慢外，其他栏目的更新速度都是与其电台节目《韩流冲击波》同步的，一般是一周更新一次。娱乐频道，提供音乐欣赏，音乐电视，以及最新的韩国艺人演唱会信息，电视电影发布信息等。总之，娱乐频道比较全面地传播了韩国演艺圈的有关信息。

在 KBS 的绝大部分页面，都会发现音乐频道的 24 小时在线频道，专门为受众放松。今日频道的新闻以及本台所有节目内容，受众可以根据自己的喜好，点击自己所要收听的电台节目。受众可以一边在线收听广播节目，一边浏览网页，两者完全不相冲突，人性化的设置受到很多人的欢迎。

“他山之石可以攻玉”这一至理名言，放之四海而皆准，同样适合中国广播电视网络产业融合发展进程。欧美与日韩等国“三网融合”的有序推进，得益于统一的管理制度法规，就像美国自从 1934 年就制定了《电信法案》，1996 年 2 月又与时俱进适时推出了适合其时其景其情的《电信法》，既保证了这些行业管理制度的连续性与一致性，又根据社会进步、技术进步、传播进步的实际情况加以改进创新，使得美国广播电视、电信通讯和互联网融合发展达到一个新的高水平。英国、日本、法国、韩国都围绕广播电视网、电信通信网和互联网这三张看似互不相干的网皮，制定出了合乎国情民意的政府最高法案。其二是围绕广播电视网、电信通信网和互联网分属不同管理部分机构，又有着各自的利益诉求，还有着不同的市场区隔市场受众且存在着交叉重叠的竞合格局，由国家顶层设计专门的统一管理机构，避免了部分之间、公司利益之间互相拆台、互设门槛甚至恶性竞争的乱局。在这些国家顶层设计的基础上，广播电视网络产业融合发展还要注重技术创新与内容创新的联动、制度创新与创业创新的联动，形式创新与终端创新的联动，以及上述全部广播电视网络链条上每一个环节每一个元素的联动。

| 第九章 |

广电网络融合问题

对我国广播电视网站及其相关网络新媒体的研究分析可以看出，近年来，我国广播媒体网站发展迅速，取得了令人刮目相看的成绩。在当前传统广播电视媒体受到全面挤压、全国省市县级广播电视台的节目模式、队伍建设、经营状态面临多方挑战的严峻局面下，湖南广播电视台“芒果TV”发展势头良好，广东广播电视台的新媒体公司业务蒸蒸日上，充分施展出“三网融合”的媒介融合价值。江苏网络电视台、浙江杭州文广集团网站、微信等新媒体业务多头并进，河南项城广播电视台、浙江长兴广播电视台等省地县市级广电媒体，充分调动各种资源，克服了观念革新、资金短缺、技术力量薄弱等多重困难，积极融入大数据“云平台”，在媒介融合领域不断发力，收获颇丰，委属不易。

同时应该看到的是，我国广播电视媒体网络建设与发展还存在着一些问题，有些问题还是迫在眉睫必须尽快解决。不然，不仅我国广播电视产业发展壮大任重道远，我国广播电视网络文化很难为中国互联网文化强国作出应有贡献，而且还会被全球化、数据化、智能化的新一轮媒介融合大潮所吞没。当下，我国各级广播电视台眼睁睁看着一个又一个商业门户网站从广播电视台以各种途径搜刮资源，作为其招牌吸引受众，眼睁睁看着一个个视频直播平台快速崛起，眼睁睁看着“抖音”等网络新媒体抢占互联网人才、抢占互联网市场份额，无形中边缘化了中国广播电视网络的权威地位，稀释了中国广播电视的媒体品牌形象，而且还直接制约着“把关人文化”“音视频文化”“主持人文化”等广播电视网络文化建设，影响着中国互联网文化强国的发展方略。

国家广播电视总局发展中心杨明品在国家广电智库发声认为，在国家层面上，我国媒体整合的发展还存在着两个有待解决的问题。从宏观角度来说，中国广播电视还没有完全适应媒体融合的竞争环境，很大程度上还沉湎于长时期做媒体老大的“温柔梦里”；从中观角度来看，中国各级各类广播电视机构没有建立起必然的横向纵向有机联系，内容资源整合、人才资源整合、技术渠道整合远远不到位；从微观角度看，媒体整合成功与否的最重要指标是整合主体的内在活力和用户市场，僵化的陈旧的思维固化与长此以往的工作节奏制约了新时期新媒体的发展动能。

当越来越多国外的广播电视网站如 ESPN、BBC、AOL、CNN、KBS 等的中文网站悄然进入，开始在互联网等新型媒体方面争夺中国受众、蚕食我国广电市场，直接威胁到我国传统广播电视的生存与发展时，中国广播电视亟须拿出切实可行的互联网络发展对策，积极接轨“三网融合”，科学合理地应用“5G”技术，做大做强中国广播电视网站，为做大做强中国广播电视产业作出贡献。作为一个全新的领域，我国广播电视网络发展正处于阵痛与跃升的“节点”，还存在着品牌建设、立足基点、复合人才、台网联动、资源整合、名人文化开掘、广告开发和电子商务驱动等诸多问题。中国的媒介融合稍显滞后，国家有关部门先后出台了一系列政策推动“三网融合”，推动媒介融合向纵深发展，铸造新型主流媒体，铸造新型广播电视网络融合发展产业，但迟迟没有实质性成效。

为了谋求中国广播电视在全媒体媒介融合时代更上一层楼，抢占传统媒体与新媒体多媒体融合发展高地，在媒介融合道路上走得更高更远，需要无情剖解与拆除既有媒介融合发展里程中的桎梏荆棘，方能对症下药，找到科学发展的康庄大道。在全面问诊中国广播电视网络发展“殇情”的基础上，铸造中国广播电视媒介融合品牌形象，营造“人无我有，人有我精，人精我融”的新型经营管理理念，吸纳超一流的既有“四个核心”意识政治素养和敬业精神，又有音视频文字图片处理能力，既能传统广电又能新媒体广电，还可以随时“移动化”“智能化”“云彩化”（特指云技术人才）“区块化”（特指区块链人才）的多栖复合人才，打破全媒体时代的媒介融合只图“融化”、简单“熔铸”、随意“溶解”或粗暴组合的既有范式，以技术创新为先导，以制度创新和理论创新为引领，闯探出一条“立足广电，合纵新媒，横贯天下”的全球化中国特色广播电视媒介融合“容融熔溶荣”的突围突破蹊径。①

第一节　转轨转型行动迟缓

中国广播电视是中国新闻传播的宣传重器，是国家政策法规上传下达、令行禁止的主要渠道，是国际报道、中国新闻报道的重要力量，是大型国际化音乐晚会转播、国内外顶级体育赛事转播最为依仗的报道首选，是中国“三网融合”进程中优先发展的战略布局。我国广播电视网络产业融合发展，很多方面跟不上时代节奏，转轨转型落后于实际工作的应用需求，具体表现在缺少忧患意识、抓不住重大发展机遇、自我感觉良好、排斥他方意见等几个方面。

一、缺少忧患意识

中国广播电视传统媒体在中国民众心中有着很高的新闻传播权威地位，也是纸质媒体在很多方面只能望其项背的行业龙头老大。长期以来的“高高在上、高枕无忧”，多多少少形成了中国广播电视行业从中央广播电视三台（2018 年已经合并为中央广播电视总台）到省市级广播电视台唯我独尊、挥洒自如的积习，对外界新闻传播界风云变幻缺少职业敏感、缺少职业洞察力，更不会设身处地深思：假如不及时跟上媒介融合的时代浪潮，其所处的广播电视机构将遭

① 参见曾静平:《试论我国电视媒体融合发展的创新思维》,《中国电视》2018 年第 2 期。

受什么样的打击（也可能是遭到淘汰的灭顶之灾），个人与单位的未来命运将走向何方何处。在中国广播电视迈向网络化、数据化、智能化、融合化的转轨转型征程中，各级广播电视机构的管理层决策层缺少危机意识、缺少紧迫感，显得思维滞后观念，等待各种天赐良机——一会“等政策”，一会“等资金”，一会“等技术”，一会“等人才”，在等候中浪费了一个个先入为主融入互联网的“先机”，在等候中错过了抢先一步“三网融合”转轨转型的先机，整个广播电视系统身形庞大、老态龙钟，身躯笨重自然步履蹒跚，逐渐落后于时代发展。

在纸质媒体尤其是晚报都市报等风光无二的20世纪80年代末90年代初，中国广播电视在居民收音机电视机拥有量快速增长、有线电视有线广播等新技术双重拉动支撑下，广播电视台规模数量及广播电视受众影响力迅速扩大，从中央到地方等一众广播电视机构压根儿就没有觉得应该借机开展多元化业务，而是基本上没有把报纸、杂志社及出版社等当作合作对象与合作伙伴，更没有当作竞争对象，只是在广播电视观众听众的大声疾呼中经营了广播电视报。事实上，即使只在各级广播电视报这一窄小的纸质媒体领域小试牛刀，也让各级广播电视台出尽了风头挣足了银子。其时，每周一期的《中国广播电视报》编辑部热闹非凡，每到全国各地广播电视报发稿编排前夕，各种电话蜂拥而至，从此拿到中央电视台中央人民广播电台一周的节目内容安排，顺势印刷到地方广播电视报上面。在全国各地遍布大街小巷的报摊上，广播电视报摆在最为显眼醒目的位置，也是市民百姓抢购的热点，晚饭时机很多老百姓都是一手捧着饭碗一手拿着广播电视报，生怕耽误了自己喜欢的广播电视节目收看收听。

如果从当时就具有忧患意识，主动对接纸质媒体，在办好主营业务广播电视报的同时，开辟与新闻传播、广播电视出版等相关报纸、杂志、书籍出版等更加广泛的综合性媒体业务，也完全有条件开展体育、娱乐、经济、生活等专业性期刊、专业性报纸、专业性出版社等经营活动。如果具备这种忧患意识，不是一味地想着“老子天下第一”，具有敢作为敢担当的风范，还可以早早储备一大批多元化发展人才，也是为下一阶段进入广播电视与互联网、与电信通讯同场竞技时赢得思想意识上的主动。

20世纪90年代电视购物从美国市场、韩国市场进入中国大陆时，中国广播电视除了观望等候就是无端指责，任凭这类广播电视营销“舶来品”在中国电视荧屏狂轰滥炸。直到电视购物在中国出现了一大串诸如OK镜、黄金手链不到一个月变色等安全事故以及事件，有关管理部分将“板子”打到中国广播电视管理机构、中国消费者将怨气倾注到中国广播电视台头上时，中国广播电视管理机构才发现，电视购物（包括后来同样火爆的广播购物）是广播电视行业产业发展的重要武器。但迄今为止，在中国大陆电视购物开展最好的广播电视机构依旧是来自韩国、来自美国的管理团队。上海东方购物（早期叫上海东方CJ购物，CJ为韩国著名电视购物机构）在2010年开始占据国内电视购物第一把交椅，主要经营管理者（管理思路与管理模式）基本上就是韩国人金兴守等一干人马，韩国产品在上海东方购物营销享有各种特惠政策。由于这类现象在中国电视购物极为普遍，笔者一度呼吁，以外国（境外）产品占据着中国电视购物热销榜榜单，实际上是一种另类的文化渗透与文化入侵，应该引起各方面高度警惕与抵制。

二、迷失发展契机

早在2010年中国“三网融合”全面布局推进之前的2008年，中央电视台就获得了新媒体发展壮大及与互联网公司、电信通讯公司全面合作的大好机会，可以为中国广播电视顺利迈向媒介融合康庄大道作出表率。作为中国第一次主办的奥运盛会，2008北京奥运会新媒体赛事直播权由中央电视台及其麾下的央视网独家购买，大名鼎鼎的新浪、腾讯、搜狐、网易等商业门户网站，纷纷登门央视网求购“分销”奥运赛事网络转播权，原本在互联网行业默默无闻的央视网所在地玉渊潭公园彼时门庭若市，一时间俨然就是中国互联网大本营。一波又一波互联网公司大亨、风险投资商大亨、电信通讯公司老总都希望与央视网合作，拓展自己的新业务。在这样的背景下，央视网的品牌价值、品牌影响力成为风险投资商的追随重点。

机会稍纵即逝，如此高光的天赐良机（也被天使基金称之为“天使良机”），因为政策法规不明朗，因为担心期权股权占比有差距，因为担心技术被控制信息资源被控制，媒介融合急需的资金进不来，媒介融合急需的技术、急需的人才进不来，媒介融合急需的管理经验进不来。

因为上述原因在内的种种原因，完全可以借此机会在中国媒介融合先行先试、大发展大繁荣大作为的中央电视台实际效果远远没有预期理想。尽管说从"央视国际"改名"央视网"为网站品牌建设提供有利条件，并且为从"央视网"壮大成"中国网络电视台"打下了坚实基础，但是原本可以更好利用的资源条件时过境迁已经慢慢弱化甚至消失。其中，当年雄心勃勃要做成中国第一体育网络电视台的央视网体育频道（中国网络电视台体育台），随着几位当年央视网中坚力量的离开，中央电视台体育频道总监另谋高就，现在已经逐渐失去了锋芒与斗志，迷失了继续做中国第一体育网络电视台的前进方向与动力，沦落为现下不上不下的"鸡肋频道"。

2010 年元月 21 日，国务院《关于印发国务院关于印发推进三网融合总体方案的通知》正式颁发，鼓励和明确"广播电视业务、电信通讯业务双向进入、相互合作、优势互补，培育合格市场主体，实现互联互通、资源共享，提高网络利用率，共同维护公平竞争、规范有序的市场环境，实现共同发展"。当时，考虑到"三网融合"进程中，首先要确保"健全和完善文化舆论宣传管理体系，确保网络信息安全和文化安全"，确保"三网融合"发展不至于造成党和国家的"喉舌功能"偏离正轨，从而在制定相关政策时提及"广播电视优先发展"，将"三网融合"发展重心放在了国家广电总局，围绕中国"三网融合"的具体实施细则基本上由国家广电总局的媒体机构司（网络机构司在此期间应运而生，有一段时间合署办公，一个司长同时管着这两个机构），直到 2013 年拆分为单独的网络视听节目管理司。

在 2010 年"三网融合"元年、这也是中国广播电视转轨转型的重要节点，国家广电总局掌握着"网络视听节目"的管理权，主管着全国"三网融合"元年时期 IPTV、互联网电视、3G 手机等领域的集成播控牌照、内容服务牌照（业界俗称内容播控牌照），中央电视台、中国国际广播电台、上海电视台、广东电视台和湖南电视台"近水楼台先得月"成为首批合法经营"三网融合"业务受益者。2010年之后，“3G手机电视播控牌照、移动通信网手机电视集成播控服务许可”等陆续出台，“与时俱进”控制着“三网融合”业务主导权，将移动通信网手机电视集成播控牌照授予辽宁广播电视台，广播电视台拥有的IPTV、互联网电视、3G手机等领域的集成播控牌照、内容服务牌照，数量上处于压倒性地位，而且服务项目齐全，成了一个个电信运营商、互联网运营商眼中的香饽饽。中国电信通信运营商、互联网运营商要想获得相关业务，都要围绕上述拥有牌照的广播电视台寻求合作，在技术上在资金上付出代价。

即使面对如此之多的盛世良机，中国广播电视网络发展及中国广播电视媒介融合建设总是跟不上时代节拍。早期的中国广播电视网站建设布局，不仅时间安排上“老态龙钟”比欧美发达国家差了上十年，在人员安排方面也是“老态龙钟”尽是一些“老弱病残”担纲负责，很多广播电视台都是将一些行将退休或者下岗再就业不好安置的人员，安排在刚刚成立的广播电视网站这一新成立机构。有些广播电视网站的办公地址也被“边缘化”，安排在偏僻地带。技术力量建设资金等网站建设所必需的所紧迫的“配套设施”，一切都是在领导的“等等看”中慢慢消磨了热情、没有了下文。

三、排斥他方意见

中国广播电视机构长期身居高位，缺少忧患意识，自然就没有抓住机遇的专业敏感，失去了在媒介融合领域领先一步发展的好时机。在进入“三网融合”国家战略的重大机遇期，中国广播电视在媒介融合进程中处于非常主动的位置，也是得到密切关注并希望优先发展的“核心枢纽”，有关方面又故步自封，听不得甚至直接排斥他方意见，无论是做“三网融合”战略决策还是广播电视有关部门的研究课题，基本上是自娱自乐、自我消化。

众所周知，我国广播电视行业技术力量相对薄弱，互联网领域与电信通讯领域高精尖人才尤其稀缺，应该积极引进这方面的技术力量补足发展“三网融合”短板。但拿不出引进人才的实质性方案，更遑论这方面的实际行动。这些年来，媒介容量的“孔雀东南飞”，差不多都是从传统媒体流向互联网公司、电信通讯公司等新媒体集团公司，中央电视台、浙江广播电视台、湖南广播电视台等中国顶级的广播电视机构的著名人才，加盟了互联网公司、电信通讯公司开展“三网融合”业务，转身成了广播电视媒介融合的竞争对手。

中国广播电视网络一些管理机构和高层领导不仅排斥他方意见，还拒绝与“三网融合”的竞争对手及相关行业展开业务合作和学术交流。2009 年，北京邮电大学通过各种努力，争取到中国互联网协会、中国通信协会和中国广播电视协会联合国家广电总局、工信部等有关部门的政府官员、专家学者，汇聚于京都信园饭店，共商“三网融合”发展大计。观察人士称，这可能是唯一一次这三方有着官方背景的行业协会聚在一起，能够集思广益。即便如此好的氛围，也有广播电视方面的与会者在论坛上对电信通讯行业展开“攻击”，认为其是盘剥老百姓血汗钱“发家致富”，并以 20 世纪 80 年代安装电话就要收取几千元安装费加以举例说明。无疑，这类互相攻讦，伤害了融合合作的情感，也与当时共商发展大计的氛围格格不入。

第二节　品牌定位摇移不定

中国广播电视网络建设品牌定位摇摆不定，其一在宏观层面没有对中国广播电视网站的中英文域名等基础品牌要件进行整体部署与规划，放任全国上下广播电视网站“莺飞草长”自生自灭；其二是各级广播电视台创建子网站开始阶段，压根没有把网站建设与媒介融合摆在优先发展战略地位，差不多都是随大流跟潮流，自然也就没有深度思考广播电视网站与母体之间的天然联系；其三是一些广播电视台自身就没有明确的品牌定位，直接影响到网站的品牌创建与品牌定位。鉴于目前我国广播电视网站还有一部分没有明确的定位，要么是盲目照搬传统商业门户网站的内容和布局，缺乏广播电视网站独特的布局风格和标志性特征，根本看不到广播电视的网络特征，要么就是将广播电视台的节目栏目生搬硬套到网站的频道，整个就是广播电视台在互联网的在线与再现，直接打击到广播电视网络受众的收视收听热情，对新兴的广播电视网站品牌造成直接的伤害。

上海东方卫视就是母体品牌摇移不定的鲜活例证，并因此对其网站建设以及上海东方卫视相关全媒体发展具有很大影响。上海东方卫视创立肇始，在广泛听取各路专家学者和业界一线工作者的建议意见之后，全面权衡国内外电视机构的发展动态，又充分结合到上海作为国际化大都市的特殊形象地位，确立了“新闻立台、影视支撑、娱乐补充、体育特色”的全面出击发展战略，欲与中央电视台新闻频道、电影频道、体育频道掰掰手腕，显示出不同凡响立意高远的壮志雄心。这种品牌定位，看似一片风光，构想面面俱到，招来阵阵喝彩，实则“面面俱到哪面也没有到位”，是一个徒有其表、定位模糊且没有亮点、没有绝招、没有“杀手锏”的标牌，自然也就妨碍了传统电视媒体和与之配套的电视网络新媒体发展前行，并在其后一年年的实践中吞下了一个个失败的苦果。

首先，上海东方卫视争取到国家有关部门首肯，可以与中央电视台一样现场采访中央高层的最新资讯，希望以此为基础条件实现独立门户“新闻立台”，是当时中国大陆少有的也是唯一的不同时转播中央电视台新闻联播节目省市级电视机构。上海东方卫视为了突出“体育特色”，在大型顶级体育赛事版权购买方面大费周章，不惜重金购买了中国足球超级联赛三年转播权，不曾料想争议“体育特色”大手笔出师不利，正好赶上了中国足球最黑暗最腐败一个个足球大佬纷纷栽倒黑幕重重的非常时期，不仅没有为“体育特色”增光添彩，而且收视率与中国足球甲级联赛时期相比一落千丈，花费巨资的大投入成了大败笔血本无归。财大气粗的上海东方卫视期待凭借天时地利，通过高价购买热播剧，在“影视支撑”方面有所作为，但当时的安徽卫视举全台之力投入到电视剧购买，在全国电视台第一个推出黄金时段“电视剧四集联播”+周末时期“电视剧大放送”，让习惯每天看一集电视剧但特别感觉到不过瘾的电视观众大呼过瘾，成为当时一段时间“全线飘红”的收视热点，也是当时中国电视舞台的“安徽卫视现象”，把上海东方卫视“影视支撑”梦想击得粉碎。在“前三脚”都没有踢好的状态下，上海东方卫视“娱乐补充”基本上成了业界的一个笑话，不仅中央电视台的娱乐节目光晕效应、虹吸效应足以吸纳一般省市电视台所不具备的明星资源，还有“娱乐天下、娱乐世界”以“超女现象”雄霸中国省级电视台的湖南卫视大行其道，有后来居上的主打情感牌的江苏卫视系列节目和“中国蓝”浙江卫视以“梦想中国”为代表的异军突起。

上海东方卫视母体品牌摇移不定，影响到脱胎于母体的广播电视网站品牌游移不定现象比较常见。很长一段时间，中国广播电视网站及其他各种各类网络新媒体的品牌建设问题多多，主要体现在外在形象建设、外部影响力建设与内在内容建设、资源开发、品牌延伸、事件营销等多个方面，外在形象建设主要包括中文名称、国际英文域名、网站标识、广告语词，而内容建设则包括频道构建、音视频资源使用、独家新闻、特色新闻、名记者名主持名编导的微信微博、资讯更新速率、外语配置、网络与网民互动联动等诸多方面。

一、域名含混不清

我国的广播电视网站的中英文域名名称基本上没有统一规划，一些就是广播电视台领导的“心血来潮、一厢情愿”，更谈不上请专业品牌设计公司出谋划策，或者通过广播电视台得天独厚的广大广播电视观众集思广益，听取各方面的意见建议，造成了广播电视网站中英文域名名称随心所欲、五花八门，不仅全国上下广播电视网站没有统一一致的中文叫法，英文国际域名更是显得凌乱混杂，让热心关注广播电视网站及广播电视全网络全媒体的受众无所适从。

当前和此前的很长时间内，我国广播网站英文国际域名名称的组合方式就有采用“地区名 + 在线”“地区名 + 广播网 / 广播台”和直接将广播电台名称套用到网上等主要形式。在 104 家广播电视综合网站中，中文名称也有很多与广播网站相类似的命名现象，如地名 + 广电网、地名 + 广播电视局、地名 + 广播电视网 / 台，地名 + 广播电视总台等各式各样混杂其间，大多数广播电视网站的中文域名简单依附于传统广播电视台之上，没有独立的呼号，缺乏独立性特色性。在现有传统电视台开办的 165 家电视网站中，仅有 23 家有独有的名称，仅占电视网站总数的 13.9%，而其余 80%以上电视网站全部直接套用采用所在电视台或广电局的名称。

与中文名称一样，我国广播电视网站的域名也是让人如坠五里云雾。网站的前半部分形形色色，广播网站有“radio”、“gbw”、“gb”和“r”等作为域名，还有用“fm”做域名的，电视网站有“TV”“TVS”“STV”和“BTV”等形式，加上在这些前面缀上全拼的、简写的地域或者省市字母，足够组成难以计算的排列组合，如果再加上“.com”“.cn”“.net”“.com.cn”和“.org”等充满想象的后缀，更是一个让人捉摸不透的“域名迷魂阵”。

一个简单而有特色的域名不仅有助于网民查阅网站，也有助于广播电视网站品牌的口碑传播。由于我国广播电视网站缺乏网站整体建设的意识，很多大气而有特色的域名被抢注，广播电视网站只能选用一些牵强附会的名字，不可避免地造成我国广电综合网站域名较为繁杂，广播电视网络受众难以追随，还时不时被克隆的类似广播电视网站钻进空子“钓鱼”上当受骗，让广播电视社会形象受到很大影响。还有一些广播电视网站苦于没有资金、没有办公场所、没有技术力量，或寄生于当地政府宣传部门网站，或藏身于商业门户网站，造成广播电视音视频资源极大浪费。还有一些广播电视网站长时间疏于打理，成了“僵尸网站”或者是“死尸网站”（在时过境迁、物是人非背景下，广播电视网站及“两微一端”等全网络全媒体平台的新闻资讯没有及时更新）。有些明明是广播电视网站域名，打开链接显示的却是无效链接，让热心受众失望不已、伤心不已（详见表9—1）。

表9—1　中国广播电视网站无效链接一览表

名称	网站域名	备注
乌海电视台	wuhaitv.com	自动跳转到一个日本网站
乌兰察布电视台	wlcbtv.com.cn	域名已经锁定或不存在
吉林市电视台	jlctv.com	建设中
鞍山有线电视台	ascatv.com.cn	网站内容调整中
泰州电视台——经济生活频道	tztv2.com	域名注册已过期

续表

名称	网站域名	备注
南通电视台	nttv.cn	未被授权查看该页
衢州电视台	cqztv.com	打开后是日文网站
湖南邵阳电视台新闻综合频道	hnsytv.com	有时打开后是一个类似于色情的网站
柳州电视台	gxlztv.com	打开后是一个类似于色情的网站
海南电视台	hainantv.com	自动跳转到一个英文搜索网站
昭通电视台视听频道	ztgd.com.cn	跳转到一个非广电类别的网站
呼伦贝尔电视台	hlbr.tv	以前打开后自动跳转到某交友网站，现已无法打开网页
云浮电视台	yfgbdt.gdyunfu.com	以前打开后显示访问的站点正在建设中，现已无法显示该网页
萍乡人民广播电台	pxgdwl.com	自动跳转到一个日本网站
广西对外广播电台	gxfbs.com.cn	以前正常，现在有时会跳转到一个色情网站
保定广播电台	bdradio.com	以前可以打开，现已无法打开
阜阳广电网	fygdw.cn	域名注册过期

二、标识基本缺失

一个富有韵味、彰显特色的广播电视网站及网络新媒体的LOGO，浓缩了广播电视网络新媒体个性特征、地域特色、文化精华、目标追求，是广播电视网民的寻路指示牌甚至是心灵坐标。一个生动鲜活、风格显著、醒目耀眼的网络新媒体标识，很多时间很多情况下往往比一大串辞藻华丽的文字描述更能引人注意，精心设计广播电视网站的LOGO是网站树立品牌形象的重要因素之一，它实实在在体现了网站的形象，是网站的名片与灵魂。广播电视网站的LOGO不仅要新颖，而且要与广播电视媒体的浑厚与大度、权威与正义的整体风格相融合，体现网站的整体风格与经营的内在理念。

目前，我国大多数的广播电视网站都没有设计自己独有的LOGO，很小部分广播电视网站的LOGO内涵含混不清、难以识别“庐山真面目”，不仅没有网站特有的风韵风格，没有独立鲜亮的网络新媒体品牌形象。由于我国大多数广播电视网站都依附在传统广播电视台母体，很多网站LOGO沿用的是广播电视母体的电视台标志。随着未来广播电视网站的迅速发展，精心设计的标识必然会发挥出其强大的功能，以彰显广播电视网站特有的品牌形象。

三、广告不得要领

以广播电视网站为原点发展起来的广播电视网络新媒体，是新时期中国广播电视全媒体传播的标志性传播平台，自然需要配置有符合时代特征并且延承着母体广播电视台风格特性（最好还能够印刻着当地地域文化特色）的网络广告。

我国现下广播电视网络新媒体的广告语词表述不得要领，主要体现在很大一部分没有创设专有的广告语词、割裂了与母体传统广播电视台的天然联系、广告语词没有体现网站应有的品牌内涵品牌特色等几个方面。

（一）对广播电视网站的广告语词设计没有引起有关方面足够的重视，认为这类元素无足轻重对网站发展可有可无，因而到现在为止还有很大一部分广播电视网站以及后来的广播电视网络全媒体还没有专门的广告语词。据粗略统计，全国业已建设到位的广播电视网络新媒体设立有广告语词的广播电视网站405家中，只有192家具有完整成型的广告语词，仅占总数的47.4%。这一统计数据，直接反映出过去和当下的很长时间内我国广播电视网络新媒体品牌广告没有得到高度重视。

（二）即使已经设立了广播电视网络新媒体广告语词的机构，也没有完全弄清楚品牌广告的实际意义和远方价值，没有像对待广播电视节目栏目创建一样投入专业团队、专项资金并且经过足够长时间的酝酿，听取包括广大广播电视网络网民在内的广泛意见和建议，品牌广告不能够让人记忆深刻。一些广播电视网络新媒体的设计割裂了与母体传统广播电视台数十年以来积淀的浑厚文化联系，要么只宣传网站、突出网站，貌似与传统广播电视台没有任何联系，要么就是只强调广播电视台 / 广播电视局的特殊地位和新闻传播的公信力权威性，忽略了网络新媒体的特殊属性与独特魅力。

（三）正是因为上述原因的影响，我国不少广播电视网络新媒体的广告语词多多少少有些粗制滥造，没有体现网站应有的品牌内涵、品牌特色。有些广播电视网络新媒体尤其是电视网站的广告语词与路边广告大同小异，“× × 广播电视台欢迎您”这类的广告语词既无任何广播电视内涵，也不知道要表达什么诉求。与电视网站的广告语相比，广播网站的广告语相对比较简单统一、广告语词引人入胜，朗朗上口，引人入胜，如云南玉溪人民广播电台的广告语“绿色与生命和谐，自然与发展共鸣”将地域特色鲜明的广播电视网亲切自然的人文关怀明快地表达出来。

四、内容鲜有特色

不少广播电视网站的内容设置中，要么是广播电视节目的“网络平移”，要么就是照搬商业门户网站的频道栏目样式，没有根据所在地域的文化特质、广播电视台既有的文化传承和节目特色，精心设计“独门独户”的网站内容。

（一）分类比较混乱，有些广播电视网站在“直播”的首页菜单里的选项和次级菜单中的选项不一致。杭州文广集团的葫芦网首级菜单中并无“房产频道”，但任选一个菜单点进去会出现“房产频道”。在“在线直播”里“hoolo 直播”看名称应该是葫芦网的自制节目，与电视台无关，实际上该栏目中只有一个“民情观察室”节目点播，而该节目其实是属于综合频道，该分类有所重复且没有意义。首页纵向板块与横向栏目有所重叠，如“娱乐”“城事”等，又有所不同，如首页纵向设置有“声音”“百态”等，内容上交叉较严重。视频内容有所欠缺，如葫芦网的“杭州移动”的直播视频其实无法观看，中国网络电视台收看视频，还需要“安装插件”。如果技术上无法观看，在栏目设置时不如取消。

（二）缺少网站独有的内容。葫芦网最初设置时有“葫芦直播”板块，提供途径供网友上传自己的视频，试图打造个人视频分享平台，实现草根的媒体梦。但最终没有成型，目前葫芦网的内容大部分以杭州电视台的节目内容为依托，少数来源于其他电视台，基本上是作为电视台的网络版本来运行。葫芦网的优点是设置了索引，用户可以实现自由点播。据葫芦网负责人说，目前对广播电视网站倾注较少的精力，更多地将网站作为一个窗口，大部分资源放置在了客户端方面。

（三）过分依赖传统广播电视媒体。江苏网络电视台等在栏目设置和内容选择上，都出现了新媒体过度依赖传统媒体的问题。江苏网络电视台的栏目设置多与江苏电视台有关联，依靠江苏电视台品牌节目的影响力吸引流量，而江苏网络电视台独创的节目却凤毛麟角。网络电视台要设立独树一帜的节目需要巨大的经济投资和人力投资，目前对省级网台是一个严峻挑战。在网站的设置上，无论是新闻的选题还是栏目的建设，网台的大部分内容都取材于传统媒体，为传统媒体的收视率、影响力服务，网台的定位偏重于成为江苏电视台的线上补充，有些过度依赖。

第三节　立足基点贪大求全

急功近利、贪大求全是当下中国广播电视网络建设的真实写照，也是中国广播电视网络新媒体发展进程中的一大弊端。从中央电视台、中国国际广播电台、中央人民广播电台等国家级广播电视媒体到省市级广播电视台，都在致力于创建专业网络传播平台，全方位整合多种媒体形式，集视音频点播、图文报道、新闻资讯、互动社区、免费资源、电子商务为一体的广电门户媒体，希望在产品布局、内容建设、用户体验等方面独树一帜，利用差异化发展战略形成竞争优势，开辟独立的盈利和创新模式。由于贪大求全，全媒体建设停留在较低层次。“I 拍拍新闻”是江苏网络电视台的一个全媒体新闻栏目，差不多将江苏省广播电视总台各个电视频道、各个广播频率的 120 多位全媒体记者编辑“一网打尽”，投入全媒体建设与发展之中，但迄今为止还是显得力不从心，在内容整合、技术整合、人才整合、终端整合等方面时不时出现脱节情况，没能实现“全员媒体、全效媒体、全息媒体、全屏媒体、全景媒体”的预期效应。

某省级城市广播电视台从1998年开始将电视台网站后演变为综合频道网站，并在2000年前后变身为网通信息港网站(广电在线栏目）和广电局(集团)网站。在此基础上，公交移动数字电视和各频道频率陆续开通相应名称的互联网站陆续开通，掌视无限、城视网业务建立起来，cmmb手机电视开通移动手机视频，另辟蹊径的专业网站网络广播电视台建设启动，2014年起各频道频率以及若干栏目陆续开通微信公众号，2015年后开始建设APP系统，2017年开始谋划智慧媒体经营平台和广电主播平台等，远远超过了一个省会城市广播电视台的实际运营管理能力。

一、中央厨房盛名难副

曾几何时，在西方国家一度风靡的“中央厨房”概念在中国各级广播电视台开始热炒，成为人必言及的时髦词汇，照搬照抄国外媒介融合发展模式，根本不考虑中国广播电视思维观念领悟力差距大、多面型复合型专业性人才匮乏现状，不考虑管理体制机制与现实需求的严重不协调不契合，造成一哄而上上马“中央厨房”突然间发现远不是想象中那般容易“罗马一夜间建成”。想当然的理想化“一次采访写作制作、多次编辑剪辑、多平台多终端运用、多渠道多管道反馈”中央厨房，在我国中央级省市级广播电视台建设发展或者还有一定可能性，但在我国的一些地县级广播电视台也拍马跟风，完全不顾及自身经营管理理念相对落后、内容来源严重短缺、技术投入和技术力量薄弱的背景，怎么可能模仿创建高大上的“中央厨房”呢?

南方某省网络电视台拥有1+6的产品格局：一个PC端主站加上新闻、社区、乐享电视、无线、手机台等6个移动客户端，打造了一个涵盖新闻资讯、受众互动、社交网络等全方位的多功能平台，为用户从多方面提供服务。该网络电视台的产品打造力求实现电视屏、电脑屏和手机屏“三屏互动”，利用多种信息手段在互联网与移动互联网渠道拓展中大展拳脚，在媒体整合的内容、渠道、平台、经营等方面开辟崭新领域。在移动新媒体应用的开发中，围绕手机电视视音频服务核心业务，综合了餐饮美食、智能交通、互动交友、新闻爆料、特色旅游、电子优惠券等生活服务类资讯，以及基于LBS的相关应用和服务，促进用户与具有相同兴趣爱好的其他用户一起实时在线沟通，完成从“看电视”到“玩电视”的转变。同时，产品还向移动电子商务领域延伸，开发新的商业盈利增长点。

“中央厨房”是典型的昙花一现“舶来品”，经过实践检验与证明并不完全符合媒介融合发展规律，不少广播电视媒体机构已经放弃使用这个模式，在国外一些国家风光一时的“中央厨房”已经逐渐消弭。澳大利亚费尔法克斯媒体集团、澳大利亚最大的新闻通讯社AAP“超级工作桌”（Superdesk）、澳大利亚广播公司（ABC）等传媒公司都曾经在2014年前后采用“中央厨房”模式，整合内容采编、高精技术、多向渠道、运营管理等多方面人才，试图一次采集、多元分发。但他们的这种实践只是停留在传统媒体层面，融合效果不佳，一两年之后不得不取消这一模式，现在已经销声匿迹。

二、音频视频搁置浪费

音视频资源是我国广播电视网络新媒体发展取之不尽、用之不竭的内容资源宝藏，不仅仅有数十年以来日积月累的业已成型并且具有广大观众听众基础的广播电视节目栏目，而且还有因为种种原因没有播放的广播电视节目栏目音视频素材，而且这类“不见天日”的音视频素材并不是完全没有播放价值，而是受到节目题材、节目时效性、节目风格、出镜记者或者节目主持人的原因影响，以及被更多更好的栏目节目冲击而耽搁，稍加改编剪辑，就可能成为广播电视网站及各种各类广播电视网络新媒体求之不得的独家内容。近年来，我国广播电视网站有了很大的改观，不仅从页面设置和主要内容进行不断更换和调整，对音视频资源的倚重也渐渐明显。但是，与境外广播网站与境外广播电视网络新媒体相比，我国广播电视新媒体网络对现有栏目节目（包括库存“原生态”音视频素材）的音视频利用还远远不足。境外广播电视网站对儿童节目的视频制作富有动感和创意，而国内儿童节目的视频服务与一般网站视频节目没有太大的区别，整个儿童视频节目网站的构造没有儿童天真幻想的情趣。

另外，国外（境外）不少广播电视网站还充分利用网络传播的优越性，为受众提供电视剧在线下载业务，而国内的广播电视网站却是没有此先例。境外广播电视网提供电视剧下载服务，但绝大部分网站都是需要付费的。2007年11月中NBC已经在他们的官方网站上面开通了《办公室》《我为戏剧狂》《实习医生风云》以及《英雄》等剧的免费下载。此功能可直接从NBC官方网站下载至个人电脑，但只能由NBC提供专用播放器播放，并附带其他要求。同时，这些电视剧中也会有一定数量的广告，这些广告是不能跳过的。该功能仅适用于美国的Windows用户，电视节目在美国以外的地区也无法提供，也不适用于通过直接下载使用MAC系统的用户。

三、没有重新编剪意识

无论是既有的数十年积累下来的广播电视节目栏目，还是库存多年的音视频素材内容资源，只要精心考虑新媒体音视频技术发展规律、节目形式发展状态和市场脉动情况，按照新媒体受众的实际需求，以大数据技术、云计算技术、物联网技术以及人工智能技术等先进手段，使用“新瓶装旧酒”的互联网思维路径，对传统广播电视台的节目栏目内容资源和库存多年的音视频素材内容资源重新定位、重新梳理、重新编排、重新组合，就可以让那些看起来没有利用价值的“废品”变废为宝，而且还是其他商业门户网站等互联网公司以及电信运营商等求之不得、望尘莫及的独家内容。

由于我国广播电视管理机构缺少将这些宝贵资源好好利用的意识，或者是因为缺少互联网专业知识与新媒体专业知识，不懂得这些被广播电视台废弃的节目栏目原材料还有重新开发的价值，不知道已经播放过的广播电视节目除了“原封不动”搬上电脑屏幕智能手机屏幕以及其他各种各类新媒体终端，还可以通过专业人才格局不同新媒体的受众人群特点、新媒体地域特点等，进行重新包装组合“推陈出新”，成为一大批全新的节目样式，也是完全不一样的收视收听体验。对“养在深宫”多年的原生态素材，也可以“依样画葫芦”照方抓药，作为独家内容资源开发到位，这也是中国广播电视网络新媒体品牌发展的独门利器。

第四节　复合人才严重匮乏

目前，中国广播电视网站的专业人才较少，懂得互联网（移动互联网）技术短信通信技术的人更少。在中国5G进入到全面商用化之际，中国广播电视行业面对5G技术带来的新的工业革命、新的物联网井喷式发展以及对人工智能产业的全面激活，完全是一片茫然。因为在很长时间内，中国广播电视一直置身“G代”事外，从1G到2G时代广播电视与移动通信有哪些相关业务关系一概不知。即使3G技术对网络视频业务有了很大推进，4G技术已经越来越挤压到广播电视相关业务，已经在很多方面抢占了广播电视产业高地，不少广播电视媒体机构依然显得漠不关心。2004年，某南方一家市级广播电视机构的一把手所在的办公室，竟然看不到电脑“标配”。问之“为何也不上网”，答曰“上网干嘛，我只喜欢打网球，打字是办公室的事”。几年前笔者为省级广播电视台台长做讲座，课下交流时，有几位台领导悄声发问，“3G是什么意思”，新媒体素养昭然若揭。可想而知，这些身居高位的广播电视领导在互联网领域在电信通讯领域如此“无知”，怎么可能思考相关人才引进？怎么可能识别到真正的有识之士？

这等问题这等痛疮俯拾皆是。某市级广播电视网站是当地政府重金打造的“融媒体”旗舰，信息更新极为缓慢，2018年6月的头版头条新闻，不少还停留在2016年的“记录”，“懂事长”（董事长）的明显败笔尤为刺目。究其原因，就是只看到了新媒体平台上各种新媒体语词比比皆是，没有意识到广播电视的“融媒体”高地是一个党和国家喉舌的严肃阵地，没有认真贯彻落实中央对新型主流媒体的新标准、新要求，凸显着新媒体发展征程中能够严格管控新媒体风险而量身度造的大批专业人才缺失。

没有专门引进网站发展需要的高精尖人才，没有专业的互联网人才特别是移动互联网人才，没有与时俱进的人工智能技术人才，没有通晓 3G、4G、5G 技术的前沿高端人才，中国广播电视迈向“三网融合”之路就会遇到一大堆技术障碍，在实际运行过程中就会越走越窄就会逐渐走向死胡同。当下，人工智能技术与中国主导的 5G 技术深度融合而成的智能传播大行其道，智能主播、智能场景、智能广告、智能灯光舞美、智能无人机拍摄（航拍）、5G+4K 高清电视 5G+8K 高清电视、智能节目编剪配送、智能受众反馈等大量新产品新业务进入广播电视全网络、全媒体、全产业，对广播电视产业融合发展的复合型人才提出了更高的要求。

一、配角意识

长期以来，传统报纸杂志广播电视媒体的许多人一直秉持着一种媒体思维，以媒体自居以做媒体人为骄傲，是不是想到自己是“无冕之王”。在这些广播电视媒体人眼里，新媒体终归不是媒体不是正规军，是散兵游勇是乌合之众。更何况在中国很多“高大上”场合，没有媒体背景的新媒体公司无法登上大雅之堂，无形中加剧了“无冕之王”的沾沾自喜风气。在这种背景下，广播电视网络（包括网站、APP 和两微一端等）一直是传统广播电视台的附属“配角”，在人力物力财力（包括办公地点）都没有放在主体位置，台里一些不好安排、不好管理的“刺头”或者是半老不衰的“闲散人士”，往往会考虑在网站新媒体。

即使是近年来我国广播电视总体观念转变，很多广播电视台开始将重心转向广播电视网络新媒体，不少领导（其中还有部分已经转岗网络新媒体的负责人）还在留恋传统媒体的“辉煌时刻”还在沉湎与分享过往津津乐道的成功经验，心底里拒绝新媒体观念、抗拒新媒体人才，认定广播电视全网络、全媒体只能注定做配角。某省级广播电视台一位资深传统媒体人士上任担纲广播电视网络新媒体之际，主动邀请笔者与之纵谈新媒体发展“国是”。除了开始客套几句，基本上都是他一个人在唱“独角戏”，听他施展将原来做休闲频道做“老娘舅节目”的花拳绣腿。后来想想也罢，这位老总长期在拥护敬仰着自己的下属面前，当然需要显示纵横捭阖的才干让他们口服心服才是。

即使是进入到广播电视新媒体行业真正优秀的新锐人才，在这些几十年深耕于传统广播电视行业的“老朽”眼中，也难堪大任，只能拿配角的薪金，只有做配角的事。如此一来，就会严重妨碍了广播电视网络人才的引进，影响到广播电视网络人才快速成长进步。某国家级媒体资深传统电视人转型担纲网络总裁，信心满满上任，根据台里要求要多多听取各方意见、吸取多方经验。可是各种论证会及小范围座谈，总裁口若悬河、指点江山，仿佛只要把过去的模式套用到网络，就会无往而不胜，各路学界专家和业界英豪无非是走过场的陪衬，无非是该总裁走马上任道上不可缺失的“前呼后拥”。

二、培养空白

当前，我国广播电视媒体融合进程中的复合型人才需求空缺数以百万计，纵使七百多所新闻传播院系的“速成培养”也是远水难解近渴。更何况，广播电视网络全网络全媒体全产业的复合型人才必须经过一段时间的实际工作历练，新技术新事物又总是层出不穷，知识更新速率不断加快，使得此类人才供需矛盾更为突出。

广播电视全网络全媒体全产业人才首先需要新媒体基因，需要全媒体全产业思维，现在还需要大数据思维、需要云思维、需要人工智能思维。一种广播电视行业流行的说法，就是传统媒体的人缺乏互联网思维，妨碍着广播电视网络全媒体全产业发展进步。传统广播电视媒体在“三网融合”进程中每每惨遭滑铁卢，其最大问题最大症结似乎是缺乏互联网基因缺少互联网思维，随着人工智能时代到来，还会缺少人工智能思维。广播电视全网络、全媒体、全产业人才，一定是优秀的内容提供者，是在第一时间、第一落点能够将自我把关的优质信息提供给广播电视全网络、全媒体、全产业平台的、集文字记者、摄像摄影记者、责任编辑、后台剪辑和瞬间秒发布于一身的全能大拿，是能够在最短时间把传统媒体和新媒体内容甄别发布融会贯通的人，是能够把智能机器人运用自如到新闻采编播各个环节的新新人。

我国高等院校注意到广播电视全网络、全媒体、全产业复合人才的紧缺，对广播电视与网络传播的综合型人才培养也在提速，可是这类专职的"复合型"教师一样处于空档状态，有着一技之长的"复合型"高端教授应接不暇，从实际一线工作者聘请过来的兼职教师捉襟见肘。最近两年，全国开办人工智能学院、人工智能研究院的高等院校、科研院所将近一百所，但真正培养出得力干将还需时日。况且，面对全国上下对人工智能技术求贤若渴的大局，又有多少专业人才能够流向广播电视行业？同时，不能不问一句，我国广播电视行业用得好高端人才吗，留得住高端人才吗？预计，我国广播电视网络新媒体复合型人才危机还会持续相当长一段时间。

三、肥水外流

鉴于我国广播电视的运营管理机制，商业门户网站等新媒体以高职高薪高待遇等"三高"政策，从传统报纸杂志广播电视挖人，中国广播电视顶尖级专业人才，眼睁睁地一个个单向流动流向互联网公司、流向电信通讯公司、流向各种新媒体公司，已经成为各级干部电视机构"三网融合"的发展阵痛。这些广播电视行业培养多年的专业精英"肥水外流"，就会带走一大批原本追随多年的技术骨干以及媒体受众，造成专业人才缺血缺氧；另一方面，这种单向人才流动，还会无形中形成一种不良的示范效应，使得待在体制内的广播电视现有人才不由得"身在曹营心在汉"，人才空缺更加雪上加霜。广播电视人才"肥水外流"，还会造成留在台里的人才不安分，越来越多的人才会掂量着广播电视网络是否有前途，加剧了复合型人才原本短缺的紧张局面，直接打压到广播电视网络新媒体的持续协调发展。

"肥水外流"还包括广播电视独有的"名人资源"流失，这些在广播电视台一手培育起来的名记者、名主持、名编导包括名摄像、名节目嘉宾等，具有很大的社会知名度和广泛社会影响力。这些名人"肥水外流"，不在自己的广播电视网站有所作为、有所贡献，而是在高额报酬的诱惑下（当然也是广播电视行业管理不力管理不善），在号召力影响力巨大的商业门户网站开设专栏、开辟博客微博，严重稀释了广播电视网络新媒体品牌形象，也直接影响到广播电视网络新媒体独家资源的纯度。

大量的广播电视网站的名人在外建博客，他们的博客分布新浪、搜狐、腾讯几大门户网站，越是知名度高的广播电视名流，在其他网站越受欢迎。他们或开博客或设专栏，人气很旺。这些颇具魅力的主持人或解说员在门户网站开博已经成为一件时髦的事情，这些商业门户网站也因为他们的开博，集聚了大量的人气。目前，对于广播电视网站来说，开辟一个博客专栏是一件很简单的事情，尤其是对于省级地区的广播电视网站而言，留住自己的主持人、名记者、名编导，拉近受众与名人之间的距离，逐步增加网站的人气也是促进网站品牌建设的一个良机。目前中国网络电视台、上海文广等广播电视网站正在积极建设名人博客，尽量留住自己的人才资源。但是，许多广播电视网站的节目主持人、名记者、名导演、名编辑等名人博客似乎“身在曹营心在汉”，没有专心经营，更新速率较慢，让很多关心他们的网民大为失望。

第五节　商务开发表面文章

研究发现，报纸、杂志、广播、电视等传统媒体上有党和国家给予的政策法规的便利优惠，有长期积累下来的记者编辑人才梯队及广泛人脉，还拥有着商业门户网站等网络新媒体所艳羡也无可比拟的数十年甚至上百年的内容资源，为什么广播电视全网络全媒体不能在商业化运营推广方面打开一片新天地，为什么我国的广播电视网络新媒体大多数至今还在“吃皇粮”，为什么我国广播电视网络融合发展不能好好运用品牌延伸战略将电视购物、广播购物、网络购物融为一体呢？以上种种不合常规的现象，归根结底就是没有以最先进科学的经营手段做好广播电视全网络、全媒体、全产业的品牌经营，“台网两张皮”没有好好有机黏合，事件营销的品牌价值远远没有激发出来，整个商务开发停留在表面，整个广播电视产业链远远没有延展到位、没有做粗做强做壮。

一、品牌延伸力度不够

广播电视网站及各种各类网络新媒体是传统广播电视的品牌延伸，是传统广播电视品牌的子品牌，应该将传统媒体品牌形象品牌资源、品牌人气、品牌效益等顺势移植到网络新媒体，在品牌营销方面大展身手，继而放大广播电视网络品牌产业链，做大做强广播电视产业。广播购物电视购物网络购物以及各种新媒体购物就是广播电视网络品牌延伸得很好运用。但是在实质性运营进程中，我国广播电视网络产业在该领域的融合发展不尽如人意，国家级的中视购物（中央电视台）、央广购物和环球购物（中国国际广播电台）的广播购物、电视购物、网络购物产业规模远远达不到市场预期。

在很长时间以来，全国各大广播电视台开始经营自己的购物频道，最近几年风行的网络购物也吸引了很多消费者的眼球。国家广电总局为了规范全国电视购物网络购物市场，联合商务部等着手制定《中国媒体购物行业标准》，笔者有幸受聘为该标准起草小组组长。值得指出的是，电视购物受到高额电视媒介广告费的限制，不仅销售渠道略显单一，而且销售成本也在逐年升高。网络购物、电视购物和广播购物在中国呈现出新的发展势头，但广播电视网站及广播电视全网络全媒体没有充分利用现有的独家网络资源实现互联的立体营销，把广播电视台与广播购物、电视购物、网络购物以及各种新媒体购物结合起来，这是极大地浪费资源。在全国数以百计的广播电视购物公司中，只有湖南快乐购物、上海东方购物、天津山西内蒙古共享的三佳购物、江苏好享购和贵州家友购物等极少数几个购物频道在广播电视网站上体现了网上购物的风格。

体育直播主持人资源外溢也是品牌延伸浪费严重的“重灾区”，不仅没有为广播电视网络经营产业推进作出更多贡献，反而稀释了广播电视品牌。我国广播电视媒体在多年的体育赛事直播中，培养了大批优秀体育直播主持人评论员，很多主持人评论员深受观众喜爱，成为吸引球迷的一道靓丽的风景。在我国商业门户网站向视频直播市场进军的征程中，便从传统广播电视台挖走了一个又一个当红主持人，或者将电视台一手培育起来的嘉宾作为名头，吸引受众眼球，造成了广播电视网站及广播电视全网络全媒体自身资源白白流失。

二、经营手段简单粗放

中国互联网发展迅速，互联网广告的发展速度也相当惊人，尤其是很多门户商业网站带来的极高的人群聚合，让广告主产生了浓厚的兴趣，并曾经一度在网络广告投放上出现如火如荼的局面，网络广告也不断出现新的表现形式。与中国网络广告发展如此之迅速、商业门户网站的广告收入占据着网络广告总额的绝大部分形成极大反差的是，我国广播电视网站及广播电视全网络、全媒体广告开发较好的只有中国网络电视台（央视网）、国际在线、中国广播网、芒果 TV（金鹰网）、天津电视台网站、江苏网络广播电视台（江苏卫视网站）等为数寥寥的几家，其广告营业额也只能是大牌商业门户网站的小小零头，大批的广播电视网络（网站及其他新媒体）广告经营基本上为零。

目前，一部分广告电视网站靠着吃皇粮，不愁运转资金，不重视广播网站广告业务的发展。一大部分广播电视网站靠着传统广播媒体的经营运作支撑，压根不开展网络广告业务。还有一部分广播电视网站本身的广告运作较差，被关注度很少，因此鲜有广告主光顾。从市场角度来看，各省级网络电视台趋同化现象严重，尤其是在新闻与娱乐内容方面，如何以独具匠心的内容以及优质的节目资源使江苏网络广播电视台的在众多的省级网络电视台中脱颖而出，给受众留下良好而深刻的品牌印象，仍然是有待思考的问题。从盈利模式角度来看，广播电视网络新媒体经营手段单一，盈利模式单一，创收远远达不到预期效果。在广播电视网站向网络广播电视台发展向广播电视网络新媒体全媒体发展进程中，如何在传统经营模式中开拓出一条创新性、系统化、整合性的经营之路，是我国广播电视网络新媒体经营开发有待思考的重要问题之一。

三、互动联动流于形式

当前，我国广播电视网站及各种网络新媒体，缺失现代网络与广播电视衔接的纽带，没有充分运用互动联动功能，拉近节目编导主持人等与受众的距离，及时巧妙地实现节目延伸到广播电视台，影响到广播电视网络的新媒体品牌经营。除了在大型活动时让观众投票时提到自己的网站 APP“两微一端”外，在常态情况下极少有广播电视台在节目中播报提及或飞字幕告知听众和观众广播电视网站及广播电视全网络全媒体的网址域名和全部链接。在很多大型的广播电视活动中，广播电视媒体更多时候是与其他商业门户网站合作，将相对影响式微的广播电视全网络全媒体“摒弃不用”。

台网联动外延不顺畅、网台衔接不成功，是目前制约广播电视网络产业发展的严峻问题。其中，各广播电视台的选秀节目往往会忽略自己麾下的广播电视网络而热衷于商业门户网站结盟推广，忽略了借此机会扩大自身网站的影响力。2005 年，某电视台推出的强档娱乐节目火遍全中国，同时也成全了搜索引擎网站——百度网站，使之成为网络传播当之无愧的“无冕之王”。在三强角逐的最后时刻，百度贴吧的每天有超过 350 万用户访问，还有 200 多万的留言。

如果说前些年广播电视网站舍弃自己的广播电视网，而与商业门户网站进行合作，多少属于无奈之举。由于其时我国广播电视网站自身影响力不够，事件营销的主办方、合作方、赞助方等往往会将大牌商业门户网站作为首选。因此，商业门户网站正好凭借广播电视媒体的传播力拉拢了受众人群，而另一方面，广播电视网站的网络资源被闲置和浪费，失去了一个个树立一个良好形象和造就品牌的机会。那么，到了现阶段，我国的广播电视网络已经包括了网站、APP 和“两微一端”等全网络全媒体终端平台，技术实力和终端支持今非昔比，广播电视台在类似于选秀类节目、竞猜类节目能否近水楼台优先选择自身网络呢?

| 第十章 |

广电网络融合对策

经过二十多年跨越世纪的发展建设，中国广播电视网络在思维观念创新、制度创新、管理创新、技术创新、内容创新、创业创新变奏中励精图治，已经从单一的网站时代衍变到广播电视网站、广播电视新闻客户端、广播电视节目APP、广播电视微博微信、车载广播电视、手机广播电视以及未来星空广播电视等大媒体全媒体、全网络、全产业，就连我国广播电视网站名称都发生了时代性改变，一个个跃升为“网络广播台”“网络电视台”和“网络广播电视台”。

随着广播电视行业市场化运作的规范化，跨领域跨层级开发的探索已经悄然开始，上下分离、条块分割的体制模式正在打破，跨行业、跨层次、跨区域的产业资源整合重组全面推进并且已经在作业主体层面依次展开。在新媒体技术应用方面，部分广播电台、电视台和地方宣传部门探索建立区域共享机制，将资源纳入新媒体服务，例如苏州站“无线苏州”云平台，在移动终端微服务提供跨区域市县站共享，山东轻快云平台为市县广电移动通信提供综合媒体解决方案等。一些则是省内三级台在技术方面的共享，如湖北长江云平台的政务客户端平台、广西广播电视台“广电云”、吉林电视台“天池云”、江西广播电视台的“赣云”等，这些云端平台按照“中央厨房”生产方式进行全省广电新闻资源汇聚和全媒体融合生产和传播。我国广播电视网络跨行业、跨层次、跨区域的产业资源整合重组发展到再高层级是建立技术平台共建共享机制，第一类是江苏城市媒体技术合作联盟、跨城市联盟，促进资源共享、加强业务交流、拓宽项目合作，实现双赢合作，解决优秀人才、先进设备、资金支持、项目公关和资源整合等关键问题，第二类是浙江台的蓝媒云平台，这个融合媒体平台有“共建共享 + 全程联通”“统分结合、自主运作”“上下贯通、双向互用”等特点。这种跨行业、跨层次、跨区域加盟，既可以节省大量的媒体融资投资，也可以共享融资平台的人才、技术和先进管理。这些广播电视产业融合的切合实际探索，解决了我国既往广播电视网络融合发展征程中的一些问题，开启了新一代信息技术应用的内容支撑新模式，为下一阶段建设“技术 + 产品 + 服务 + 产业”的综合体做出了有价值的尝试。

国家广播电视总局发展中心杨明品指出，中国传统广电体制同现阶段广播电视融媒体发展不匹配，应积极探索新时期的国家级、省市级、地市级、县级“四级办”广播电视融媒体。杨明品认为，中央、省、市、县“四级”条块结合，以块为主，政府独家经营的广播电视系统，与传统广播电视技术的特点高度兼容。新时期的“四级办”广播电视融媒体，深化共建共享，由金融媒体平台向产品运营平台、产业合资平台转型升级，实现金融媒体技术平台与产业运营支撑平台整合，整合产业资源，以市场机制打造区域产业运营市场主体。产业市场的主体是发展中西部地区的市、县和欠发达地区的媒介服务市场，进而促进综合媒体的建设。探索新型四级办广播电视融媒体，解决块状分割问题，建设县级媒体中心，更好地引导和服务群众。同时推进各级电视台的事业产业分离运行，再造经营主体和产业实体，实行一党委、两实体、融合经营。

我国广播电视不管是传统媒体还是全网络全媒体仍然是四级管理体制，向同级党委和政府提供新闻宣传、政府服务和公共服务，政府财政支撑其基本支出。跨区域的产业运作，利用市场体系发展当地广播电视全网络全媒体全产业服务市场，根据市场机制进行跨区域重组，实行股份制和总体分支制，分支机构本地市场实施，当地台控股，总公司在其统一规划下运作。积极拓展融合媒体联盟的实体运作，推动融合云平台由技术平台升级为“创意 + 技

术 + 内容 + 产品 + 运营 + 产业 + 管理”的新型服务平台系统，为上述两个问题提供市场化解决方案，跳出融合发展的旧模式。在政策和市场化的推动下，通过资源和市场的集中重组，解决基层、中西部地区传统血液生产功能减弱、舆论弱化的问题。西部省、自治区台站的媒体整合可以构建在东部发达省市的整合云平台上，加大政策扶持力度。以省市台融合云平台为基础，实现州、市、县、站的媒体整合。探索建立跨区域企业联盟实体，推进一体化模式，共同开发地方市场。探索从共建共享金融媒体技术平台入手解决媒体发展难题，以制度创新推动金融媒体建设，以共享金融媒体技术平台推动媒体制度创新。

中国网络电视台充分发挥中央电视台品牌优势，将“网络春晚”“电商峰会”等经营得有声有色、名利双收。发轫于 2011 年、历经十年磨砺的 CCTV 网络春晚，已经蜕变成中国大陆春节期间广大新生代网民创意其中、乐享其中、参与其中的“网民大狂欢”。中国网络电视台通过联合主办“电子商务创新发展峰会”等相关营销活动，稳步推进网络品牌建设。除了媒体应该有一贯坚持并将继续推进的宣传喉舌和公共服务的属性和功能外，“传统媒体 + 新媒体 + 新服务 + 新产业 + 新管理”的崭新运营管理模式正在出现。这一崭新运营管理模式不仅是媒体行业商业模式的未来，它也将成为电子商务的一种新形式，是我国广播电视网络产业融合发展的一种新业态。随着人们对智能化日益增长的需求，加持广播电视媒体品牌和广播电视网络全网络全媒体品牌的新一代电子商务将在满足人们对美好生活的需求方面发挥重要作用。

专家指出，中国广播电视网络新的发展契机，在于用户流量的价值经营，在于发挥媒体内容价值之外的入口价值，推动“传统媒体 + 新媒体 + 新服务 + 新产业 + 新管理”的新型运营管理模式构建。大数据不仅可以用于多维内容推荐和多模式新媒体广告运营，还可以用于基于 CPS（现阶段需要全系统及时更换中国自主知识产权的北斗导航系统）的销售结果收费，包括辅助商务智能的实现。“创意 + 技术 + 内容 + 产品 + 运营 + 产业 + 管理”的新型服务平台系统，在 5G 技术支撑下相互融合全面赋能，正形成广播电视网络电商发展的新动能，在未来我国广播电视网络产业融合发展征程中极具想象空间。互联网的一个特性是传播全球化、产业全球化，而广播电视网络肩负着国家和地方对外宣传、对外文化输出的重要使命，将中国广播电视节目、中国广播电视文化传播到世界各个国家和地区，是我国广播电视网络继续发展所必须开拓的崭新天地。因此，我国各级广播电视网站等广播电视网络新媒体需要注重外语频道设置，提高更新速度，丰富外语频道内容，在对外宣传中发挥更大的作用，争取国家话语权，为中国互联网文化强国作出贡献。一些地域特色鲜明的广播电视网络，可以针对与本地区有较多往来的国家和地区，匹配以除英语之外的接壤地外国语言（可能还是两地通用语言），增加地方文化成分，宣传地方形象，在对外交流与招商引资中发挥重要作用，同时扩大广播电视网络品牌的自身影响力。

经过 20 多年的实践探索，我国广播电视网络建设正处于肩负国家文化强国伟大使命的全新发展机遇，又赶上了中国 5G 通讯技术从 2G 时期的“亦步亦趋”终于迎头赶上并领先国际的大好时光，5G 技术、移动互联、云技术、大数据、人工智能与广播电视的技术渗透技术支撑愈加紧密，广播电视网络品牌创建与延伸开始深入人心，广播电视内容资源正在深化，复合型人才引进与培育紧锣密鼓推进，网台联动台网联动继续深化，抓住重大活动开展事件营销活动，成为当下与未来广播电视网络可持续发展的重要手段。在这样的时代脉动背景下，敏锐把握广播电视网络发展之转机商机，借机而上、借势而上，中国广播电视网络产业融合发展似锦前程可期可待。

第一节　强化品牌锻造

中国广播电视的媒介融合品牌是什么？媒介融合品牌的核心竞争力是什么？媒介融合品牌的立足点在哪里？这是中国广播电视媒介融合产业融合现在和未来广播电视网络发展过程中必须面对也必须回答的问题。

在我国广播电视品牌深入人心的背景下，做好品牌“背书”，强化独立于传统广播电视母品牌之外的广播电视网站、APP 和新闻客户端等广播电视网络全媒体子品牌，建树中国广播电视媒介融合特有形象，首要任务是要有一个独立而又相对统一的中文名称和广告语词，有利于加强中国广播电视媒介融合的传播效果，获得受众的青睐与忠诚。中国广播电视媒介融合应该置身于世界高地，瞄准全球传播性平台，成为当地政府对外形象宣传和文化传输的重要工具，成为区域性广播电视台突破既有窠臼、开拓崭新产业的独门利器，在必要的新媒体终端考虑外语（包括汉语繁体字）设置，在对外交流与招商引资中发挥重要作用，同时扩大我国广播电视全网络全媒体的国际影响力。

在传统广播电视台既有品牌的基础上，再造广播电视网络独立名称（独立呼号），重塑广播电视网络的LOGO作为新媒体品牌标识，以简洁明快、个性鲜明的广告语词映衬张扬，配置以数十年广播电视节目宝藏升级换代为广播电视网络独有的内容资源，以独家内容高度黏合广播电视网络受众，稳固广播电视网络品牌。

中央电视台旗下的中国网络电视台即是紧紧抓住品牌锻造这一关键要点，一步步由含混不清的央视国际网络、逐渐清晰明确的央视网（主体重心为网站）发展为现在国内最主要的新型主流媒体——全媒体全网络的中国网络电视台（全新全网的央视网），其三大跃进路径成为我国广播电视网络产业融合发展品牌建设的成功范例。现在的中国网络电视台集央视网、手机央视网、手机电视、IP电视、互联网电视、移动客户端和移动传媒于一炉，“世界就在眼前”的广告语词简洁明快、高端大气，反映出中国中央电视台全网络全媒体平台着力中国、放眼全球的快速报道效率。自2007年以来，央视网上网栏目总数为286个，新上网栏目20个，改版栏目14个，加上2008年的上网栏目和改版栏目，央视网发布的重点电视栏目达400个，成为国内视频内容最丰富的电视网站，单体育方面就有《天下足球》《足球之夜》《赛车时代》《武林大会》《篮球公园》和《我的奥林匹克》等19个栏目。在中国网络电视台（央视网）的统一呼号下，PC网站、手机央视网、央视影音客户端、4G手机电视、IPTV、互联网电视、户外电视、两微矩阵、海外社交媒体账号等，统一资源调配、统一记者行动，实现了“用户在哪里，央视网的覆盖就在哪里，央视网的服务就在哪里”的大矩阵传播新格局。

一、独立名称

我国广播电视网络品牌建设的首要任务，就是要有一个独立的中文名称，在名称上摆脱纯粹依附状态是广播电视网站实现独立发展的第一步，也是广播电视网站向广播电视网络全媒体跃进的必经之路。有一个清晰准确、简洁易记的中文名称，会加强广播电视网络的传播效果，便于受众对网站及各种广播电视网络新媒体的持续访问，获得受众的青睐与忠诚。像中央电视台的中国网络电视台（央视网）、中国国际广播电台的国际在线、中央人民广播电台的央广网（中国广播网）、重庆广电网站"宽频频道——华龙网"、江苏广播电视网"江苏新媒体"等这样独立而新颖的网络名称，会使广播电视网站及广播电视全网络全媒体在品牌建设中取得事半功倍的效果。

2000 年 9 月，中央人民广播电台分别注册了中国广播网、中央新闻网、中广在线等三个网站名称。2013 年 8 月 26 日，中国广播网首页、新闻首页全新改版，确立"央广网"为网站简称和品牌标识，统一了整个中央人民广播电台全网络全媒体名称，为下阶段网络产业融合发展打下了良好基础。自创建以来，央广网一直充分发挥原创新闻优势，主打"快新闻"并突出"央广独家"，建立了面向全国广播电台及广播节目制作团体，提供内容采编、网站及邮箱、客户端开发、版权交易、商业运营等行业服务的中国广播集成平台，还有基于央广网构建的央广广播电视网络台，拥有网络音视频节目播控全业务资质，开办的手机电视、手机有声阅读、互联网电视、网络电台和车载视听服务均保持行业领先地位。

网站域名是网民登录广播电视网站的直接路径，是品牌的重要组成部分，在当前域名混乱的状况下，广播电视网站应当加强对域名的重视与保护，在相关政府部门的支持下，通过多种途径尽可能配置有全国广播电视统一特色标志的广播电视网站域名，为广播电视网站全面扩张为广播电视网络建立必要的内在联系，为广播电视网络新媒体树立应有的品牌名片。

二、重塑 LOGO

广播电视网络 LOGO 和广告语，制作一个新颖适宜的 LOGO 和广告语对于广播电视网站品牌建设具有重大意义。总体来讲，我国广播电视网站对 LOGO 和广告语重视不足，多数网站 LOGO 沿用传统广电媒体，只有不足半数的广播电视网站具有自己的 LOGO 和广告语。广播电视网站应当委托专业人士和机构，设计既与广播电视传统媒体相呼应，又具有网站独立风格的 LOGO 和广告语，运用设计新颖而恰当的 LOGO 和广告语加强品牌塑造。

脱胎于广播电视而又不囿于传统媒体的束缚，就得打破传统的条条框框，在品牌标识方面有所创新有所突破，同时根据广播电视网络的民情民意呼唤网络特色地域特色的广告语词，抒发广播电视网络的内在神韵和独自魅力。同时，在广播电视网站及其其他各类广播电视网络新媒体的页面设计和板式风格上突出广播电视的特有风格，以区别于商业门户网站、企业网站和政府网站，让网民感受到我国广播电视网站在绿色文化、音视频文化方面独树一帜的实力和魅力，强化广播电视网络不同寻常的品牌底蕴。

中国网络电视台（央视网）完全是面貌一新的自有标识，“CCTV”几个巨型字母显赫端庄高贵大气，充分彰显出中国国家级广播电视网络品牌形象。“中国网络电视台（央视网）——世界就在眼前”的广告语词，勾勒出“以大矩阵构建传播新格局、以大事件传播网络正能量、以云平台助力媒体深度融合”的大国主流媒体网络品牌。由浙江广播电视集团整合旗下 18 个广播电视频道相关资源组建而成的新蓝网 LOGO 突出了“之江”仪态万方的蓝蓝江水，与“新蓝网 cztv.com”浑然一体。

三、为名行动

在塑造品牌的道路上，我国广播电视网络要充分挖掘广播电视台积攒多年的名人资源，变现为广播电视网络产业融合发展的真金白银。这些名人资源既有广播电视台几十年以来培育的名主持、名嘉宾、名记者、名编辑、名导演、名摄录摄像、名灯光舞美等观众听众追捧的红人，还有经常在广播电视台的各种节目中盛装出演的歌星影星等知名人士。围绕这些其他新媒体所不具备的独家名人资源，就要做足做好名人文章，开展各种各类“为名行动”。由湖南广播影视集团改制而成的湖南广播电视台深知名人资源的价值，在主办“超级女声”活动之初，就将那些未来发展空间巨大的“明日之星”签约麾下，不少经过“超级女声”活动走来的现在的超级明星，随时还可以继续发挥名人品牌价值。

“为名行动”是广播电视网络品牌铸造的具体举措，是深度挖掘广播电视网络产业融合发展内在资源的独门利器。“为名行动”即是把广播电视台广播电视全网络全媒体全部的“名人资源”“名节目栏目资源”“名活动资源”一网打尽，变身为广播电视网络产业融合发展的强大推动力。充分放大名主持、名嘉宾、名记者、名编辑、名导演、名摄录摄像、名灯光舞美和名栏目节目、名活动等虹吸效应和延伸效应，让受众在荧屏之外可以随时瞬时“面对”自己钟爱的明星偶像，“零距离”与之在网站 BBS、博客微博客、公众号、微信朋友圈等全网络全终端全媒体间保持密切联系。这些平日里“高高在上”“云遮雾罩”的风云人物名人大咖，在广播电视全网络全媒体里面，俯身为亲网亲民的邻家小妹胡同哥们，将单向传播化身为即时互动多头联动，将名人形象资源淬变成广播电视全网络、全媒体、全产业吸金利器。

由于广播电台的名主持、名嘉宾、名记者、名编辑、名导演、名摄录摄像、名灯光舞美和名栏目节目、名活动等在传统广播电台见不到任何形象，这些名人资源一直“深藏不露”神龙见首不见尾，传统广播受众总是只闻其声未见其人，给了广播网络名人资源开掘更大更广的想象创意空间，广播全网络全媒体全产业的名人资源通过“在网”“在线”“在群”创造与再造尤显重要。通过广播全网络全媒体提供名牌栏目的在线收听、在线收看及下载业务，供受众弥补了追星追逐偶像的时代缺憾，还可以将受众感兴趣的名人信息、名人演出音视频下载不断回味或收藏，自然也就增加了受众的广播网络品牌忠诚度。因此，做好广播电视网络产业融合发展的名人资源文章，安排广播电视名人适时走入广播电视全网络全媒体之间“与民同乐”，我国广播电视全网络、全媒体、全产业、品牌亲和力随之水涨船高。

四、品牌延伸

广播电视媒体品牌可以深入广泛延伸，而且广播电视网络本身就是媒体品牌延伸的产物。在广播电视网络品牌的基础上再进行品牌延伸，当然是品牌铸造的重要命题也是全新的命题。广播电视网络品牌延伸，就是利用网络新媒体的号召力、影响力，往下游嫁接生长出新的发展窗口，滋长出新的产业链条，催生出广播电视网络新媒体新新人才和新新思想，成长为一个个广播电视网络子品牌、副品牌。

广播电视网络品牌延伸首先是利用品牌张力进行事件营销，既可以增强广播电视网络的黏合力和亲和力，固定与扩大广播电视网络受众人群，又可以进行广播电视网络相关的活动（如网络春晚、网络进社区等）推进，还可以充分利用网站平台、两微一端平台、公众号平台开展网络购物业务，优化与延展广播电视网络产业链条。当电视购物牵手微信营销，这已然构建出一种新的商业模式。随着信息社会的不断发展，微信的使用在当今社会的使用越来越普遍，微信营销传播逐渐成了网络营销的一股新兴力量。上海东方购物与福建电视台等多家广播电视媒体顺应潮流的发展，在微信营销上大展身手。经过市场培育，我国广播购物、电视购物、网络购物产业市场已经迎来了爆发式的增长，众多商家企业对广播电视微信营销的认可度逐渐提高，用户对原本广播购物电视购物的新鲜感过渡到手机购物、微信购物，由此衍变成新的广播购物、电视购物、网络购物业务空间，盈利模式日渐清晰。

我国广播电视网络受众，其中一部分就是因为对广播电视品牌有着特殊感情进而“爱屋及乌”关注与喜爱广播电视网络的那一部分人群，自然属于广播电视网络品牌“受众延伸”的一分子。我国广播电视网络受众活跃于广播电视网站、广播电视博客微博客、广播电视公众号、广播电视新闻客户端等网络新媒体，或针对广播电视节目提出整改意见，针对主播、主持人、解说、评论员的妆容服饰外貌和语言表达风格一针见血地进行批评，或在国际大事国家大事发生时与广播电视网络受众欢呼雀跃、摇旗呐喊，或在世界杯奥运会赛事期间与广大体育爱好者身临其境把酒豪歌、纵情鼓舞，融入广播电视网络时代浪潮、事件浪潮，衍变为新时期广播电视网络新文化，也为我国广播电视全网络、全媒体、全产业融合发展注入新鲜内容和新晋活力。

第二节　深化内容资源

深化广播电视内容资源，指的是充分利用好我国传统广播电视台几十年以来传承下来的广播电视节目内容，这既有已经播放的广播电视节目资源，还有更多的因为种种原因没有能够播放的节目资源，更有广播电视网络新闻记者和广大广播电视网民即时独家报道、即时创作与创造的内容资源，以及根据广播电视网络特征特色重新编辑组合再造的广播电视节目内容资源。

对于省级网络广播电视台来说，只有将广播电视网站及“两微一端”、传统广播电台电视台和受众三者同时联合起来，才能有效地发挥广播电视全网络全媒体的互动功能，满足受众的交互性体验。我国网络广播电视台可以通过网络上的互动版块或论坛，利用有些广播电视节目的号召力，吸引受众进行网上报名参与节目录制，也可自由为节目主题和制作提供建议，还可以通过台网互动方式，将受众的实时讨论和互动信息在节目中传递，使受众通过节目提高对网站的点击热情和兴趣。以广播电视综艺节目为例，点击进入播放界面后，节目内容或节目分割点应该是和广播电视播放不一样的。广播电视网络传播的新闻资讯，需将内容资源重新进行编排，按照广播电视全网络全媒体传播的“移动化”“碎片化”“智能化”特征理性弱化重新制作编裁剪辑节目内容。

我国传统广播电视具有数十年发展历史，拥有着国内最丰富、最集聚、最有影响力的广播电视节目栏目音视频资源，这是我国广播电视网络内容为本的不二独家宝贵资源。重新整合、重新组合以及重新创造、重新再造广播电视节目音视频资源，包括了广播电视节目共享、广播电视节目再造和广播电视节目创造。这远远不仅仅是广播电视网站等网络新媒体扮演传统广播电视台网络版的角色，不仅仅是将新闻节目、经济节目、综艺娱乐节目、进行简单分割就拿到网络广播电视台播出，而是按照新媒体的受众需求、网络终端传播规律与特点及新媒体传播的总体要求，对广播电视节目资源重新梳理、重新定位、重新编排组合，除旧布新，标新立异，以“新瓶装旧酒”“新瓶装新酒”的蒙太奇手法，创造出广播电视网络音视频节目与文字图片动漫变现表达连贯通达的全网络传播新景观，创造出具有中国特色的广播电视全网络、全媒体、全产业融合发展新模式。

一、内容共享

广播电视全网络、全媒体、全产业内容共享，既包括传统广播电视节目直接平移到所有全网络全媒体终端平台播放，也包括传统广播电视节目资源与广播电视全网络全媒体融合而成的新内容资源在广播电视全网络全媒体不同终端平台的合理利用。这种多形态、多层次的内容共享，不仅是某一个广播电视台广播电视内容资源的重新汇聚，而是可以合纵联盟一个地区、一个省市乃至全国广播电视传统媒体与广播电视全网络全媒体的传播技术共享、传播内容共享、传播渠道共享和传播产业共享。这是我国广播电视网络发展的直接而简单的便利优势，是广播电视节目内容共享，也是记者编辑后期制作和整体运营管理的共享。与一般的商业网站相比，传统广播电视媒体长此以往的节目音视频资源就是一大优势，也是独家的、无与伦比的资源优势。广播电视网站母体所拥有的丰富而独特的音频和视频资源，既可以同步在广播电视网站及其他新媒体终端播放，也可以根据需要和需求在PC平台、手机平台、车载移动平台等延时播出，还可以开展对不同层级的受众开展有偿点播、贵宾点播和奖赏性免费点播业务，实现传统广播电视节目与广播电视网络新媒体节目资源的直接联系，无需跨越任何技术壁垒就可以达到内容资源共享的目的，极大满足了新生代网民的音视频分享需求，也满足了一部分钟情于广播电视节目又因为工作生活与节目播放时间相冲突如愿以偿的“补偿式需求”。

我国广播电视台具有新闻媒体独有的采访权，使得广播电视媒体最先掌握大批第一手的音视频信息材料。在互联网络中，第一时间第一落点的第一手信息，更有助于获得受众的青睐和网民的信任。广播电视媒体有着持续发展的内容资源编剪后期合成能力，具有其他网站所不具备的音频化和视频化的传统操作经验。因此，广播电视节目音视频资源的充分共享共用，不仅有利于广播电视网络的建设，而且也有利于广播电视网络整体品牌形象的树立。以音视频资源共享作为广播电视网络内容建设的重点要点，是广播电视网络走向成功的起点和支点。

二、内容再造

广播电视全网络全媒体的节目内容再造，指的是运用现有传统广播电视台播放过的广播电视节目资源，进行创新排列组合，以新媒体形式、新媒体语词配之以动漫游戏等新型表现形式，“新瓶装旧酒”再造出广播电视网络新节目，在广播电视网站、广播电视“两微一端”等广播电视全网络全媒体终端平台进行播出。节目内容再造也包括广播电视网站及“两微一端”记者编辑现场采访录制的节目内容按照每一种广播电视新媒体终端平台的受众构成特点需求重新加工改造，还包括传统广播电视节目资源与广播电视全网络全媒体融合在一起之后，以全网络、全媒体独有方式智能化、自动化蝶变而成的新结构、新形式内容资源。

我国广播电视节目内容资源宝藏丰富，挖掘各个广播电视台库房中库存多年的广播电视节目资源，把那些废弃不用的大量“原生态毛片”加工再利用，即可以旧貌换新颜变换为广播电视全网络、全媒体、全产业财富。传统广播电视节目受到时间限制，节目内容经过了较为严格的制作筛选，因而这些库存音视频内容资源质量上没有任何问题，有些只是因为时效性、节目形式与风格等不符合传统广播电视节目栏目的播出特点，或是因为其节目内容体量太大播放时间限制而被淘汰搁置。互联网络空间的无限制性和时间的无限制性，可以给这些深锁闺房的音视频宝贝资源无边无垠的传播舞台，一些符合网络传播特性的音视频节目可以大展风采，既开发了资源、节约了成本又扩大了广播电视网络的品牌影响力。

广播电视全网络全媒体传播没有时空限制，音视频内容再造还可以设计同一类型节目栏目的“纵列式”重新组合编排，变化出意想不到的传播效果，变化出别出心裁的产业市场。每一个广播电视台都有男女王牌节目主持人（包括退休的古稀主持人），他们数十年来的经典作品足可以进行充满想象力的排列组合，例如以家长里短为主线排列组合，串接起他们主持人背后的家庭故事、儿女情长故事，以雅趣逸闻为主线排列组合，编采这些名牌主持人搞笑逗乐或反串其他角色的场景，也可以把综艺类节目、电影类节目、电视剧节目等按照时代排序、按照剧情排序、按照演艺人员排序，再进行“插科打诨”或“李代江魂”裁剪编排，熟悉的老面孔摇身一变为时代潮剧、时代潮人、时代潮节目。江苏网络电视台将观众热爱收看的《江苏新时空》《一站到底》《非常了得》等名牌节目栏目放人首页的栏目推荐里，便于网民搜寻。江苏卫视《非诚勿扰》栏目由于电视资源有限，只能在电视上每期播出60多分钟，每周播出两期，而在江苏网络电视台上会放出节目的网络完整版“非诚勿扰高清完整版”，将每期节目时长扩充到120分钟，还原录制现场，还有单独剪辑编播出的节目精彩片段，观众可以看到更多的拍摄花絮和电视上看不到的内容，也可以对节目精华的视频片段进行点播，就是国内广播电视网络节目资源内容再造的成功尝试。

三、内容创造

广播电视网络的内容创造是以充分尊重新媒体传播规律为基点，以广播电视网站、广播电视“两微一端”和广播电视公众号为创作平台，创建新的栏目节目，吸引更多受众广泛参与，迸发瞬间的激情与活力，近水楼台曲径通幽，创造出既有广播电视传统元素也有时代气息时代特征的新新广播电视网络所急需音视频节目和原汁原味的即时新闻、本土新闻、本色新闻。

5G赋能时代的我国网络广播电视全网络、全媒体、全产业融合发展，可以尝试为全部传播终端传播平台注入更多原创内容，通过独家的、原创的内容获得更多的独立性，从而占有更强的差异化竞争优势。同时，在目前以广播电视台频道来进行分类的基础上，可以进一步根据内容对其进行细分，例如新闻台可分为各频道的具体新闻节目及直播频道，让观众一眼就了解到该网络电视台所涵盖的内容。

网络社区和博客微博客是广播电视网络内容创造的重要窗口，是网民之间、网络与网民之间的联系纽带与信息沟通桥梁，是网络民声快速传递、原生态传递的高速公路。2007 年 10 月 8 日，以央视一套播出系列政论电视专题片《复兴之路》为契机，“复兴论坛”正式上线，成为传民情、聚民意、汇民智，普通百姓参政、议政、表达心声的重要平台，成为央视网的知名品牌之一。“复兴论坛”以“民族复兴”为主轴和核心，以政治、经济、道德、文化、军事等各领域涉及民族复兴的重大问题、重大话题为内容，是弘扬民族精神、增强民族自信以及广大网民参政议政的基地。

打造网络社区，开辟星播客等星光天地，是我国广播电视网络内容创造的目标阵地。央视网 TV 大社区于 2007 年年底上线，目前已成为中央电视台电视节目的互动主场和互动平台，满足了广大电视观众和电视媒体互动的愿望，成为最具代表性和活跃度的互动品牌。TV 大社区是一个电视搜索平台，电视内容资源通过 EPG 表单集成，实现观众对节目查询、在线观看和自由点播的需求。同时又是一个互动交流平台，观众在查询电视节目信息的时候，享受自由参与电视节目的预测和评论，还可以建立自己的个人空间，展现自我收视内容，建立以用户为中心的收视群，享受其中的无限乐趣。

广播电视网络博客依托广播电视媒体得天独厚的广播电视品牌优势，聚合名主持解说、名记者、名导演、名编辑、名灯光舞美、名化妆师，以及大型活动、大型晚会聚集而来的著名专家、大牌演艺明星等的超高超旺人气，推出灿若星河的博客舞台微博客舞台，构建出一个个健康、自由、活跃又自律的新兴网络话语空间，打造出广播电视网络博客微博客新势力，创建出一篇又一篇层出不穷的好作品，成为广播电视网络内容资源的源头活水。我国广播电视主持人博客微博客创作正日益成熟，并形成一定规模，许多大牌名主持人的博客微博客访问量都超过了其在新浪、搜狐、腾讯、网易等商业网站的博客微博客。

我国广播电视网络可顺势而为，在现有基础上进一步提升名主持解说、名记者、名导演、名编辑、名灯光舞美、名化妆师等博客微博客的知名度，让更多的广播电视名人加入到这个大本营中，用更新颖的表现形式，把广播电视名人博客更大范围、更高规格、更高水平进行推广。

第三节 紧抓重大时机

中国广播电视网络现在进入到抓机会、抓大机遇、抓大发展的重要关口，是传统广播电视向新媒体转型向全媒体全网络转型在盛世良机的必要作为。目前，国际形势发生了前所未有的变化，中国显示出在国际舞台上越来越重要、越来越显著的大国领袖地位和国际新形象，文化软实力、传播软实力亟待跃升上新的更高台阶，我国的国际传播地位和国际传播实力亟待提振与提升。同时，中国特色社会主义发展进入了新时代，我国社会主要矛盾已经转化为人民日益增长的美好生活需要和不平衡不充分的发展之间的矛盾，广播电视网络应该为“美好生活”提供优质多元的文化产品、精神食粮，都需要我国广播电视网络抓住机遇有所作为、有所担当。

我国正迈向互联网文化强国的征程，这是我国广播电视全网络、全媒体、全产业融合发展的又一重大机遇，需要中央级广播电视网络、省市级广播电视网络作出自己的贡献，在把关人文化、绿色文化、音视频文化以及地域特色文化建设等方面发挥出力所能及的功能。与此同时，我国主导的5G技术已经在全国范围内全面铺展，为国家推进媒体融合发展、建设新型主流媒体提供了新的技术保障，广播电视网络发展有了更为广阔的新媒体运作开发空间，广播电视网络与传统广播电视电影等电子媒体的融合、广播电视网络与报纸杂志等纸质媒体的融合、广播电视网络与其他各类新媒体之间的融合，不仅必须要充分发挥“喉舌功能”，在新闻内容把关方面做出应有的表率，而且要在产业发展方面紧密联系技术创新，拓展出更大更广的延展空间。

一、大会报道

适逢中国宏观盛景盛世，抓住关系到国家发展未来和国计民生的党和国家重大活动，如五年一届的中国共产党全国人民代表大会和每年的中华人民共和国全国人民代表大会和中国人民政治协商会议（简称“两会”）等全国瞩目、全球瞩目的历史性事件，做好广播电视网络的“高端连线”“高端访问”“高端直播”等高端新闻报道，形成“人无我有，人有我优，人优我特，人特我全”的网络生态，起到“挟天子以令诸侯”的纲举目张效应，引领传统广播电视受众和原来黏附于其他新媒体受众，平移积聚到广播电视网络平台，是我国广播电视网络新媒体紧抓重大事件图发展的先手妙手。

五年一届的中国共产党全国人民代表大会和一年一度的“两会”，既是中国网络电视台（央视网）、中国广播网和国际在线等国家级广播电视网络一展身手的重要高光时刻，也是各省市自治区广播电视网络新媒体采访报道省部级领导在北京活动的“高端访问”最集中最便捷的时间。央视网是国内首屈一指的高端传播平台，在高端报道方面有着独到的心得体会，取得了铸造高端品牌、扩大国际影响力的良好效果。

2008 年两会期间，央视网通过中、英、西、法 4 种语言以及文字、图片、视频、直播、论坛、访谈、博客、播客、空间、手机电视、公交车载电视、IPTV 等 12 种报道形式，对 2008“两会”进行全球化、多语种、多终端、图文、视频实时直播报道，发布大型新闻专题 7 个相关栏目 132 个，进行图文、视频直播 40 场，嘉宾访谈 52 场，播发文字报道 6253 条、图片报道 3522 张、视频报道 3110 条，日均访问量达 8200 万。两会期间，CCTV 手机电视访问量达 590 万。公交移动电视将《政府工作报告》的视频内容转码后下载到北京、上海、广州、深圳等全国 30 个城市的公交车载终端中播出。

在党的十七大报道中，央视网首次实现超大规模（7 家 P2P 系统和 2 家海内外 CDN 服务商）全球化多语种网络视频直播，并第一次进入人民大会堂现场进行图文直播和嘉宾访谈，同时推出中国第一个视频手机杂志。党的十七大报道期间，央视国际网站日均访问量 7322 万次，最高日访问量突破 1.05 亿，有史以来首次突破单日浏览量过亿。党的十七大报道专题总访问量高达2533万。CCTV手机新媒体党的十七大报道覆盖4000万手机无线网民，总访问量达4791.5万次。

党的十九大前夕，人民日报、中央电视台和省级电视台以融媒体形式推出了大规模专题报道。央视投入综合频道、新闻频道、中国国际频道、中国国际电视频道和各外语频道进行直播，同时通过央视VR云平台，融合媒体矩阵同步报道。平均电视收视率为4.58%，即时最高收视率超过6.27%，市场份额超过70%。中央电视台新闻媒体拥有超过2.7亿的微博读数，在线观众人数超过2010.9万。融媒体互动节目《还看今朝》《厉害了我的国》等与31个省级新闻媒体通力配合，地方记者站、各省级电视台协同作战，足迹遍布全国几百个地区，众筹征集的一万余条视频，积累了几千小时的高清纪实素材，台网联动、微端视频碎片化传播、“三微一端一平台”同步推广，体现了中央与地方的资源联动、全国性与对象性的电视台结合、新媒体与传统媒体融合的新特征。党的十九大报道内容丰富，形式多样，可以说，这是中国媒体整合与发展的大练兵。所有主流媒体都充分利用互联网思维，创新其工作流程、语言风格、制度机制和组织形式。在一众商业门户网站等新新“媒介”不能进入到“两会”等国家重大题材活动现场时，我国广播电视全网络全媒体以“新型主流媒体”姿态高逼格直击现场，“定海神针”般在竞争惨烈的舆论领域中得以凸显自身独有地位。

二、突发事件

放眼全球的国际重大突发事件，特别是密切关注与中国民族复兴、大国形象紧密关联的大事、要事、难事、紧迫事，紧盯全国各地发生的地震、泥石流、洪涝灾害等重大突发事件，关注我国具有国际竞争力的高精科技成果，广播电视网络新媒体应该和传统广播电视媒体一样主动出击，同时发挥新媒体即时快速、容量大、互动性强、形式多样等传播优势，以及新媒体现场报道受自然环境影响相对较小的特点，多点连线，多终端发声，可赢得更多关注当然也包括高层的支持，保持严肃性与通俗性的统一、连续报道、系列报道与深度报道的统一、传统广播电视报道与广播电视网络新媒体报道的统一，取长补短，诸如广播电视网络新媒体不受政府机构重视、不被受众接受与认可等很多问题就能迎刃而解，品牌形象在不断的大事历练中就能迅速提高。

2008 年，中华大地发生了摧毁性极强的汶川地震和历史罕见的南方雪灾，经历了“神七”发射和“藏独”势力打砸抢烧事件等诸多大事难事，央视网中国、抓住一次次重大事件的报道契机，多个平台迅速反应，传播实力、报道效果（点击量）不断实现新的突破，市场份额、研发能力和经营收入等也随之发生显著变化。

2008 年 5 月，央视网对汶川地震进行迅速、全面、深入的报道。迅速在零首页开辟“众志成城抗震灾”特别报道专区，进行 24 小时视频直播和图文滚动报道。推出大型专题《众志成城抗震救灾》，在 5 月 19 日推出《中国汶川抗震救灾网》，公交移动电视也于当日凌晨制作特别节目。据统计，5 月 19 日央视网访问量达 2.47 亿页次，创历史新高。此外，央视网独家承办由中央文明办、教育部、共青团中央、全国妇联开展的“抗震救灾英雄少年”评选表彰活动，共计收到投票 7499 万余张，其中有效投票 5387 万余张，网上留言 10 万余条，相关网页访问量近 1 亿次。CCTV 发挥手机终端便携随身的优势，第一时间播报抗震救灾相关报道，成为手机平台抗震救灾报道的首要舆论阵地和权威消息渠道。手机 WAP 通过互动专题、与 CCTV 新闻频道合作进行植入式报道等多种方式，先后开通《找亲人、报平安》《为灾区人民祈福》等互动频道，总计超过 13 万名手机用户参与互动，共收到网友留言 51089 条。

2011 年 3 月，日本发生里氏 9.0 级超强地震导致福岛县两座核电站反应堆发生故障，其中一座反应堆震后发生异常导致核蒸汽泄漏，引起邻国及全球民众广泛关注，中国各级广播电视全网络全媒体发挥出新型主流媒体在突发事件发生时冲在前面的职业素养，报道了大量鲜活的独家新闻素材，树立了中国广播电视全网络全媒体的品牌形象。2020 年全球性新冠疫情暴发，中国广播电视全网络全媒体工作者无惧艰险，冲锋在疫情暴发的第一线，以客观、理性、迅捷、翔实的报道，从世界各地的疫情第一现场“现身说法”传回中国医护人员救死扶伤的英雄业绩，传回中国医学科技工作者与世界各国分享中国抗击疫情灾害成功经验的场景，传回中国民众面对旷世疫情临危不惧、坚定信心、众志成城的胆魄勇气，赢得了广大受众的一致好评。

三、春晚盛宴

庆祝华夏儿女阖家团聚、共同欢庆的春节佳期，做足春节文章和春节联欢晚会功课，是我国广播电视网络紧抓重大时机资源的重要内容。

自20世纪80年代以来，中央电视台每年除夕夜的春节联欢晚会，就成为了全世界华人共同的节日。举全国上下之力甚至是集中全球华人的智慧，每年的春节联欢晚会举世同欢，神州共舞，百花争艳，被誉为“华夏盛宴”，创造出世界电视史上绝无仅有的收视奇迹。此后，不甘中央电视台独占春晚舞台的各省市地方卫视纷纷效仿，湖南、上海、江苏、浙江、北京、山东、黑龙江等纷纷或在小年夜或在年初一见缝插针、另起炉灶搭起了春晚舞台。中国网络电视台和各省市网络广播电视台等充分发力广播电视网站、广播电视“两微一端”以及各种移动终端网络新媒体“借船出海”，将春晚这一重大题材资源做大、做足、做深、做透。就连2011年底由武汉百步亭社区开始创办的一台制作成本低廉、节目全是社区居民自编自演的草根春晚，就有全国2000多个社区响应，选送的节目2600多个，参演社区群众超过5万人，各类节目的点击率过亿、自发参演的社区群众超过5万人，仅上线当晚点击率就已超过1100万人次。

2007年春晚报道，央视国际（中国网络电视台前身）秉承“春晚开门”的宗旨，思考将传统电视春晚嫁接平移到各种新新媒体终端平台，发挥节目视听互动特色，首次尝试通过互联网络、手机新媒体、IPTV等多终端全球同步直播中央电视台春节联欢晚会，并通过高品质的内容服务网聚海内外网友，充分实现了“百姓春晚，大家参与”的创意预期。2月17日除夕当天，央视国际访问页次数达到8632万，打破了2006年世界杯报道创造的日均6619万的访问量记录，开创历史新高。2007年2月，央视网联合Mediazone、AOL、悉尼中文电视网三家国际大型网站，通过网络新媒体和手机电视新媒体，向海外推送2007年春节联欢晚会，在海内外产生热烈反响。中央电视台春节联欢晚会播出期间，共有1139万人次通过网络视频直播收看节目，最高同时在线人数为139.9万。通过手机电视收看的观众累计达到216万人次。

2008年3月7日，中央对外宣传办公室、国务院新闻办公室增发工作专报——《央视国际网站通过互联网直播春晚节目在国外及台湾岛内反响强烈》，认为这开辟了我国新媒体对外、对台宣传工作新思路。通过2007春晚的海外多终端传播，央视国际获得了国家重点文化出口企业殊荣，2007春晚的海外多终端传播成为国家文化出口的重点项目。

近年来，随着传统电视春晚暴露出的诸多诟病，各大电视台应运而生的网络春晚日益走俏，成了春晚盛宴改良升级的一剂良药，深受广大观众和网友追捧。所谓网络春晚，并不是简单地将晚会节目在网络上播映就可以，而是基于电信通讯网、广播电视网和互联网“三网融合”技术的一场点到点传播、全民参与、实时观看的大型网络互动晚会。

2010年，作为“全球华人第一台三屏合一新春晚”，北京电视台打造的首届网络互动春节联欢晚会开启了网络春晚的大门，精心选择小年夜率先在全国打响春晚第一枪，并连续七天在三大平台同步播出，以前所未有的气势席卷而来，为全球华人奉献了一种年味十足、创意新颖、贴近百姓、互动性强的网络春晚新形态。和传统春晚相比，北京电视台网络春晚大胆启用“网络红人”和“草根明星”。这些草根达人作为新兴网络实力和民间娱乐精神的代表，他们在网络新媒体的人气指数可以说不亚于任何电视电影大明星。

2011年，作为“开门办春晚”和新媒体发展战略的重要实践，中国网络电视台举办了首届网络春晚，并一口气制作了6台晚会，抢占网络春晚阵地，标志着新媒体“国家队”正式进军网络春晚。2015年，中央电视台春节晚会首次牵手YouTube、Twitter等境外网站进行直播，制作历年春晚合集《中国春晚》，该合集将推向海外市场，期待让每一个人都成为春晚中的一分子，不仅乐享视听盛宴，更在互动中获得快乐，让更多的海外华人以及喜爱中国文化、渴望了解中国文化的外国人有机会看到春晚。

随着新的互动形式微信粉墨登场，除夕之夜中央电视台的春晚微信“摇红包”热浪滚滚。通过“摇电视”互动，微信“摇一摇”不断刷新着用户对于新入口的想象。2015年中央电视台春晚结束后，微信“摇电视”测试功能于大年初一低调上线。春节期间，用户只需打开微信“摇电视”摇一摇，就可以摇出电视节目相关的页面，并参与节目互动。大年初一开始，北京卫视、湖南卫视、江苏卫视等地方卫视春晚就已经成为“摇电视”的首批尝鲜者。据悉，参与过各地方卫视春晚摇一摇电视互动的用户数有1.6亿，其中北京卫视和湖南卫视的PV均已过亿。目前，微信摇一摇已接入50多家电视台，有近百个电视节目开展摇电视互动。从互联网到移动互联网，微信正在成为电视屏和手机屏之间的连接点。

四、体育盛会

体育赛事是深受欢迎的广播电视网络新媒体内容资源，足球世界杯、奥运会、亚运会、全运会以及各种顶级国际大赛洲际大赛，都是体育爱好者争先恐后收看收听的节目。中国网络电视台正是利用国际奥委会第一次售卖2008年夏季奥运会新媒体转播版权的契机，成为北京2008奥运会官方互联网/移动平台转播机构，成为唯一拥有中国大陆和澳门地区奥运新媒体转播权益的机构。

中国网络电视台紧紧抓住奥运契机，积极拓展销售渠道，直接客户大幅提升，仅奥运资源广告客户就达36家。同时配合广告部做好渠道维护，对近20场推介会和11·18黄金资源招标会进行图文直播。奥运会期间，与新浪、搜狐、网易、腾讯、酷6、PPS、悠视网、PPLive共8家网站合作，对奥运会进行联合转播，并与人民网、新华网等174家网站进行公益性联合推广，实现了新媒体奥运传播效果最大化，既获得了巨大商业收益，又通过加强与商业性、垂直类频道的合作，尝试开拓综合性频道。数据表明，8月8日开幕式当天，央视网与新浪、搜狐、网易、腾讯、酷6、PPS、悠视网、PPLive等9家奥运转播网站当日不重复独立用户数达1.61亿人，是中国网民总数的63.63%。奥运会期间，高达89.9%的互联网用户接触到奥运授权合作网站，总体受众规模达2.31亿，总页面浏览量达1076亿页次。

在国际奥委会的支持下，各国奥委会陆陆续续向新媒体记者开放报名采访奥运会赛事。2012年伦敦奥运会，美国奥委会一共发放了400多张文字记者采访证。就连足球亚洲杯赛事，从2004年就开始接受网络记者的报名。但是，中国奥委会始终没有向新媒体记者开过这个口子。吕敏是中国“新媒介”记者群体中，通过“特殊渠道”第一位申请到奥运注册记者证的记者，连续报道了2006年都灵冬奥会和2010年温哥华冬奥会。都灵冬奥会前，通过中国奥委会拿不到采访资格的吕敏在报名细则中发现，一些没能向各国奥委会申请到采访证的媒体，有机会向国际奥委会直接申请。在反复解释和说明之后，她终于拿到了采访证。随后的2010年温哥华冬奥会，吕敏再一次申请到了正式采访证。

齐鲁网是山东广播电视总台主办的山东省重点新闻网站，融新闻、娱乐、体育等资讯频道，论坛、博客等互动平台，直播、点播、视频分享于一体，在2009年第十一届全运会主办期间大出风头。山东齐鲁网充分利用主场之利，重磅推出“网络全运台”，以视频直播、互动、图文报道等对全运会进行多媒体互动式全方位报道。齐鲁网社区开设“全运博报”“全运总动员”等栏目，为广大网友大话赛事、为赛场健儿加油提供了互动平台。2013年辽宁第十二届全国运动会，“新媒体的尴尬：全运会不给网络记者办采访证”成为最刺眼的标题新闻。尽管中国移动在此次全运会赛场实现了4G网络全覆盖，全运会的注册仍旧不向商业门户网站等“新媒介”机构开放，一些新媒体记者只能通过和传统媒体合作的方式分享证件，这成为各大门户网站获取采访信息的主要方式。

第四节　再造联动模式

再造联动模式，就是要在现有广播电视全网络全媒体联动模式基础上，全方位、全立体、全链条进行改造重置重组，不仅要将“台网联动”改造成“网台联动”，而且要在“网车联动”“网微联动”“网智联动”等方面有所建树。

在广播电视全网络全媒体时代，观众在线视频与传统广播电视直播交相辉映，你中有我、我中有你互相勾连，使得传统广播电视媒体与广播电视网络新媒体的合作关系变得既紧密又疏散、既合作又各有侧重点各有优势短板。因此，我国广播电视网络发展需要创新广播电视网络与传统广播电视台之间的联动模式，灵活机动实施“车联网”推广车载广播电视业务，利用好快速成长成熟的智能手机平台，科学合理理性地将广播电视微信微博融入到广播电视全网络全媒体，不断提高广播电视网络公众号的社会影响力，打通广播电视网络各种不同形式、各种不同终端的传播“梗节”，做到广播电视大网络全网络的大联动、全联动。

从用户行为角度来看，网络广播电视台延伸了广播电视节目的时间、内容与互动性，使得广播电视节目在网络音频、网络视频上的黄金传播时间周期更长，用户可以通过网络视频与母台的联合互动获得更多的信息。从传播学的角度来看，互联网具有交互的特性，网络上的二次传播为母台的节目提供了很好的口碑传播，而更多的口碑传播又能带动广播电视台收听率、收视率的提升，进而联动节目在网络广播电视台的深度开发，使节目在网络上引发社会性大讨论，又进一步引起受众的兴趣。受众在观赏网络广播电视台节目之时，可以肆情评论、直言戏谑，可以在线参与聊天互动，同时提高了网络广播电视台与母台节目的关注度。

一、网台联动

台网联动强调的是以广播电视网络为主体的网络新媒体与传统广播电视台之间的管理共享、事件营销活动共享、渠道共享、受众共享、内容共享、广告共享以及反馈信息共享，自然包括了前面所说的“内容再造”与“内容创造”。广播电视网络新媒体与广播电视台可以针对重大突发性新闻组织专题页面，页面内容包括相关的视频新闻、图片新闻与文字报道、民意调查、舆情传递等，与网友即时互动交流，广播电视台的新闻栏目和相关栏目以“飞字幕”等各种形式跟进播报，加深加强对话题的进一步探讨。这样的内容互动，可以利用广播电视台宣传网台，同时也能借助网台拓展电视台的新闻来源与传播范围，提高新闻的公信力和可信度。

新媒体的快速发展为传统广播电视媒体带来了巨大的挑战，在互联网（移动互联网）为主导的各种新媒体不断蚕食鲸吞传统广播电视市场份额的背景下，广播电视台一家仅凭一家之力，很难呈现具有影响力、参与度高的品牌活动，很难应对实力强劲而又活力四射的新媒体公司挑战。唯有以广播电视母台为基座，做大做强广播电视网络新媒体，充分发挥网台联动的高效功率与动能，才能够面对困境窘境处变不惊、应付自如。江苏电视台十分注重江苏网络电视这一平台，通过台网共同举办活动，来推广品牌节目，还通过网络社区开辟专栏，邀请网民一起互动参与。中国网络电视台的网络春晚转播、奥运会世界杯等重大赛事转播，上海文广集团、浙江卫视、湖南电广传媒等在王牌节目播出和重大活动举办时，都将网台联动进行到底。通过广播电视网络台与母台共同办活动共同哄抬节目的模式，就会叠加受众对活动对节目的关注度，可以吸引广告客户，树立广播电视台的品牌形象，经过新媒体环境和传统媒体环境的双重“发酵”，提升广播电视台和网络广播电视台全网络全媒体的品牌知名度。

二、网车联动

移动电视是一种全新概念的移动户外数字电视媒体，是传统电视媒体的延伸。公交车载移动电视是采取无线数字信号发射、地面移动数字设备接收的方法，进行数字节目同步发射与接收的一种崭新技术，具有即时传播、受众面广、接触频率高等特点。车载移动电视、车载移动广播已经成为广播电视网络产业的主要产品之一，全国范围内的业务推进日益成型稳定。紧跟“车联网”发展趋势，做好广播电视网络的“车联业务”，完善“网车联动”的系统工程，是创新广播电视网络联动模式的重要环节。杭州文化广播电视集团和中国网络电视台等，在网车联动领域先行先试很有斩获。

2004 年 12 月 14 日，杭州文化广播电视集团与杭州公交集团正式签署了杭州公交移动电视合作项目协议，这标志着杭州市发展移动电视业正式启动。

2005年5月17日，公司在吴山广场举行了新动传播——杭州移动电视开播仪式，公司正式开始运作。公交移动电视以公交车作为主载体，2005年一共完成了1126辆公交车的数字移动电视设备的安装，并在70艘西湖游船上安装了数字移动电视接收设备，对私家车也有少量试验性的安装。2010年，按照公交集团车辆更新进度，又在600余辆公交车上安装了接收终端，全年终端总量达到4327辆（艘），公交车终端安装率达80%，安装率、完好率继续名列全国前列。随着郊县公交一体化的推进，公司进一步加快了郊县公交移动电视信号的覆盖。

2008年，中国网络电视台车载电视等新媒体平台均取得突飞猛进的发展，极大提升了品牌力和影响力，彰显了移动多媒体平台的优势和广阔发展前景。CCTV移动传媒在稳步发展公交移动电视的同时，大力推进店面、楼宇、机场等公共场所传播终端的发展进程。

中国网络电视台在全力执行各项宣传报道工作，优化播控平台、传输系统，确保播出安全、平稳、有序的同时，积极开拓市场资源，实施与车载电视、楼宇广场电视等的联动，开启立体多终端新媒体业务，公交移动电视覆盖全国30个城市47000余辆公交车，北京地区7000余辆公交车安装了CCTV移动传媒车载终端，占北京运营公交车辆的1/2，日受众超5000万人次。2008年10月，CCTV移动传媒机场大屏电视正式开播，媒体资源已逐步覆盖深圳、沈阳、郑州、西安、三亚、福州、石家庄、青岛、海口、济南、昆明等11个大中城市。

三、网微联动

广播电视网络新媒体当然包括了微信博客微博客，加强广播电视节目在网站与微信、微博之间的联系，即时激活“微动力”，更好地加强了与观众的互动，提高了广播电视台收听率、收视率，增进受众的潜在引力，无疑也是广播电视网络联动模式创新的一条蹊径。

2011年开始，杭州文广集团的名牌栏目与采编播人员集体入驻新浪微博，并指定专人对频道频率和节目微博进行管理维护，进行线索收集、资讯提供、节目预告、粉丝互动，如杭州电视台西湖明珠频道的《明珠新闻》每天都在微博上推出一个互动话题，引导粉丝参与讨论，并将其作为当晚节目的一个板块进行电视化呈现；杭州电台西湖之声则把粉丝数量、互动频次等指标列为主持人月度考核项目。

2013 年元旦假期，浙江普降大雪，道路结冰，浙江广播电视集团麾下的 FM 93 交通之声特别设置了听众“微报道”和“微感动”环节，反映听众在冰雪中看到的第一手信息，传递听众在冰雪天气中受到的温暖力量。

微信作为互动手段在广播电视行业中的运用也越来越广泛，将微信引入广播传播环节，是听众的需求，它为听众与主持人之间直接交流提供了便捷的互动平台，广播是纯语音传播的媒体，语音消息很适合做互动，所以微信与广播电台联姻顺理成章。

传统广播电视的内容信息传递转瞬即逝，而且不可重复不可复制，受众对于内容信息的接受基本上是一次性的消费消耗。有了微信平台的支持，很多实时的节目内容信息获得了保留的空间。广播电视媒体可以将重大新闻事件、活动告示、观众互动等内容信息编辑入微信公众平台，并推送给关注者便于更稳定而灵活地传达信息。微信在交通广播中实时信息提供，使得受众在驾车时能够做出合适而明智的驾车路线以避免不必要的时间浪费。收听者面对事故时也可以运用移动终端拍照上传至微信再由广播电视播出第一手资料，以便于减少事故牵连者，更为事故处理带来极大程度的便利。

激活“微动力”，还可以不断地围绕新主题新现象开展系列节目与活动，为广播电视注入新鲜血液与活力，巩固与深化广播电视品牌。浙江卫视运用微信着力宣传“中国蓝”这一品牌形象，趁热打铁借势发挥完善了自身特色品牌。上海东方卫视借助其王牌节目的势头构建微信平台，巩固自己“现代、国际、青春、海派”的品牌定位。其微信公众平台网罗了《中国梦之声》《巅峰拍档》《顶级厨师》等王牌综艺、精彩剧集、明星趣闻、有奖互动等内容，并运用移动互联网特有的属性，对原节目视频中无法展示的细节进行补充，图文内容更贴近手机用户的阅读习惯，趣味性更强，使东方卫视的品牌形象在人们的心中更为深刻。

四、网智联动

网智联动就是充分调动人工智能在我国广播电视全网络、全媒体、全产业中的应用元素，将5G赋能三大应用场景尽可能智能化、最大化铺展放大，以期释放出“广播电视网络+5G+人工智能”的传播叠加效应和产业叠加效应。

现代信息技术的发展，为中国广播电视艺术的跨越式创新发展提供了无穷尽的机遇和可能。我国广播电视艺术其本身就是蕴含高精电子技术的艺术现象和艺术文化，是现代高精科技与艺术发展艺术创新的完美结合。通过高精尖传播技术应用和创新，激励高端科技人才的创新创造力，运用高科技手段整合与提升各种人文艺术资源，提供现代信息艺术产品，提升现代电视艺术气质，突破电视艺术创造与再造的技术瓶颈和内容瓶颈，为物质文明和精神文明并行不悖建设与繁荣开辟了新的道路。最早期的电信通讯之电报能以惊人的速度传递信息，作家、艺术家们很快将它派上用场。且不说在大名鼎鼎的法国文豪大小仲马与电报通信技术的渊源，大仲马曾利用电报祝贺小仲马创作的《茶花女》上演成功，也无须考证在中国晚清的文人利用电报推动名为“诗钟”的艺术竞赛，但从电报技术时代到现代电信通讯时代与信息传递与传媒艺术一直密不可分。自从20世纪60年代激光技术运用到电视传播以来，电视艺术质感发生了翻天覆地的变化，电视图像投射画面增大，影像清晰色彩鲜艳，电视节目的现场感、纵深感、立体感得以全面释放，观众的艺术体验如同身临其境，艺术感染力大大增强。

新技术衍生新媒体，新媒体实现了传统电视艺术与云技术、大数据技术、智能技术、量子技术等前沿科学的合体，焕发了广播电视艺术前所未有的新姿新貌。随着以互联网（移动互联网）为代表的现代通讯技术与现代广播电视艺术的全面融合，传统广播电视艺术与新媒体电视艺术逐渐走到了一起，不仅一步步扩展了广播电视艺术的领地版图，而且将广播电视艺术带到一个又一个更新的高度。以打刻着“G”艺术烙印考量每一代数字移动通信网络与中国电视艺术的共生共荣，洞察中国广播电视艺术技术、广播电视艺术载体、广播电视艺术形态、广播电视艺术文化、广播电视艺术人物、广播电视艺术现象和广播电视艺术气质电视艺术精神的潜行嬗变，回溯从元G时代贯穿到5G时代的"电话连线"艺术、2G时代手机短信与广播电视节目直接渗透的街头艺术激情艺术、3G时代4G时代的短音频短视频艺术融媒体艺术、5G时代的长视频艺术弹幕艺术智能艺术等的演进路径，透视从2G时代到5G时代广播电视艺术由"富艺""富术"向"赋艺""赋术"叠映交合的风云变幻，探索与畅想5G时代的中国广播电视智能艺术、场景艺术、创造艺术与再造艺术发展走势，是新时期媒介融合向纵深发展、铸造中国特色新型主流广播电视艺术形象和广播电视全网络、全媒体、全产业融合发展的目标与方向。①

第五节 创新经管理念

我国广播电视的媒介融合建设与发展刚刚起步，广播电视网络新媒体面临着观念创新、服务政府、内容联动、产业推广、人才短缺和受众需求等过往尚未遇到过的集中性挑战，必须依靠品牌制胜，必须依靠理念先行，必须锻造一支站在媒介融合前沿的信息化人才战将，才能够在新媒体列强环伺、融媒体群雄并起的时代浪潮中砥砺奋行。

彻底颠覆既往经营管理观念，树立广播电视网络新媒体思维理念，就是要将工作重心由传统媒体转向新媒体、转向传统媒体与新媒体的融合发展上来，毫不留恋地舍弃传统广播电视时代的成功经验和成功路径，不再沉湎于传统广播电视节目的制作手段和表现形式，以互联网全新思维武装广播电视网络新媒体人，以新媒体技术渗透到广播电视新媒体人的血脉中。湖南广播电视台近年来将70%的人力、物力、财力倾斜到新媒体建设与发展，反映出主要台领导敢于突破、敢于颠覆传统观念的勇气、信心和决心。

---

① 参见曾静平:《中国电视艺术，从2G到5G》,《中国电视》2020年第1期。

中国广播电视网络新媒体是广播电视媒介融合的具体行动，必须以开放包容的姿态发展现代新媒体，必须加大资金投入、技术设备投入、人力资源投入，敢于投入又善于投入，将人财物用到实处、用到火力点。中国广播电视网络新媒体经营管理，必须抢占中国特色地域特色的“世界性”新媒体制高点，既要有“地球人看中国、看北京、看上海、看杭州”等的信息内容，报道世界各国各地来到或者关注中国关注当地城市的人们能够通过融媒体平台了解中国各地的历史渊源、发展变化，也要投注笔墨篇幅报道“中国人闯世界、北京人闯世界、上海人闯世界”等的旖旎风光，宣传华夏儿女在全世界各地敢作敢为的光辉业绩。

我国网络购物、电视购物、广播购物和纸媒购物等正呈现出新的发展势头，中国广播电视全网络、全媒体、全产业融合发展可以很好地利用现有的多样化融媒体资源，实现网台联动立体营销，将广播购物、电视购物、杂志购物与各种终端的新媒体购物紧密结合，就可以完全打破地域限制，将产业链延展到华夏大地四面八方。

一、吸纳精粹人才

人力资源是我国广播电视全网络、全媒体、全产业建设发展之中的第一资源，人才是决定广播电视网站及“两微一端”等全网络全媒体终端平台成功与否的第一要素。近年来，我国广播电视网络的高速发展，使本已捉襟见肘的专业人才更加难以为继，建造人才梯队必须尽快列入议事日程。在中国广播电视媒介融合征程中，急需将政治素质高、市场敏感度强、对传统媒体和现代新媒体游刃有余的精英精粹，不拘一格地推向前台独当一面，不遗余力不惜代价改变当下广播电视新媒体负责人绝大多数来自传统媒体也只对传统媒体一知半解的“瘸腿”局面。通过遍寻中国广播电视媒介融合高端人才和领军人物，使之获得业内最先进的发展思路和发展模式，实现借外脑借外力发展，呼唤更多一流的既能“传统广播电视”又能“两微一端”新媒体全媒体还可以随时“移动化”“智能化”“云彩化”的多栖复合人才，加盟到我国广播电视全网络、全媒体、全产业发展大局中。通过决策部署中“改理念”“改人选”“改制度”，突破体制机制的制约，对人力进行重组和精编，招聘有朝气有思想的年轻人，成为我国广播电视全网络、全媒体、全产业的中坚力量。

只有人才聚集，只有观念创新技术创新，才能够用独立的高水平管理团队建设广播电视网络，使广播电视网络新媒体在发展中不受传统广电的重重束缚，作为独立的事业不断前行。其次是引进专业技术力量，为音视频的呼应、影像资源与文字资源的呼应各司其职，并且能够准确把握政治脉搏和舆论导向，挖掘出我国广播电视节目“闲置库”宝贵资源。在当前全球金融危机的状况下，一批小型音视频网站经营难以为继，加上国家广电总局在音视频方面的监管权益，使得我国广播电视网站可以得到更多的政府支持和政策倾斜，可以借机抄底专业人才市场，从一些商业门户网站、专业音视频网站引进专业人才，促进广播电视网络的发展。同时，在当前广播电视网络专业人才供不应求的状况下，采取请进来走出去的方式，将短期速成与中长期培育相结合，大有裨益。一些广播电视网站在我国最早进行双重专业背景培养的北京邮电大学、中国传媒大学等提前预约生源，也是亡羊补牢之举。许多广播电视网络对原有广播电视人才实行统一培训，或送到专门机构专业培养，或参加本系统的集中培训，挖掘自身人才潜能，迅速适应广电网络发展需要。

二、打破既有范式

中国现有的广播电视全网络、全媒体、全产业融合发展建设，大多是传统广播电视媒体“捎带”广播电视网站及“两微一端”等广播电视新媒体，在观念、人力、物力、财力管理等还苑囿在老式范本里。中国广播电视网站及“两微一端”等新媒体从诞生到现在，基本上属于从属配角的位置。在中国广播电视媒介融合进程中，广播电视网站及“两微一端”等新媒体要实时争当传播主角，拿出由“配角”华丽转身为“主角”的勇气和底气，以让广大受众有一个明确的归属感，让传统广播电视随时感受到现代新媒体不可替代的内在神韵。

在广泛而精确的受众调查基础上，广播电视台将精品影视剧、广播剧和栏目节目以及草根文化作品、库存的原生态广播电视节目量身打造引入广播电视络新媒体，塑造符合现代网络特色的广播电视新媒体精品栏目和节目主持人，是我国广播电视全网络、全媒体、全产业步入巅峰的法宝。敢为人先、敢于出头的湖南广播电视台打破沿袭多年的融媒体发展范式，全台上下协力将70%以上着力点转移到全网络、全媒体、全产业融合发展，将一批创新新观念、掌握核心新技术、在智能传播、电信传播等新新媒体领域大有可为的新人推上前台，给足他们权力权威，配全先进技术装备，给足经营自主权和绩效分配权，将湖南广电产业在很短时间内跃上了一个大台阶。

打破广播电视融媒体发展建设传统范式，必须摒弃中国新媒体热衷于“玩概念”的通病，理性思考简简单单移植而来未加消化吸收的“中央厨房”运作方式，看清能够真正发挥传统广播电视内容资源的内在价值。我国广播电视在“三网融合”竞速竞合中，要吃透电信通讯产业快速增长的特征与规律，顺应ICT发展趋势，将数十年来广播电视产业的音视频节目内容（Content）植入到计算机（Computer）、通讯（Communication）、消费类电子产品（Consumer Electrics）等各个传播载体和财富终端。同时，在“4C融合”实际操作过程中，根据不同的传播终端和传播对象，优化、分化节目形式和节目内容。同一场体育比赛的内容，可以在传统电视、手机电视、网络电视和其他新媒体终端传播上有完全中立版、主队版、客队版和原生态版4种不同版本（4 contents），将内容资源最大化。辩论大赛、文艺演出、经济事件等也可以依此策划出不同的节目内容，创造出“4C融合”型传播效果，真正实现中国广播电视媒介融合有容乃大、融会贯通、熔为一炉和融入渗透。

我国广播电视网络产业处于融合发展的关键节点，既要面对商业门户网站和众多新媒体公司的挤压，又要迎战国外媒体网络新媒体的渗透，既有国家顶层设计“三网融合”和5G赋能三大应用加持的发展机遇，又有群狼似虎、群雄并起时刻被“鲸吞”的变数，势如逆水行舟慢进即退，必须拿出非常规的措施和手段，我国广播电视网络新媒体方可在日益激烈的竞争中，时刻处变不惊，永立潮头。

三、加大资金投入

互联网（移动互联网）等新媒体建设与成长，具有高投入、快投入、大投入大规模特点，孵化速率、成长速率与消退速率、衰亡速率一样快速，唯有超大规模资金技术人才等的投入，才有可能实现大收益、实现大发展。广播电视网络新媒体涉及大量的音视频传输，对网络设备、网络技术和后期制作有着更高的要求，不加大资金投入，可谓寸步难行。近年来，国家级广播电视网络和广东、北京、上海、浙江和江苏等省市级广播电视网络明显加大了资金投入力度，有些已经收到了立竿见影的效果。央视网在2008年北京奥运会前后，举全台之力加大资金投入力度，在奥运宣传中取得了巨大成功。广东电视台网络发展还广纳社会力量，融入巨资对网站等各种新媒体进行大规模改造建设，在省级广播电视网络建设中占得先机。广播电视网络的资金投入除了对现有设备更新换代外，还有一个重要用途，就是更换办公环境，拓展真正属于网站的空间，改变以往长时间“寄居”“窝居”在广播电视台内偏安一隅的局面。这既有利于广播电视网络新媒体建设与管理，又是对外合作交流与扩展业务范畴的必要物质储备。况且，我国现在的广播电视全网络全媒体终端平台广布到方方面面，仪器设备设施也需要更大的空间才能够施展。

我国广播电视网络加大资金投资力度，不仅要靠来自广电行业的资金，更要加强自身造血能力，利用网络新媒体自有资金不断追加投资，获得长远的、可持续性的发展。目前，电视购物、广播购物、网络购物和新媒体购物等新的无店铺营销方式狼烟再起，需要广播电视网站及“两微一端”等广播电视新媒体与之同步协调。作为我国广播电视全网络、全媒体、全产业融合发展的重要内容，我国的广播购物电视购物应该走进互联网，走进广播电视网站及广播电视“两微一端”，延伸广播购物电视购物售卖渠道，更加详细地介绍产品的性能，实现网台互动与台网联动的全链接，这既促使广播电视行业对广播电视网络新媒体加大资金投入，也为广播电视网络赢得了广阔的利润空间并获得造血能力，从而可以使广播电视网络新媒体在不断加大投入中获得良性发展。

四、注重事件营销

事件营销也称为活动营销，是企业通过策划、组织和利用一些人物或事件，引起媒体、社会团体和消费者的兴趣与关注，提高社会认知，从而树立良好品牌形象，促进产品销售和产业扩张。借助传统广播电视和广播电视全网络全媒体的一系列事件营销，是广播电视网络产业发展壮大的重要途径。广播电视网络新媒体的事件营销主要是通过策划、组织和利用具有广播电视名人效应、广播电视新闻价值以及社会影响的人物或事件，引起政府机关、社会团体和广大受众的兴趣与关注，以求提高广播电视网络各类新媒体的知名度、美誉度，树立良好品牌形象。广播电视媒体长期从事事件报道与营销策划活动，在事件营销上有着较多的经验，通过事件营销提高广播电视网站，自然轻车熟路。

广播电视网络作为媒体的一分子，必然会保持高度新闻敏感，不失时机地进行事件营销。2008 年是中国改革开放 30 周年纪念，诸多电视网站均发起了与此相关的纪念活动。在其中，北京电视台网站推出的专题网页，内容丰富，为网站进行了较有力度的宣传。在北京电视台推出了《北京记忆》《电视往事》《转身》《与梦齐飞》等一系列带有纪念性质的节目及影视剧的同时，北京电视台网站也很快推出了“纪念中国改革开放 30 年”的专题报道系列报道，包括“人物春秋”“荧屏经典”“北京记忆”“见证新北京”“大事记”“影视剧”与“特别节目”等。其中，“北京记忆”记载了三十年来北京的服饰、商业、娱乐、婚礼、民俗等方面的变迁，唤起了北京人的回忆，那些如水一般逝去的年华，能够引起极大的共鸣。2018 年中国改革开放 40 周年时，全国广播电视媒体融合已经达到新高度，此时的事件营销由单一的网站烘托变成了全媒体大行动。南京广播电视集团开设了“解放思想”栏目，开展了全媒体采访活动，邀请各界政要与专家学者、人大代表、政协委员以及广大群众和各行各业的网民进行互动交流，设想改革新征程，并将其编辑成一个节目，在综合新闻频道“民声”上同步推出，极大地扩大了南京广电网络新媒体的影响力。

广播电视网络事件营销还包括“自我造势”，即由广播电视网络新媒体主动发起某些活动，引起社会的广泛关注。云南电视网作为云南省网络界的重要门户网站，依托丰富的电视新闻资源，对引领网络舆论进行了有益的探索的同时，也是诸多广播电视网站中“自我造势”运动比较活跃的一个网站。它充分应用网络快捷、互动、覆盖面广的特点，吸引了大量的网民纷纷在电视网论坛发表帖子阐述自己观点，网友的文章在电视新闻栏目中被大量引用，形成台网互动，电视收视率及网站点击利率共创新高的良好局面。

我国广播电视台的大型选秀活动、祈福活动方兴未艾，广播电视网络同样应该抓住机遇，借势而上借船出海。浙江省杭州市的新年祈福活动从 2004 年“送福进万家”开始至今已成功举办了十多届，跨年祈福活动以喜庆祥和、大气恢弘和极具文化底蕴的活动特色，成为杭州城岁末迎新之际影响力最大、内容最丰富、群众参与热情最高的大型品牌活动。这一跨年活动新闻发布会暨“送福进万家”启动仪式、“幸福生活”新闻专题系列报道、“五福呈祥”系列活动、跨年电视直播和早上进行的环湖健身跑，倾注和吸引着全杭州市民的高度热情。为此，葫芦网（杭州网络广播电视视频站）顺势而为并实时跟进，制作了专题页面对活动进行跟踪报道，对所有相关新闻以及活动现场视频进行分门别类的发布。开辟了“幸福大道 · 福字征集”专区和“幸福瞬间”报名专区。葫芦网网站（hoolo.tv）还设置了浮动的福贴，点击即参加抽奖活动，大大提高了公众的参与热情。亦提供了电子贺卡和电子福贴下载，体现了网站的便利性。每年初夏的西湖国际动漫节，是一个汇聚全球动漫精英人士和动漫产业前沿信息的国际化程度很高的活动，葫芦网实时发布动漫节动态，分享动漫节看点，上传相关视频。其中，文字报道等内容多数为葫芦网原创，体现了相对的独立性。该专区设置了网友互动区，在页面下方网友可以自由发表言论，动态显示，同时可以看到其他网友的评论，互动性较强。

五、争做传播主角

中国广播电视网络新媒体早期只有网站为代表，现在已经成长为广播电视网站、广播电视两微一端、广播电视公众号以及移动广播移动电视等门类齐全终端多样的全媒体全网络，无论是受众人群数量还是行业影响力、市场影响力、社会影响力都今非昔比。尽管如此，广播电视网络新媒体在很多时候很多地方，基本上属于从属配角的位置。在5G正在积极推进中国广播电视媒体融合势不可挡的时代节点，广播电视网络新媒体长期处于从属地位配角位置的局面必须尽快改变，勇敢而果敢冲锋在前，实时争当传播主角。广播电视网络新媒体勇立潮头，不仅要让广大网民有一个明确的归属感，而且还要让传统广播电视随时感受到现代网络不可替代的内在神韵。习惯于为传统广播电视摇旗呐喊的广播电视网络新媒体，应该在有关方面的支持下，自立门户，在做好台网联动、扮好“配角”的同时，逐渐由“配角”过渡为“主角”、由“台网联动”过渡到“网台联动”，在整个广播电视全网络、全媒体、全产业终端平台形成一种主角意识、主角精神、主角气质。

广播电视网络争当传播主角，首先要精确做好广播电视节目网络预告，同时细化与深化事件营销活动。随着我国广播电视频率频道的增多，原来充当广播电视节目预报的中国各级广播电视报逐渐退出历史舞台，我国广播电视受众在选择广播电视节目时越来越无所适从，而广播电视网络新媒体正好借机形成自己的优势，充当广播电视受众的指路导向，也为广播电视全网络全媒体不失时机找了自己的位置。网络时代的广播电视节目预告，必须朝着高端化、精确化方向发展。例如央视网播出的中央电视台“焦点访谈”王牌栏目，不仅要预告精确时间，更要告知受众当天的节目主持人、内容要点，让浏览点击央视网的网民感受到网络新媒体与传统广播电视不一样的视觉体验和亲民爱民感受。同样，以现场直播为主的体育赛事栏目，不仅要通告即将播出赛事的赛事等级、比赛地点、项目名称等基本要件，而且要预告赛事的进程、具体对阵情况甚至裁判配置当地天气交通状况等，这样有利于培养忠实受众，提高网民的品牌忠诚度。

在广播电视网站、广播电视两微一端、广播电视公众号以及移动广播移动电视等全媒体全网络，有意识地定期开展品牌营销活动（比如晚会活动、评选评奖活动、公益慈善活动等）时，广播电视台的各个频道各个栏目（含广播电视报）不仅要在各个终端平台提前预报，还要在第一时间积极配合，采取播报新闻、设置专题专栏、实时采访报道以及飞字幕等多种形式跟进。为了满足赞助商、广告商等方面的利益，这些活动，可以在网络现场直播之后的合适时间，再在广播电视台播出，从而突出广播电视网站及广播电视“两微一端”等新媒体的主体形象，让广播电视网站及广播电视“两微一端”等新媒体在传统广播电视的“绿叶”扶持下，争奇斗艳。

创建符合广播电视网络风格特色的品牌频道和品牌栏目节目，培养和造就广播电视网络新媒体名主持、名嘉宾、名记者、名博主、名导演、名摄录摄像、名灯光舞美等“网络红人”，培养和造就由关注关心甚至醉心于广播电视网络新媒体的草根民众及广播电视网络大咖为“网络红人”，是广播电视网络新媒体走在前列争当主角的又一举措。在人工智能科技不断渗透进入到广播电视全网络、全媒体、全产业的5G赋能、5G赋势、5G赋意、5G赋艺历史节点，不失时机培育和铸造“智能网络红人”，既符合时代发展需求契合年轻一代身心特点，而且从技术层面、操作层面、应用层面已经时机成熟。湖南卫视首创虚拟代言人——官方微信湖小微，不失为另类“网络红人”的代表。官方微信湖小微为电视观众带来最新鲜有趣的湖南卫视资讯，各电视剧的剧播预告以及主角演员的采访和宣传。对于频道重大新闻、重大事件，湖南卫视新闻发言人通过官方微信进行新闻的权威发布通过湖小微这个微信虚拟代言人，受众还可以通过它与湖南卫视主持人、明星、嘉宾以语音、视频等方式进行更全面深刻的信息交流与获取，极大拉近了电视明星与受众之间的距离。如果中国广播电视全网络、全媒体、全产业终端平台不断涌现自己塑造培育新的“网络红人”，恰到好处活跃在最应该出现的时机、最应该出现的场景，定然会在竞争纷呈的媒体大战中异军突起，不经意间就会“抢占”C位，不经意间又似“润物细无声”一般充当了主角。

除了将传统广播电视的精品影视剧、广播剧和栏目节目引入网络，广播电视网站及“两微一端”等全网络、全媒体终端平台应考虑在节目内容领域“当家作主”在节目主持人领域“当家作主”，由自己独家的记者编辑（包括聘请民间草根力量）推出独家新闻报道、独家音视频直播、独家图片动漫等精品力作，塑造符合现代网络特色的广播电视网络精品栏目和节目主持人，也是广播电视网站、广播电视“两微一端”、广播电视公众号以及移动广播、移动电视等全媒体、全网络发展步入巅峰的法宝。当然，创建网络新媒体精品栏目节目，需要广泛而精确的受众调查，需要广大受众的更多参与，将草根文化作品、库存的原生态广播电视节目量身打造，将传统广播电视节目、草根文化作品、库存的原生态广播电视节目重新编辑裁剪，根据各种传播终端、传播平台需求进行智能化排列组合，组构出我国广播电视全网络、全媒体特色音视频传播内容资源和传播产业资源，以期作为广播电视网络新媒体与商业门户网站等分庭抗礼的杀手锏。

责任编辑：江小夏
封面设计：胡欣欣

图书在版编目（CIP）数据

广电网络融合论 / 曾静平 等著 . — 北京：人民出版社，2022.10
ISBN 978 – 7 – 01 – 025082 – 3

I. ①广…　II. ①曾…　III. ①广播电视网 – 研究　IV. ① TN949.292

中国版本图书馆 CIP 数据核字（2022）第 175239 号

广电网络融合论
GUANGDIAN WANGLUO RONGHE LUN

曾静平　刘　爽　陈维龙　袁　军　著

人民出版社 出版发行
（100706　北京市东城区隆福寺街 99 号）

北京九州迅驰传媒文化有限公司印刷　新华书店经销

2022 年 10 月第 1 版　2022 年 10 月北京第 1 次印刷
开本：710 毫米 ×1000 毫米 1/16　印张：17
字数：258 千字

ISBN 978 – 7 – 01 – 025082 – 3　定价：68.00 元

邮购地址 100706　北京市东城区隆福寺街 99 号
人民东方图书销售中心　电话（010）65250042　65289539